ＩＰＭマニュアル

―総合的病害虫管理技術―

梅川　學・宮井俊一
矢野栄二・高橋賢司
編

東　京
株式会社
養賢堂発行

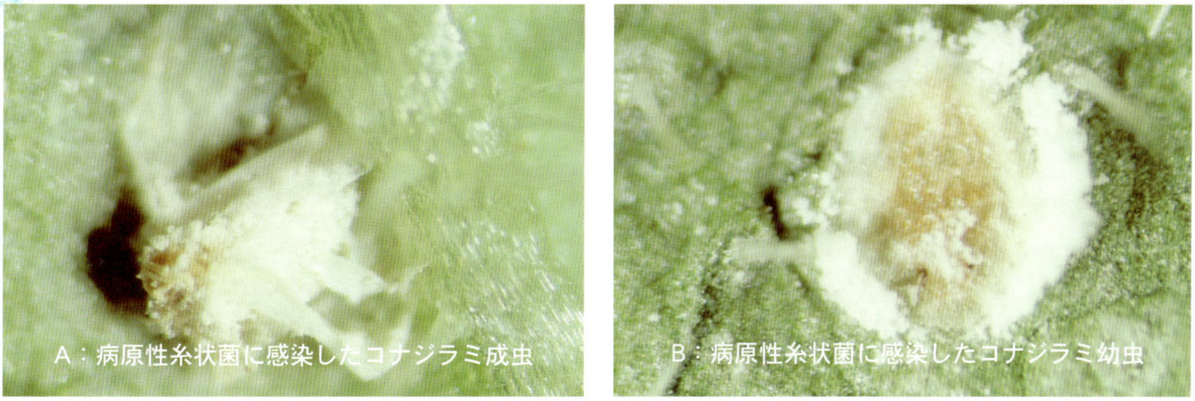

図2－2　病原性糸状菌に感染したシルバーリーフコナジラミ．左：成虫，右：幼虫．（本文9頁参照）

図2－4　土壌還元消毒の手順（本文13頁参照）
A：フスマの散布．B：土壌混和後灌水チューブ設置．
C：ビニールで被覆して灌水．D：還元消毒終了時の土壌表面．

図3－7　ムギクビレアブラムシ（体長約2.3 mm）を捕食するタイリクヒメハナカメムシ（体長約1.7～2.1 mm）（本文32頁参照）

図3－8　ハダニを捕食するチリカブリダニ（本文33頁参照）（体長：雌成虫は約0.5 mm，雄成虫は約0.35 mm）

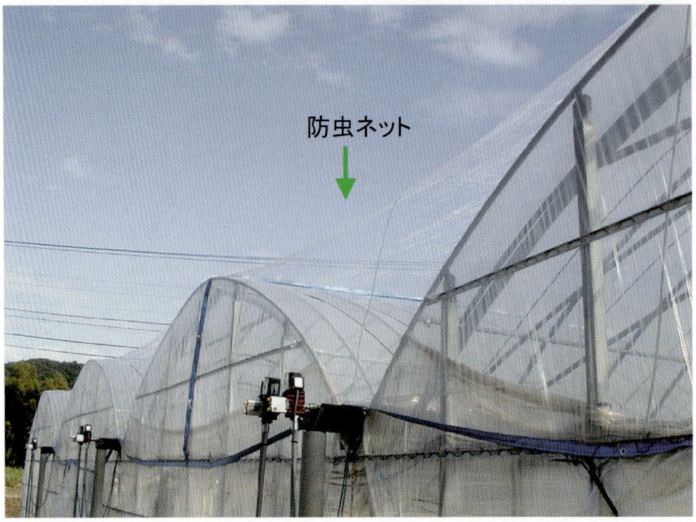

図４－３　ワタヘリクロノメイガ，オオタバコガの侵入防止のために連棟ハウスの天井部へ全面展張した防虫ネット（ 4 mm 目合い）（本文 54 頁参照）

図５－４　キャベツ圃場における性フェロモン剤の設置状況（本文 68 頁参照）

図５－13　コナガ卵に寄生するメアカタマゴバチ（体長約 0.7 mm）（本文 74 頁参照）

図６－３　温州ミカン園における光反射シートマルチ（本文 84 頁参照）

図８－１　二番茶後の深整枝（本文 104 頁参照）

図 9－1　米主産地における最重要斑点米カメムシ，アカヒゲホソミドリカスミカメ（体長約 6 mm，平江雅宏氏原図）（本文 119 頁参照）

図 9－2　関東地方における最も重要な斑点米カメムシであるクモヘリカメムシ（体長約 16 mm）（本文 119 頁参照）

図 10－1　激発状態のいもち病（葉いもち，穂いもち）（本文 131 頁参照）

図 10－3　トビイロウンカによる「坪枯れ」症状（本文 137 頁参照）

図 10－4　害虫の発生予察に用いられている予察灯（本文 137 頁参照）

図11－1　薬剤無散布圃場におけるジャガイモ疫病圃場抵抗性の異なる品種の発病状況（手前の品種は圃場抵抗性弱の［男爵薯］，奥は圃場抵抗性強の「花標津」）（本文146頁参照）

図11－10　アブラムシを捕食するナミヒメハナカメムシ成虫（体長約2mm）（本文151頁参照）

図12－2　対抗植物（クローバ類）の栽培（本文161頁参照）

図13－2　ダイズ子実を加害するカメムシ類（本文174頁参照）
左：イチモンジカメムシ（体長9.5～11 mm）
右：ホソヘリカメムシ（体長14～17 mm）

図C－4　キュウリモザイクウイルス（CMV）感染によるトマト果実のえそ症状（本文205頁参照）

図E－2　メロンつる割病に対する熱水土壌消毒の効果（熊本県西合志町，2000年7月）（本文217頁参照）

序

環境に配慮した持続的農業の推進が生産者はもとより消費者からも強く求められている中で，農作物の生産性と品質を低下させずに，環境への負荷を抑えた病害虫防除技術が要望されている．それに応えるものとして，総合的病害虫管理（Integrated Pest Management，略称 IPM）の考え方に基づく防除技術が注目されるようになってきた．IPM においては，経済性を考慮しながら，化学農薬だけに頼るのではなく，複数の防除手段を組み合わせた防除体系の構築を目指している．その際，環境への影響をできるだけ小さくするために，防除手段として，病害虫抵抗性の作物品種，フェロモン，天敵，防虫ネットなどの技術が利用できる場面では，積極的にそれらを使用していくことが重要である．

主要農作物の IPM 技術の開発に向けて，平成11～15年度に当研究センターをはじめとする農業・生物系特定産業技術研究機構の病害虫研究者が中心となって，プロジェクト研究「環境負荷低減のための病害虫群高度管理技術の開発」の取り組みがなされた．その成果の一つとして，施設トマト，施設ナス，施設メロン，露地キャベツ，カンキツ，ナシ，茶，イネ，バレイショ，ダイズを対象にして，現在利用できる個別防除技術や実施可能な IPM 体系の事例などを解説した「IPM マニュアル」を平成16年9月に刊行した．そのマニュアルは，病害虫防除関係者を中心に配布したが，印刷部数に限りがあったために，入手希望者全員にお届けすることはできなかった．その後，病害虫防除の行政，普及，研究などに携わる方々から，このようなマニュアルはこれまでに類書がないので再版はできないのかという問い合わせが数多く寄せられた．環境保全型農業における IPM の今日的意義の大きさから，多くの人達の関心を引いたものと思われる．そこで，広く IPM に関心のある多くの人たちの参考に供するため，若干の必要な改訂を除いて同じ内容のまま，当センターの総合農業研究叢書の一つとして発行することにした．本書が，わが国の IPM 技術に関する理解を深め，今後の IPM の普及や研究の発展などに役立てば幸いである．

本書を刊行することができたのは，本書の企画を強く働きかけ，編集などに尽力した当センターの前・環境保全型農業研究官の梅川學氏，宮井俊一環境保全型農業研究官，高橋賢司病害防除部長，近畿中国四国農業研究センターの矢野栄二連絡調整室長の4名の IPM マニュアル編集委員のお陰である．また，本叢書の校閲に当たっては，果樹研究所の前・生産環境部長の村井保氏と畜産草地研究所の御子柴義郎連絡調整室長にお骨折りを頂いた．この場をお借りして御礼申し上げる．

平成17年9月

中央農業総合研究センター所長　松井　重雄

はしがき

地球温暖化，オゾン層破壊，環境ホルモン，河川・湖沼の水質汚濁などの環境問題がクローズアップされているなかで，農業においても環境と調和のとれた農業生産の確保が求められている．農林水産省は環境保全型農業を農政の柱の一つに位置づけ，平成11年に施行された「持続性の高い農業生産方式の導入の促進に関する法律」に基づいて，土づくりや化学肥料・化学農薬使用量の低減を推進してきた．特に病害虫防除技術に関しては，多くの土壌病害虫の防除資材として利用されてきた臭化メチルが2005年に全面的に生産禁止になる（ただし，不可欠用途として国際的に承認された用途向けの生産は例外的に維持される）という状況も加わり，新たな技術開発に対する要望が高かった．IPM（総合的病害虫管理）は，化学農薬への依存低減に向けた防除体系確立の基礎となる概念であり，今後目指すべき方向であると考えられた．

このような情勢の中で農林水産省は，化学農薬に代わる新たな病害虫防除法を開発し，化学農薬使用量の大幅な削減が可能な病害虫群管理技術を確立することを目的としたプロジェクト研究「環境負荷低減のための病害虫群高度管理技術の開発」（略称IPMプロジェクト）を，平成11年度に5カ年計画でスタートさせた．その後，国立試験研究機関の独立行政法人化に伴って，本プロジェクト研究は農業・生物系特定産業技術研究機構の交付金プロジェクトとなったものの，当初予定の平成15年度まで継続され，多くの成果を挙げて終了した．

本書はこのプロジェクト研究の成果の一つであり，プロジェクト研究で対象とした10作物についてのIPM体系の事例と，それらのIPM体系を構成する主要な個別防除技術の解説から成っている．本書が，わが国のIPM体系に関する理解を深め，今後のIPMの普及や研究の発展などに役立つとともに，広く環境保全型農業に取り組んでいる生産者や指導者にとって参考になるならば幸いである．

本書には，IPM体系の構築において現時点で利用可能な技術を網羅したつもりである．しかし，作物によってはIPM体系に取り込める技術が限られていることから，本書の内容だけでは満足できない方も多いと思われる．IPM体系は新技術の開発に伴って更新されていくべきものと考えており，今後，この分野の研究が進展して，本書を大幅に書き替えざるを得なくなる状況が一日も早く到来することを期待している．

最後に，IPMプロジェクトの推進に当たってお世話になった農林水産省農林水産技術会議事務局地域研究課ならびに評価委員の先生方，また熱意をもって推進リーダー，チームリーダー，サブリーダー，事務局，研究課題担当の任に当たられた参画研究者の方々に対し，心から深く感謝申し上げる．

中央農業総合研究センター
環境保全型農業研究官　宮井 俊一

目　　次

執筆者一覧

IPMマニュアル編集委員会

梅川　學　前　中央農業総合研究センター環境保全型農業研究官
宮井　俊一　中央農業総合研究センター環境保全型農業研究官
矢野　栄二　近畿中国四国農業研究センター企画調整部
高橋　賢司　中央農業総合研究センター病害防除部

I．序論

梅川　學　前　中央農業総合研究センター環境保全型農業研究官
宮井　俊一　中央農業総合研究センター環境保全型農業研究官
矢野　栄二　近畿中国四国農業研究センター企画調整部
高橋　賢司　中央農業総合研究センター病害防除部

II．施設トマトの IPM マニュアル

水久保　隆之　中央農業総合研究センター虫害防除部
本田　要八郎　元　中央農業総合研究センター病害防除部
竹原　利明　近畿中国四国農業研究センター地域基盤研究部
河合　章　東北農業研究センター野菜花き部
矢野　栄二　近畿中国四国農業研究センター企画調整部
片瀬　雅彦　千葉県農業総合研究センター生産環境部
崎山　一　千葉県農林水産部農業改良課
杉山　恵太郎　静岡県農業試験場病害虫部
杉本　毅　近畿大学農学部

III．施設ナスの IPM マニュアル

浜村　徹三　元　野菜茶業研究所葉根菜研究部
長坂　幸吉　近畿中国四国農業研究センター総合研究部
高井　幹夫　高知県農業技術センター環境システム開発室
高橋　尚之　高知県農業技術センター生産環境部

IV．施設メロンの IPM マニュアル

柏尾　具俊　九州沖縄農業研究センター野菜花き研究部
西　和文　野菜茶業研究所果菜研究部
坂田　好輝　野菜茶業研究所果菜研究部
岩波　徹　九州沖縄農業研究センター地域基盤研究部
小板橋　基夫　農業環境技術研究所農業環境インベントリーセンター
行徳　裕　熊本県農業研究センター生産環境研究所
江口　武志　熊本県農業研究センター生産環境研究所
横山　威　熊本県農業研究センター生産環境研究所

V．キャベツの IPM マニュアル

大泰司　誠　野菜茶業研究所茶業研究部
門田　育生　東北農業研究センター畑地利用部
佐藤　剛　元　東北農業研究センター畑地利用部

高篠　賢二　東北農業研究センター地域基盤研究部
三浦　一芸　近畿中国四国農業研究センター地域基盤研究部
豊嶋　悟郎　長野県野菜花き試験場病害虫土壌肥料部
小木曽　秀紀長野県野菜花き試験場病害虫土壌肥料部
田中　　寛　大阪府食とみどりの総合技術センター都市農業部
瓦谷　光男　大阪府食とみどりの総合技術センター都市農業部

Ⅵ. カンキツの IPM マニュアル

大平　喜男　果樹研究所カンキツ研究部
土屋　雅利　静岡県東部農林事務所農業振興部

Ⅶ. ナシの IPM マニュアル

足立　　礎　果樹研究所生産環境部
伊澤　宏毅　鳥取県園芸試験場環境研究室

Ⅷ. 茶の IPM マニュアル

安藤　幸夫　東北農業研究センター水田利用部
西島　卓也　静岡県茶業試験場病害虫研究室
磯部　宏治　三重県科学技術振興センター農業研究部
国見　裕久　東京農工大学農学部
仲井　まどか東京農工大学農学部
本郷　智明　サンケイ化学株式会社研究部

Ⅸ. イネ（東日本）の IPM マニュアル

鈴木　芳人　中央農業総合研究センター虫害防除部
石黒　　潔　農林水産技術会議事務局筑波事務所研究交流管理官
横須賀　知之茨城県農業総合センター農業研究所
堀　　武志　新潟県農業総合研究所作物研究センター栽培科

Ⅹ. イネ（西日本）の IPM マニュアル

荒井　治喜　九州沖縄農業研究センター地域基盤研究部
松村　正哉　九州沖縄農業研究センター地域基盤研究部
宮川　久義　近畿中国四国農業研究センター地域基盤研究部
中村　利宣　福岡県農業総合試験場病害虫部
田付　貞洋　東京大学大学院農学生命科学研究科

Ⅺ. バレイショの IPM マニュアル

島貫　忠幸　元　北海道農業研究センター生産環境部
伊藤　清光　北海道農業研究センター生産環境部
串田　篤彦　北海道農業研究センター畑作研究部
加藤　雅康　国際農林水産業研究センター生物資源部

Ⅻ. ダイズ（東日本）の IPM マニュアル

奈良部　孝　北海道農業研究センター生産環境部
守屋　成一　中央農業総合研究センター虫害防除部
水谷　信夫　中央農業総合研究センター虫害防除部

浦上　敦子　野菜茶業研究所葉根菜研究部
本多　健一郎野菜茶業研究所果菜研究部
小野寺　鶴将北海道立十勝農業試験場生産研究部
石谷　正博　青森県農林総合研究センター畑作園芸試験場

XIII. ダイズ（西日本）の IPM マニュアル
和田　　節　九州沖縄農業研究センター地域基盤研究部
高橋　将一　九州沖縄農業研究センター作物機能開発部
加藤　徳弘　大分県温泉熱花き研究指導センター研究指導部

付録 A　天敵農薬の生物的特性と利用法
矢野　栄二　近畿中国四国農業研究センター企画調整部
水久保　隆之中央農業総合研究センター虫害防除部

付録 B　バンカー法（アブラムシ・コレマンアブラバチ）
長坂　幸吉　近畿中国四国農業研究センター総合研究部

付録 C　弱毒ウイルスの種類と利用法
本田　要八郎元　中央農業総合研究センター病害防除部

付録 D　性フェロモン
足立　　礎　果樹研究所生産環境部

付録 E　熱水土壌消毒とその利用法
西　　和文　野菜茶業研究所果菜研究部

付録 F　マルチライン（多系品種）によるイネいもち病防除
小泉　信三　中央農業総合研究センター病害防除部

付録 G　イネの種子消毒
井上　博喜　近畿中国四国農業研究センター地域基盤研究部

付録 H　ケイ酸資材の育苗箱施用
荒井　治喜　九州沖縄農業研究センター地域基盤研究部

付録 I　DRC 診断の手法
村上　弘治　野菜茶業研究所葉根菜研究部
佐藤　　剛　元　東北農業研究センター畑地利用部
門田　育生　東北農業研究センター畑地利用部

I. 序　論

1. IPMの概念

IPMはIntegrated Pest Managementの略である．“Pest”は，広義には，人間にとって有害なあらゆる生物を意味するが，病害虫だけを対象にするときには，IPMは総合的病害虫管理と訳される．IPMの原点となる考え方は，1959年に害虫研究者によって総合防除（Integrated Control）という言葉で提唱され，その後1970年代の初め頃からIPMという言葉が用いられるようになった．当初は害虫防除に関連して，化学農薬に対する過度の依存による農薬残留，薬剤抵抗性の発達，害虫のリサージェンスなどの問題に対処するための指針として提案された．その概念は，たとえば，1966年にFAOにより「あらゆる適切な技術を相互に矛盾しない形で使用し，経済的被害を生じるレベル以下に害虫個体群を減少させ，かつその低いレベルを維持するための害虫管理システム」として定義された．経済的被害許容水準の概念と種々の技術を組み合わせることの重要性が強調されている．また，このようにIPMは元来1種類の主要害虫防除に対する概念であった．しかし，普及するにつれ，ある作物のすべての害虫群集を対象にした害虫管理システムが必要であることが認識されるようになった．その後IPMは，病害微生物管理にも適用されるようになり，現在では種々の防除手段を調和的に組み合わせて病害虫を管理するシステムをIPMとよぶことが多い．IPMの概念は時代とともに少しずつ変化しており，FAOは，2002年には「IPMとは，あらゆる利用可能な防除技術を慎重に検討し，それに基づき適切な防除手段を統合することを意味する．その際に，病害虫個体群の増殖を妨げるだけではなく，化学農薬やその他の防除資材の使用を経済的に正当化される水準に抑え，かつ人間の健康や環境に対する危険を減少あるいは最小化させるようにしなければならない．IPMは，農業生態系のかく乱を最小にしながら健全な作物を生産することを重視するとともに，病害虫の自然制御機構の促進を図るものである．」という定義を採用している．経済性を考慮しながら，生物的，耕種的，物理的，化学的防除手段などを適切に組み合わせた病害虫管理を目指すだけではなく，IPMにさらに人間の健康や環境へのリスク低減の役割をもたせたのが特徴である．

2. 「持続性の高い農業生産方式の導入の促進に関する法律」の制定とIPM

平成11年7月に公布された「持続性の高い農業生産方式の導入の促進に関する法律」では「持続性の高い農業生産方式」として，土壌の性質を改善する効果が高い技術および化学的に合成された肥料・農薬の使用を減少させる効果が高い技術の導入促進を図ることとしている．そのために病害虫防除に採用する技術として，「生物農薬利用技術」，「対抗植物利用技術」，「被覆栽培技術」，「フェロモン剤利用技術」が農林水産省令により指定された．また，平成12年3月に閣議決定されたこれまでの食料・農業・農村基本計画では，自然循環機能の維持増進により，環境と調和のとれた農業生産の確保を図ることを通じ，農業の持続的な発展に資するための施策を講じることとされており，その具体策の一つとして，持続性の高い農業生産方式の導入などにより，農薬および肥料の適正な使用の確保を図ることが掲げられていた．この方針は平成17年3月に閣議決定された新たな食料・農業・農村基本計画においても引き継がれ，そこではわが国農業生産全体の在り方を環境保全に貢献する営みに転換し，農業生産活動に伴う環境への負荷の低減を図ることとされているし，持続性の高い農業生産方式の導入支援策も継続すると謳われている．

IPMは「持続性の高い農業生産方式の導入の促進に関する法律」において指定された技術を組み

合わせて「持続性の高い農業生産方式」の構築に大きく貢献できる病害虫防除技術体系を開発するための概念であるので，農業を持続的に発展させるため，その普及を強力に進める必要がある．

3．プロジェクト研究「環境負荷低減のための病害虫群高度管理技術の開発」の意義とIPMマニュアル

農薬の使用量については，安全性や生態系への影響を軽減するための削減努力がなされているが，オゾン層破壊物質である臭化メチルが2005年に全廃されること（ただし，不可欠用途として国際的な承認を得た用途向けの生産は例外的に維持される）や，環境ホルモンへの懸念などを背景に従来以上に削減が求められている．

このため，天敵，拮抗微生物，弱毒ウイルス，フェロモンなど農薬を代替する新たな防除技術が開発されつつあり，これらの技術により農薬使用量を可能な限り削減することが期待されている．しかしながら，現状では，これらの技術は1種類の病害虫に対して個別に用いられており，また，個々の技術を組み合わせ，複数導入した場合であってもそれらの相互関係が十分解明されていないため，農薬使用量を大きく減らすまでの防除効果を上げるには至らず，環境への負荷軽減には十分結びついていない．

プロジェクト研究「環境負荷低減のための病害虫群高度管理技術の開発」（平成11～15年度）は，こうした状況を踏まえ，従来の単一病害虫管理に対し，病害虫群管理の概念に基づく防除体系の確立を目的としたものである．現在まで開発されてきた天敵や拮抗微生物など各種の農薬代替技術を組み合わせ，各技術間の相乗効果や補完関係などを解明し，最も適切な総合管理技術として体系化することにより，対象作物の播種から収穫までの全農薬使用回数を慣行防除の半分以下にする病害虫群高度管理技術を確立することを目標とした．このプロジェクト研究では，施設トマト，施設ナス，施設メロン，露地栽培キャベツ，カンキツ，ナシ，茶，イネ，バレイショ，ダイズの10作物について，5年に及ぶ研究の成果として実際に農薬使用回数を慣行防除に比べて5割削減を可能にするIPM体系を構築した．プロジェクト研究の一つの大きな成果として，今後のIPMの普及や研究の発展に資するため，構築したIPM体系をIPMマニュアルとして公表することにした．

Ⅱ．施設トマトのIPMマニュアル

1．施設トマトにおけるIPMの意義

トマトはキュウリと並んで全国で広く栽培される代表的な施設野菜である．平成13年度の全国栽培面積は冬春どり（施設の促成・抑制栽培型）で4,180 ha，夏秋どり（普通期）で9,380 haであり，栽培面積は野菜全品目中第5位であるものの，収穫量（797,600 t）は野菜中トップの地位を占めている．施設トマトは約6カ月間栽培され，4カ月間にわたり収穫される．病害虫の発生は長期栽培と施設の高温多湿環境によって著しく助長される．トマトに発生する病害虫の種類は極めて多く，ウイルス14種，ファイトプラズマ1種，細菌12種，糸状菌41種，線虫類14種（以上日本植物病名目録），昆虫類59種，ダニ類6種（以上農林有害動物・昆虫名鑑）にのぼる．恒常的に被害をもたらす病害虫数も群を抜いて多い．地上部で発生率が高い病害はかいよう病，灰色かび病，葉かび病，疫病，斑点病，輪紋病，斑点細菌病，黄化えそ病，モザイク病などで，被害も甚大である．疫病と灰色かび病の被害面積率はそれぞれ5％および21％である（平成13年度：農薬要覧2002）．また，発生量，被害量ともに大きい地上部害虫にはコナジラミ類，マメハモグリバエ，アザミウマ類，サビダニ，アブラムシ類などが知られる．アブラムシ類の発生面積率は11％（平成13年度）であり，他の主要害虫の発生率もほぼ同様である．一方，土壌病害虫では苗立枯病，萎凋病，根腐萎凋病，褐色根腐病，ネコブセンチュウ類などによる被害が深刻であり，枯死株の発生も希ではないことから，定植前の土壌消毒はトマトの安定生産のために欠かせない手段となっている．

このような背景から，トマト栽培では予防もかねて最低でも8回，多くの場合20回以上の農薬散布が行なわれており，施設トマトは高環境負荷栽培体系の代表ともなっている．一方，その経済的重要性から，トマトの主要病害虫を対象に開発された生物的防除手段やトマト栽培をモデルに開発された物理的防除手段も多い．施設の閉鎖空間ではこれらの手段の適用によって高い防除効果が期待できる．トマトのIPM戦略は，非農薬的手段の，① 豊富な病害抵抗性品種，台木の活用による主要土壌病害の回避，② 吸湿性内張フィルムの夜間除湿効果による葉かび病など地上部病害の回避，③紫外線カットフィルムによる主要地上部害虫（アザミウマ類，コナジラミ類，アブラムシ類，ハモグリバエ類），病害（灰色かび病，菌核病）の発生量の抑制，④ 天敵昆虫によるコナジラミ類，ハモグリバエ類の防除，⑤ BT剤によるヤガなど蛾類防除，⑥ 熱水処理，還元消毒，天敵細菌などを組み合わせた難防除土壌病害虫（ネコブセンチュウ，萎凋病，褐色根腐病など）の防除の諸技術を化学的手段（農薬）である選択性殺虫剤や植穴燻蒸処理などと組み合わせ，化学農薬の使用回数を50％以上に削減しても経済的なトマト栽培ができるIPM体系を構築することである．

2．IPMに組み込む個別技術

1） 現在利用できる技術

（1） 病害虫抵抗性品種

a） 抵抗性品種（穂木）

（i） 対象病害虫および作用機作

作物の中ではトマトの抵抗性品種の育成が最も進んでいる．抵抗性育種の対象病害は土壌伝染性病害（青枯病，半身萎凋病，萎凋病〔主にレース1，2〕，根腐萎凋病），土壌線虫（サツマイモネコブセンチュウ），地上部病害（トマトモザイクウイルス〔ToMV〕，葉かび病，斑点病，かいよう病）である．現在栽培されている品種はこれらの抵抗性の大半を併せ持つ複合抵抗性品種である（表2-1）．対象病害別の主な品種の抵抗性は，① 青枯病：「マイロック」，「サンロード」，「桃太郎8」，「桃太郎T93」な

ど（いずれも完全な抑制効果はない），② 半身萎凋病：「桃太郎」系全て，「マイロック」，「ろくさんまる」など（ただし，レース2には抵抗性なし）；③ 萎凋病レース1：「マイロック」，「ハウス桃太郎」，「桃太郎 J」，「至福」など；④ 萎凋病レース2：「マイロック」，「桃太郎8」，「桃太郎ヨーク」など；⑤ 根腐萎凋病「サンロード」，「桃太郎 J」，「桃太郎ヨーク」；⑥ ネコブセンチュウ：「ろくさんまる」，「至福」等を除くほとんど全ての品種（抵抗性打破系統出現地帯ではいずれも無効）；⑦ ToMV：ほとんどの品種が Tm-1型，Tm-2型，Tm-2^a 型（後述）のいずれかのタイプの抵抗性を持つ；⑧ 葉かび病：「マイロック」等；⑨ 斑点病：古い品種を除く全ての品種；⑩ かいよう病：「サンロード」のように整理できる．

萎凋病（レース1，レース2），根腐萎凋病，半身萎凋病，ToMV，葉かび病，斑点病，青枯病の抵抗性優性遺伝子が発見されている．葉かび病には複数のレースが存在するが，それに対応した複数の抵抗性遺伝子があり，抵抗性品種は国内で発生する全てのレースに対する抵抗性遺伝子が導入されている．青枯病抵抗性遺伝子は単一の優性遺伝子である．ネコブセンチュウ抵抗性も単一優勢遺伝子 Mi に依存している．この遺伝子は害虫のコナジラミ類に対しても抵抗性を示す．トマトの ToMV 抵抗性には3種類の抵抗性遺伝子がある．① Tm-1型（Tm 型ともよばれる：第5染色体に座乗）：保毒型抵抗性で，全身感染してもウイルスの増殖が抑制されるものである．② Tm-2型：過敏型抵抗性であり，ウイルス感染部位に局所的なえそを生じて，ウイルスの増殖と拡大を阻止する（移行阻害）．③ Tm-2^a 型：ToMV の系統によって保毒型抵抗性を示す場合と過敏型抵抗性の反応を示す場合があるため，中間型抵抗性とよばれる．ToMV 抵抗性品種にはこれらの遺伝子1つをヘテロ（対立遺伝子は感受性＋）で持つもの（Tm/＋；Tm-2/＋；Tm-2^a/＋），Tm-1 と Tm-2 の遺伝子をヘテロで持つもの（Tm-2/Tm-1），Tm-2 と Tm-2^a 型をヘテロでもつもの（Tm-2Tm-2^a/＋；Tm-2/Tm-2^a），遺

表 2-1　トマト穂木の病害虫抵抗性特性と適用作型の事例

主な品種	抵抗性											適用作型					備考			
	青枯病	半身萎凋病	萎凋病		根腐萎凋病	ネコブセンチュウ	ToMV		葉かび病	斑点病	かいよう病	ハウス抑制	ハウス促成	ハウス半促成	夏秋雨よけ	夏秋露地	価格			メーカー
			レース1	レース2			Tm-1	Tm-2^a									詰量	標準小売価格（税抜き）	参考店頭価格	
桃太郎 J		○	○		○	○		○		○		○	○	○			1,000粒	￥18,000	￥14,300	タキイ種苗（株）
ハウス桃太郎		○	○			○		○		○		○	○	○			1,000粒	￥11,000	￥ 8,600	タキイ種苗（株）
桃太郎		○	○			○	○			○					○		1,000粒	￥ 6,000	￥ 4,700	タキイ種苗（株）
桃太郎8	△	○	○	○		○		○		○					○		1,000粒	￥16,200	￥12,700	タキイ種苗（株）
桃太郎 T93	△	○	○			○		○		○						○	1,000粒	￥16,200		タキイ種苗（株）
桃太郎ヨーク		○	○	○	○	○		○	○	○		○		○			1,000粒	￥18,000	￥12,700	タキイ種苗（株）
桃太郎ファイト	△	○	○	○	○	○		○	○	○		○		○	○		1,000粒	￥18,000	￥14,300	タキイ種苗（株）
ごほうび		○	○	○		○		○	○	○			○	○			1,000粒		￥13,100	（株）サカタのタネ
麗夏		○	○	○		○		○	○	○				○			1,000粒		￥12,380	（株）サカタのタネ
麗容		○	○	○		○		○	○	○		○	○	○			1,000粒		￥12,380	（株）サカタのタネ
マイロック	△	○	○	○		○		○	○	○		○		○	○		1,000粒	￥15,300	￥12,200	（株）サカタのタネ
サンロード	△	△	○	?	○	○	○	○	○	○	△	○		○	○		20 ml	￥14,900		（株）サカタのタネ
ｴｽｸｯｸ・ﾄｰﾙ			○	○		△				○			○	○	○		1,000粒	￥10,600		（株）サカタのタネ
ろくさんまる		○	○	○		△		○	△	○		○	○	○			1,000粒	￥15,300	￥12,200	（株）サカタのタネ
ﾌｧｰｽﾄﾊﾟﾜｰ			○					○						○			20 ml	￥10,600		（株）サカタのタネ
至福		○	○			○		○	○	○		○			○		1,000粒		￥14,400	カネコ種苗（株）
招福パワー		○	○	○		○		○	○	○		○			○		1,000粒		￥15,900	カネコ種苗（株）
優美		○	○			○		○		○		○		○	○	○	20 ml		￥ 9,550	丸種（株）・宇治交配
秀美			○			○			○	○		○			○	○	20 ml		￥ 7,700	丸種（株）・宇治交配

店頭価格は地域や時期で異なる（空欄は未調査）．

伝子型がホモの場合（$Tm-2^a/Tm-2^a$）などがあり，かなり複雑である．Tm-2と$Tm-2^a$は同一遺伝子座（第9染色体）にあるため，Tm-2/Tm-2・$Tm-2^a/Tm-2^a$と両者を共にホモに有する品種を作成することはできない．抵抗性の強さは，Tm-1型＜Tm-2型＜$Tm-2^a$型の順である．

（ii）使用方法

常発する病原菌およびレースの同定を正確に行い，これらに抵抗性を有し，栽培型に適した品種を選定して栽培する．

（iii）使用上の留意点

線虫抵抗性品種は，初めてトマトを作付けする圃場では有効に活用できるが，トマト連作地帯ではネコブセンチュウ抵抗性遺伝子Miを打破するサツマイモネコブセンチュウの系統が蔓延しているため，どの線虫抵抗性品種も概ね無効である．このMi遺伝子打破系統の線虫に抵抗性の品種はまだ育成されていない．萎凋病でもレース1抵抗性を打破する病原菌系統（レース2）が主流となっているため，萎凋病の対策にはレース2抵抗性品種を用いる方がよい．また，レース2抵抗性を打破する系統（レース3）が出現している地域では，栽培する品種をレース3抵抗性の台木品種に接ぎ木するとよい．接ぎ木を行う場合は，ToMV抵抗性の遺伝子型が同じグループの台木を用いる（次項bの抵抗性台木を参照）．ToMV抵抗性についても，Tm-2型品種を侵す系統が発生している．なお，Tm-2遺伝子はすじ腐果の発生に関わるnv遺伝子と連鎖しているため，この遺伝子を導入した品種ではすじ腐果の発生が増える傾向がある．表2-1に掲載したように，品種の種子代は4,000～16,000円/1,000粒の範囲である．抵抗性品種は一般に対象病害の防除効果が高いので，その品種が利用可能であれば，防除コスト削減に貢献できる．

b）抵抗性台木

（i）対象病害虫および作用機作

接ぎ木によって根を利用する品種を台木とよぶ．トマトを侵す土壌病害の種類は多く，それらの被害も深刻であるため，土壌病害抵抗性トマト台木品種の育成も野菜の中で最も盛んである（表2-2）．対象病害は土壌伝染性病害（青枯病，半身萎凋病，萎凋病〔レース1，2，3〕，根腐萎凋病，褐色根腐病，土壌線虫（サツマイモネコブセンチュウ），ToMVであり，地上部病害は含まれない．市販されている多くの台木品種がこれらの土壌病害虫に複合抵抗性を持っているが，抵抗性の強さは一様ではない．病害別に抵抗性の評価がほぼ確定した品種を挙げると，①青枯病：「アンカーT」，「ヘルパーM」，「デュエットO」，「PFNT1号」，「LS-89」など；②半身萎凋病：ほとんどの市販品種が抵抗性（ただし，レース2には抵抗性なし）；③萎凋病レース1：「新メイト」，「ジョイント」，「マグネット」，「アンカーT」，「影武者」，「ドクターK」，「デュエットO」，「LS-89」など；④萎凋病レース2：「がんばる根3号」，「アンカーT」，「影武者」，「ドクターK」，「ヘルパーM」，「デュエットO」など；⑤萎凋病レース3：「プロテクト3」；⑥根腐萎凋病：「がんばる根3号」，「新メイト」，「ジョイント」，「バルカン」，「マグネット」，「影武者」，「ドクターK」，「デュエットO」など；⑦褐色根腐病：「バルカン」，「ドクターK」など（いずれも中程度抵抗性）；⑧ネコブセンチュウ：「LS-89」，「BF興津101号」を除くほとんど全ての市販品種（抵抗性打破系統線虫出現地帯ではいずれも無効）などがある．

（ii）使用方法

トマトの接ぎ木は比較的容易であるが，以下の注意が必要である．①台木が穂木（台木に接ぐ側の品種を台木に対して穂木とよぶ）より太い方が接ぎやすいため，台木と穂木の太さや生育速度がほぼ同じ場合は，台木を数日早く播種する．茎の太さや生育速度は品種によって異なるから，それぞれの品種の特性に応じて台木と穂木の播種日をずらす．②活着率を高めるため，育苗中は温度や湿度を適切に管理する．台木には病害抵抗性の他に，耐暑性，耐寒性，耐乾性，耐湿性，吸肥性などに優れた形質を持つものが多い．接ぎ木を行うと台木の生理的特性が穂木におよび，穂木本来の生理的形質が矯正され，その適用作型や栽培地域を広げることができる．

表2-2　トマト台木品種の病害虫抵抗性特性の事例

主な品種	病害虫抵抗性											備考			
	青枯病	半身萎凋病	萎凋病			根腐萎凋病	褐色根腐病	ネコブセンチュウ	ToMV			価格			メーカー
			レース1	レース2	レース3				Tm-1	Tm-2	$Tm-2^a$	詰量	標準小売価格（税抜き）	参考店頭価格	
アキレスM	○	○	○					○	○						タキイ種苗（株）
ベスパ	○		○	○		○		○			○	20 ml		¥10,600	タキイ種苗（株）
プロテクト3	○	○	○	○	○	○		○			○	1,000粒		¥ 7,970	タキイ種苗（株）
ヘルパーM	○		○	○	○			○	○			1,000粒		¥ 7,200	タキイ種苗（株）
LS-89	○		○	○					○			20 ml	¥ 3,500	¥ 2,630	タキイ種苗（株）他
BF興津101号	○	○	○	○					○			20 ml	¥ 3,300		タキイ種苗（株）他
影武者	○	○	○	○		○		○			○	1000粒		¥ 8,100	タキイ種苗（株）
ドクターK		○	○	○		○	○	○			○	1000粒		¥ 8,100	タキイ種苗（株）
アンカーT	○	○	○	○				○			○	1000粒		¥ 7,300	タキイ種苗（株）
耐病新交1号	○	○	○			○	○	○	○						タキイ種苗（株）
サポート	○	○	○	○		○		○		○	○	1000粒		¥ 8,400	（株）サカタのタネ
新メイト		○	○	○		○		○		○	○	20 ml	¥ 8,700	¥ 6,700	（株）サカタのタネ
ジョイント	○	○	○			○	○	○		○	○		シードグラフ扱い		（株）サカタのタネ
バルカン	○	○	○			○	○	○		○	○	10 ml	¥ 6,800		（株）サカタのタネ
マグネット	○	○	○	○		○	○	○		○	○	1000粒	¥10,600	¥ 8,400	（株）サカタのタネ
良縁	○		○			○		○		○	○				カネコ種苗（株）
スーパー良縁	○	○	○	○		○		○		○	○				カネコ種苗（株）
助人	○	○	○	○		○	○	○		○	○				カネコ種苗（株）
リリーフエース	○	○	○	○				○	○						カネコ種苗（株）
がんばる根	○	○	○	○		○		○			○				愛三種苗（株）
がんばる根3号	○	○	○	○		○	○	○			○	1000粒		¥ 7,720	愛三種苗（株）
カップルT	○	○	○	○		○		○		○					むさし育種
カップルO	○	○	○	○		○		○	○						むさし育種
デュエットO	○	○	○	○		○		○	○						むさし育種
PFNT1号	○		○					○			○				むさし育種
PFNT2号	○	○	○	○				○			○				むさし育種
キャディー1号	○		○	○		○		○			○				トキタ種苗
キャディー2号	○		○			○		○			○				トキタ種苗

店頭価格は地域や時期で異なる（空欄は未調査）

（iii）使用上の留意点

表2-3　ToMV抵抗性の相違にもとづく台木と穂木との接ぎ木の可否

台木＼穂木	罹病性	Tm-1型	Tm-2型	$Tm-2^a$型
罹病性品種	○	○	△1	×
Tm-1型	○	○	△1	×
Tm-2型	△2	△2	○	○
$Tm-2^a$型	×	×	○	○

○：接ぎ木可能　　×：接ぎ木不可
△1：台の感染によって全身ネクロシスを軽度だが生ずるおそれがある．
△2：穂の感染によって株全体の生育不良を生ずるおそれがある．

①抵抗性台木品種が無病徴感染し穂木部が発病する場合があるため，穂木にも抵抗性品種を用いることが望ましい．②抵抗性台木を用いた場合でも抵抗性に合致しない病原菌の分化型やレースが発生し，罹病することがある．③ToMVの抵抗性遺伝子型が台木と穂木で異なると，障害が発生する（表2-3）ため，台木のToMV抵抗性型は穂木のToMV抵抗性型と同じ型（親和性が高い）を用いなければならない．i）中程度抵抗性（Tm-1型）および感受性（＋）同士の組み合わせ例を挙げれば穂木が「桃太郎」，「甘太郎Jr」であるとき，台木には「ヘルパーM」，「デュエットO」，「PFNT1号」，「LS-89」などが適当である．ToMVの発生が予想

される場合は，本葉2～3枚期に弱毒ウイルスを接種する．ii）強度抵抗性（Tm-2^{a}型，Tm-2型）同士の組み合わせでは，穂木が「至福」，「サンロード」，「マイロック」，「ハウス桃太郎」，「桃太郎8」，「桃太郎J」，「桃太郎ヨーク」の場合に，台木を「がんばる根3号」，「新メイト」，「ジョイント」，「バルカン」，「マグネット」，「アンカーT」，「影武者」，「ドクターK」とする．Tm-1または罹病性（+）の台木とTm-2の穂木の組み合わせでは，軽度だが全身ネクロシスが発生することがある．逆のTm-2の台木とTm-1の穂木の組み合わせでは，穂木が感染することによって株全体の生育不良が生じることがある．③ ToMVの組み合わせの他にも穂木と台木の間には不親和性が存在する場合があるので，メーカーが提供する親和性の情報に注意する．④ 穂木の草勢は台木の草勢に影響されるから，肥培管理は台木の生理的特性を把握し，台木に合わせて実施する．⑤ 青枯病抵抗性は高温によって低下するため，高温時の栽培型において青枯病抵抗性品種が発症することがある．

台木用品種の価格は1,000粒で1万円前後である．ハウス桃太郎の9 cmポット接木苗の購入価格は160円/株（368,000円/10 a）であり，自根苗が90円/株（207,000円）であるから，接木苗購入の純コストは161,000円/10 aである．

（2）生物的防除法

a）イサエアヒメコバチおよびハモグリコマユバチ

イサエアヒメコバチとハモグリコマユバチはハモグリバエ類に対して利用できる．放飼方法はいたって簡単で，寄生蜂の成虫が入ったボトルのふたを開け，ハウス内に開口部を上に放置すれば寄生蜂は自ら分散する．放飼量は，イサエアヒメコバチとハモグリコマユバチの混合剤の場合，発生初期には1～2ボトル（250～500頭）/10 aでよいが，潜孔や幼虫が少し散見されるようになっている場合には，2ボトル/10 a以上必要である．モニタリング用の黄色粘着トラップを使って成虫の発生消長を調べて放飼時期を決める．原則としてトラップへ1頭でも成虫が誘殺されたらその次の週から天敵を放飼する．放飼回数は，毎週1回で計3～4回ほど放飼する．なお詳しい生物的特性や利用法については付録Aを参照されたい．

b）オンシツツヤコバチおよびサバクツヤコバチ

オンシツツヤコバチおよびサバクツヤコバチはコナジラミ類の防除に利用できる．市販の商品は，1枚のカードにツヤコバチの蛹（マミー）50頭を貼ってある．このカードをトマト25～30株に1枚ずつ枝など直射日光に当たらないところにつるす．コナジラミ成虫が効率的に誘引される黄色の粘着トラップを使用して，少しでも成虫の発生を確認したら早急に1回目の放飼を行う．その後1～2週間毎に3～5回の放飼を行う．コナジラミ類が常発する圃場や苗での発生が確認されている場合は，発生調査を省略して定植直後から定期的にツヤコバチを放飼する方法もある．オンシツコナジラミの発生が多い圃場では，オンシツツヤコバチを利用し，シルバーリーフコナジラミの発生が多い圃場ではサバクツヤコバチを利用する．なお詳しい生物的特性や利用法については付録Aを参照されたい．

c）モナクロスポリウム・フィマトパガム剤（ネマヒトン，図2-1）

（i）対象害虫および作用機作

本剤は1990年に登録された不完全菌類のモナクロスポリウム・フィマトパガムを主成分とする生物農薬である（図2-1）．製剤は1 kgを単位に梱包された暗褐色粉末で，本菌を培養したピー

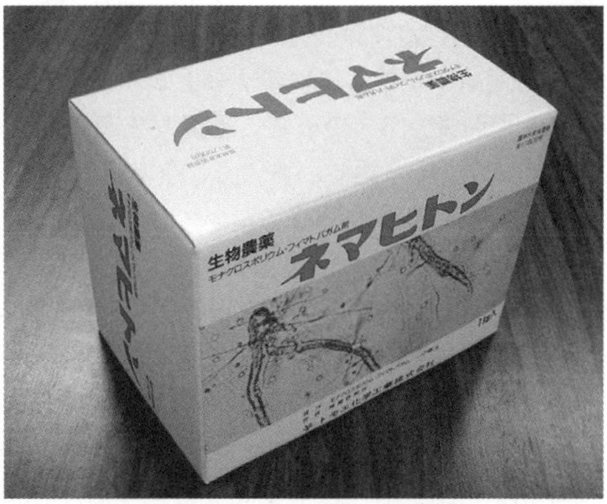

図2-1　線虫捕食菌（モナクロスポリウム・フィマトパガム）を製剤化したネマヒトン

トモスに主成分の菌糸および分生子を10^4個/g含んでいる．サツマイモネコブセンチュウを適用対象とし，現在タバコおよびトマトに登録がある．本菌は非選択的に線虫を捕捉するため，あらゆる線虫を抑制すると考えられる．この糸状菌は捕捉器とよばれる粘着性の小球を菌糸上に形成し，線虫体表面に付着して線虫を捕獲するが，本来は腐生菌であり，線虫がいない条件では捕捉器は形成されない．線虫体表に付着した捕捉器は線虫体表を貫通する突起物を形成し，これが線虫体内に侵入すると感染球が形成される．感染球から伸長した栄養菌糸が線虫体内の栄養素を吸収する過程で線虫は死亡する．

（ii）使用方法

本菌はpH 3〜9の範囲で生育するが，最適pHは5〜6である．生育温度は10〜30℃で，25〜28℃が適温帯である．処理法には育苗培土に混和する方法と本圃に直接散布する方法がある．育苗培土に処理する場合は，あらかじめ製剤と育苗培土を1：3の比率で均一に混合する．生菌は乾燥に弱いため，混和前の培土に適度に散水し，湿らせてから混和する．本剤を混合した培土を育苗ポットに詰め，苗を仮植（鉢上げ）する．育苗終了後の培土は苗とともにそのまま本圃に持ち込む．本圃土壌に処理する場合は1 m^2当たり，2.5 kgを有機物（フスマ，米ぬか，なたね油かすなど）1 kgとともに表面散布し，ロータリー耕耘などによって良く攪拌・混和する．処理14日後に苗を定植する．

トマトに施用したとき，根こぶ指数は無処理区71に対し処理区で39に低下し，ネコブセンチュウ2期幼虫の補正密度指数は47に低下した．同様に別の試験例でも根こぶ指数が無処理区100に対し77に，2期幼虫補正密度が59に低下し，防除効果が認められた．

（iii）使用上の留意点

有機物の同時処理はこの資材の効果を引き出す重要なポイントであるから，必ず処理する必要がある．主成分が糸状菌であるため殺菌剤は菌の生存に影響を及ぼすが，育苗期のチオファネートメチル，ベノミル，およびジネブ剤などの葉面散布は，通常の使用量であれば土壌への浸透がわずかであり問題はない．その他の殺菌剤も肥土に流れないように注意して散布する．乾燥に弱いので，育苗処理した場合は育苗期間の高温（30℃以上）と乾燥に注意して苗を管理する．製剤は1箱（1 kg）で2,000円である．

d）パスツーリアペネトランス剤

本剤はパストリア水和剤の商品名で市販されており，サツマイモネコブセンチュウ，ジャワネコブセンチュウ，アレナリアネコブセンチュウに有効である．効果的な使用法として，① 作物作付け後，灌水チューブを用い液肥とともにパスツーリアを点滴処理する方法と，② 燻蒸剤による植穴部分燻蒸と併用して用いる方法がある．① では，灌水に溶かしてチューブで施用し，1.75 g/m^2（1.75kg/10 a）を処理する．② では少量処理を毎年繰り返す．線虫と土壌病原菌に有効な クロルピクリン・D-D燻蒸剤を定植予定位置にマルチの上から2〜3 m*l* 灌注する．1週間後，マルチ穴開け器で植穴を穿ち，さらに1週間後，パスツーリア懸濁液を穴に処理し，処理後4日〜7日後に苗を定植する．この処理は次作〜4作まで繰り返す．およそ3作で胞子密度が高まる．製剤は1袋（500 g）で5万円である．なお詳しい生物的特性や利用法については付録Aを参照されたい．

e）昆虫病原性糸状菌製剤

（i）対象害虫および作用機作

昆虫病原性糸状菌製剤は昆虫病原性糸状菌（昆虫に病気を引き起こすカビ）の胞子を含有し，次のような過程でアブラムシ類やコナジラミ類に感染，死亡させる：① 胞子が昆虫の体表に付着する；②胞子から菌糸が発芽し，皮膚を貫通して体内に侵入する；③ 菌糸が体内の養分や水分を利用して発育し，その結果，昆虫は死亡する；④ 好適な温度および湿度条件のもとでは，昆虫の体表上に胞子が形成され，新たな感染源となり，感染・発病が拡大する．

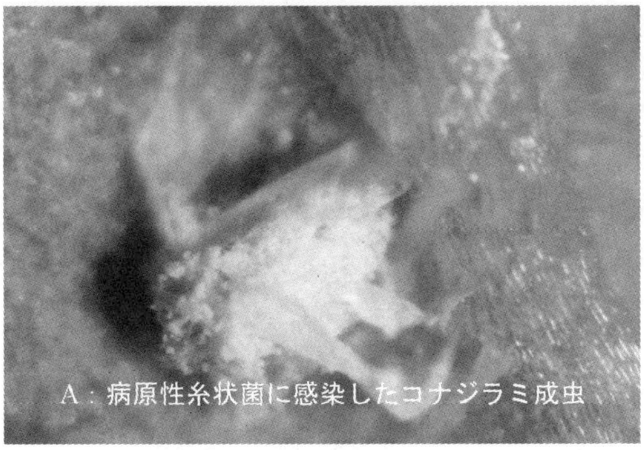

A：病原性糸状菌に感染したコナジラミ成虫

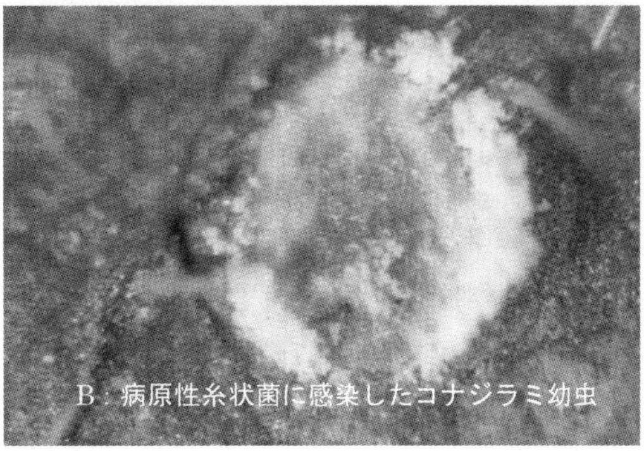

B：病原性糸状菌に感染したコナジラミ幼虫

図2-2　病原性糸状菌に感染したシルバーリーフコナジラミ．A：成虫，B：幼虫．

表2-4　昆虫病原性糸状菌製剤

作物	害虫	使用薬剤名	希釈倍数	有効成分名
野菜類	アブラムシ類	バータレック	1,000倍	バーティシリウム・レカニ胞子＊
トマト ミニトマト	コナジラミ類	マイコタール	1,000倍	バーティシリウム・レカニ胞子＊
野菜類	コナジラミ類	プリファード水和剤	1,000倍	ペキロマイセスフモソロセウス胞子
トマト	コナジラミ類	ボタニガードES	500倍	ボーベリアバシアーナ胞子

＊ バータレックとマイコタールは同種の糸状菌であるが病原性の異なる系統である．

（ii） 使用方法

昆虫病原性糸状菌による防除効果を高く維持するためには，害虫の発生初期（アブラムシ類ではまだコロニーを形成していない時期）から使用を開始し，1週間間隔で2～3回連続散布する．菌の感染に好適な条件は温度18～28℃，相対湿度80％以上である．

① 処理準備：害虫の密度が高い場合には，あらかじめ化学殺虫剤を散布して密度を下げておく．また，施設の側窓部に（可能ならば天窓部にも）1 mm目合いの防虫網を設置し，野外からの害虫の侵入を防止する．② 処理液の調整：製剤の所定量に少量の水を加えて十分にかき混ぜ，高温や直射日光を避けて2～4時間静置する．これにより，胞子の発芽が促進される．② 所定量の水を加えて十分にかき混ぜる．③ 散布：処理液は夕方に散布し，翌朝まで施設を密閉し，散布後少なくとも半日間は感染に好適な高湿度（相対湿度80％以上）を維持する．感染に好適な温度および湿度条件が確保できれば，製剤散布7～10日後以降，体表が白い菌糸で覆われた死亡個体がみられるようになる（図2-2）．

（iii） 使用上の留意点

製剤入手後は冷暗所（約5℃）に保存し，開封後は早めに使い切る．製剤に展着剤は加用できるが，他の薬剤（特に殺菌剤）の混用は菌を阻害する場合があるので，なるべく避ける．やむを得ず殺菌剤の散布を行う場合は，製剤を処理の数日後に行うようにする．市販の製剤（表2-4）はアブラムシまたはコナジラミ専用であり，それ以外の害虫に対する殺虫効果は不充分であるから，対象外害虫の防除は別に行う．製剤を複数回散布しても対象害虫の密度の抑制が認められない場合は，化学殺虫剤による防除に切り換える．マイコタールとバータレックは4,780円（500 g），ボタニガードES剤は5,500円（500 ml），プリファード水和剤は1,850円（100 g）で市販されている（いずれも希望小売価格）．

f） バチルスズブチリス剤

（i） 対象病害虫および作用機作

本剤は「ボトキラー水和剤」（図2-3）の商品名で市販されている．自然界に普遍的に生息しているバチルスズブチリス（和名：枯草菌）の芽胞を有効成分としているため，物理的・化学的ストレスに強く，安全性が高い．適用病害は主に灰色かび病類（トマト，ナス，イチゴ，ブドウ）で，他にうどんこ病（ナス）にも適用される．本剤は病原菌が侵入する前に散布することにより，植物体上に先に定着し，植物体全面を覆い，後から侵入する病原菌（灰色かび病菌，うどんこ病菌）の活動を抑制する．すなわち，生息場所と栄養物の奪い合いによる競合（拮抗作用）により病原菌を排除する．したがって，予防効果が主体である．

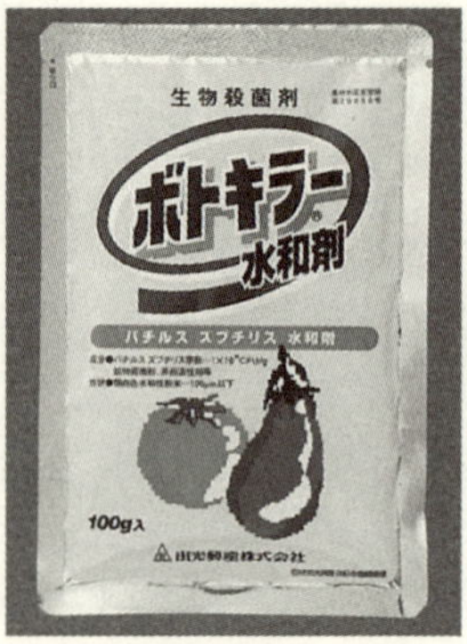

図 2-3　枯草菌（バチルスズブチリス）の芽胞を製剤化したボトキラー水和剤

（ii）使用方法

バチルスは10℃以上の温度で活動するため，気温10℃以上が確保できる施設内で使用する．活動に必要な水分は空中の湿気や夜間の結露水を利用する．活動時間は空気中の湿度が高い夕方から翌日の午前中に限られる．化学薬剤耐性菌にも防除効果があり，天敵昆虫や受粉蜂（マルハナバチ，ミツバチ）への影響はない．

処理時期は開花期から収穫期までの期間である．予防効果が主体なため，発病前～発病初期に7～10日間隔で散布する．希釈倍数1,000倍で，150～300 l/10 a をまきむらのないように植物の隅々までたっぷりと散布する．生育段階，栽培形態，散布方法に合わせて散布量を調節する．散布液調製後は速やかに散布する必要がある．

（iii）使用上の留意点

本菌の芽胞は化学薬品に対して比較的耐性があるが，一部の殺菌剤や殺虫剤とは混用できない（殺菌剤：オーソサイド水和剤，ジマンダイセン水和剤，ダコニール1000，ベルクート水和剤，モレスタン水和剤，ユーパレン水和剤；殺虫剤：モスピラン水溶剤）．ただし，混用不可であっても，日数をあけた近接散布は可能である．灰色かび病がすでに発症している場合は登録化学殺菌剤と本剤の体系防除を実施し，併用効果を狙うことができる．本剤の可能総使用回数は8回以内である．常温で3年間保管できる．生菌であるため開封後は密封して保管し，早く使い切るよう注意する．ボトキラー水和剤は100 g で2,000円前後（包装単位は100 g のみ）で市販されている．

（3）　物理的防除法

a）防虫ネット

（i）対象害虫および作用機作

防虫ネットは，あらゆる飛翔性害虫の侵入抑制をもたらす被覆資材であり，物理的防除法としては有効な防除技術である．防虫ネットは主要な害虫に対して有効なネット目合いが報告されている．

（ii）使用方法

防虫ネットの侵入防止効果は目合いの大きさと害虫の大きさの比較で決まる．完全な侵入防止をもたらす目合いの大きさは，マメハモグリバエでは0.64 mm，タバココナジラミでは0.46 mm，ワタアブラムシでは0.34 mm，アザミウマ類では0.19 mm と報告されている．TYLCV，TSWV などトマトの虫媒ウイルス病の防除には，防虫ネットなどを利用してウイルスを媒介するアザミウマ類やコナジラミ類の侵入を防止するのが最も有効である．室内試験では目合い0.4 mm 以下の防虫ネットが，TYLCV を媒介するシルバーリーフコナジラミの侵入防止に高い効果があった．

（iii）使用上の留意点

完全侵入防止を行うため，細かい目合いの防虫ネットを使用すると通気が悪くなり，日中の温室内の気温が上がり易く高温となる．防虫ネット資材は幅1.8 m，長さ100 m のものが一般的で，通常使用される1 mm目合いのものでは，10 a当たりの資材費は21,600円となる．より細かい目合いではややコストが高くなる．防虫網の素材には合成繊維のものと天然素材のものがあるが，ポリエチレン，ナイロン，ビニロンなどの合成繊維のものが多く使用される．

b）吸放湿性フィルム

（i）対象病害および作用機作

施設内は閉鎖環境のため多湿になりやすい．特に夜間は水蒸気がビニールに結露し，湿度が高まる．このような環境では，好湿性病原菌である灰色かび病菌が多発する．吸湿性フィルム（ポリビニールアルコールフィルム：PVA）は素材そのものが吸湿性を持ち，ハウスの内張カーテンとして展張すると，内張内の空中水分を吸収するとともに，絶対湿度の高い外張り部分へ水分を放湿する．夜間の湿度はPVAフィルムのみで最大10％程度低下する．灰色かび病の発病は，夜間の湿度低下によって大きく抑制される．トマトの灰色かび病の他，トマト菌核病，疫病に効果が期待できる．ナス，イチゴの灰色かび病の発生抑制にも有効である．

（ii）使用方法

本フィルムはハウスの内張として，天井，サイド，出入り口を囲むように展張する．フィルム被覆は作物作付け前に実施する．天井面は固定張り，開閉式のいずれの張り方でもよい．外張りフィルムにはハウス用の樋をハウスの肩部分に緩い傾斜をつけて設置し，外張りの天井面に結露した水を集めてハウス外に放出する．このため，樋の縁にはゴムホースを取り付ける．この結露水の放出によって，ハウス内の湿度をさらに低く抑制できる．外張りフィルムに結露した水の流下は，フィルムの性質によって異なるため，流滴性が高い資材を選択する．結露したビニールフィルムに比べて，PVAフィルムの光透過率は高いので，作物の品質向上と増収が望める．また，結露しないためフィルムに接触した場合の衣服の汚れが少なくなるなどの利点がある．

（iii）使用上の留意点

PVAフィルムは乾燥すると3〜5％収縮するため，晴天乾燥時にゆるみを持たせて被覆する．日中はハウスの換気によりフィルムの乾燥を促す．また，このフィルムは裂けやすいので，針金などの突起物が当たらないように展張し，擦れにも注意する．吸湿性の内張資材として上市されているものには，「ベルキュウスイ」，「サンリッチ」（いずれも割繊維系），「こはる」（PVAテープ）がある．ハウス用の樋にはツユトール，ノンツユエースなどがある．PVAフィルム（ベルキュウスイ）のコストは，10 aのハウス規模を間口8 m×奥行き42 m×軒高2.3 m（棟高3.9 m）の3連棟と想定した場合，天井だけに展張するとき291,600円，サイドにも展張するときには340,200円である．

c）近紫外線カットフィルム

（i）対象病害虫および作用機作

近紫外線カットフィルムは，はじめにビニールを素材として開発されたが，その後，ポリエチレン，ポリエステルなどの製品も開発され，現在では種々の資材が市販されている．このフィルムは当初，生育促進を目的に栽培用に試験されたが，害虫の発生が少ないことから1980年頃から害虫防除を目的に使われるようになった．通常の農業用フィルムは290 nm以下を透過しないが，それより長い波長はよく透過する．近紫外線カットフィルムは近紫外線（290〜390 nm）を透過しないように加工されたフィルムである．透過しない波長域はフィルムにより異なるが，害虫防除の目的で使用するフィルムは380 nm以下を全て透過しないものである．

近紫外線カットフィルムを用いた施設内では，ミナミキイロアザミウマ，ヒラズハナアザミウマなどのアザミウマ類，オンシツコナジラミ，シルバーリーフコナジラミなどのコナジラミ類，ワタアブラムシなどのアブラムシ類，マメハモグリバエなどのハモグリバエ類などの発生が抑制される．それにともない，アザミウマ類が媒介するスイカ灰白色斑紋病（WSMoV）やトマト黄化えそ病（TSWV），アブラムシ類が媒介するモザイク病（CMV，BBWVなど）などのウイルス病も減少する．一方，ハダニ類に対する効果は認められない．

近紫外線カットフィルムによる害虫の密度抑制の作用機作は不明な点が多い．人は近紫外線を見ることができないが，多くの昆虫にとって近紫外線は可視範囲であり，近紫外線を除去した環境は虫にとって正常な状態ではないものと考えられる．しかし，近紫外線除去が昆虫の増殖に直接的には影響しないことが，ミナミキイロアザミウマやオンシツコナジラミで明らかになっている．一方，近紫外線カットフィルムで被覆した施設では，施設外からの成虫の飛翔による侵入が大幅に抑制され，施設内での分散も抑制され，定着も悪くなることが，ミナミキイロアザミウマなどで明らかにされている．このように，害虫の密度が減少する最大の理由は，近紫外線が除去された環境を害虫の成虫が忌避するためと考えられる．また，近紫外線除去下での害虫の分散抑制，定着悪化も密度低下の一因と考えられる．しかしながら，近紫外線除去が影響を及ぼす昆虫の種類，種類ごとの影響の程度は明らかになっていない．

（ii）使用方法

このフィルムは外張り資材として，一般のフィルムと同様に用いる．灰色かび病，菌核病などの糸状菌の胞子形成には紫外線が必要であり，近紫外線カットフィルム下ではこれらの病害の発生も抑制される．

（iii）使用上の留意点

近紫外線除去は有用昆虫にも影響があり，ミツバチの飛翔が著しく抑制されるため，受粉のためにミツバチを利用することはできない．しかしながら，セイヨウオオマルハナバチは近紫外線除去下でも正常に飛翔するため，受粉のためにセイヨウオオマルハナバチを用いることはできる．またオンシツツヤコバチ，サバクツヤコバチの施設内での分散も近紫外線除去下では抑制されるが，その程度は小さく防除効果は一般フィルム下と同等であり，近紫外線カットフィルムとこれらの天敵との併用は可能である．他の天敵類についての詳細な検討はないが，いずれも近紫外線カットフィルムを用いた施設内でも防除効果は一般フィルム下と同等であり，近紫外線カットフィルムと併用できる．また，近紫外線カットフィルムは植物に対する影響もある．近紫外線を除去することによりアントシアンの生成が抑制されるため，ナスでは果皮の着色が不良となり，本資材は利用できない．ただし，米ナスは正常に着色する．また，作物の生育は一般に促進されるため，徒長ぎみとなる．このため本資材に適した新たな栽培体系を検討する必要がある．一般に通常の農業用ビニール資材に比べ近紫外線カットフィルムの価格は約10％程度高くなる．吸湿内張PVAの場合と同様の規模のハウスを想定すると，UVスーパーソーラー（近紫外線除去，POフィルム，0.15 mm厚，耐久年数5年）では408,900円/10 a，カットエースクリーン（近紫外線除去，農ビ，0.13 mm厚，耐久年数2年）では319,800円/10 aとなる．減価償却を考慮すれば，年間のコストはUVスーパーソーラーが8万円強，カットエースクリーンが16万円弱である．

d）土壌還元消毒

（i）対象病害虫および作用機作

土壌還元消毒法は，フスマまたは米ヌカの土壌混和と湛水を組み合わせた土壌消毒法である．この消毒法は北海道立道南農業試験場で寒冷地におけるネギ根腐萎凋病の防除のために開発され，その後，千葉県農業総合研究センターにより適用作物，対象病害虫の範囲が大きく拡大された．暖地における施設のトマト，キュウリ，メロン，スイカ，サヤインゲン，イチゴ，ホウレンソウなどの栽培前の土壌消毒法として普及しつつある．トマトでは褐色根腐病，ネコブセンチュウに対して有効で，トマト萎凋病，トマト根腐萎凋病，トマト青枯病に対する防除効果も認められ，知見は無いもののトマト半身萎凋病およびトマト白絹病に対して抑制効果が期待できる．土に混和したフスマ（または米ヌカ）を分解する土壌微生物は，30～40℃の高温条件下では急激に増殖する．この時，土壌が圃場容水量の水分条件であると，微生物による酸素の消耗が激しく土壌は急速に還元状態に移行していく．土壌病害虫は酸素を必要とするため，還元化による酸素欠乏で死滅または増殖の抑制が起こる．また，還元化の過程で生成する酢酸などの有機酸，微生物の競合（拮抗作用），太陽熱，発酵熱による高温が土壌病害虫の生存に影響を与える．以上の要因の複合作用によって土壌中に生息する病原菌や線虫類の防除効果が得られるものと考えられる．

（ii）使用方法

土壌還元消毒は20℃以上の平均気温の時期（関東地方では5月～9月）に実施する．抑制栽培で特に効果が高いが，施設栽培であれば作型は問わず，火山灰土，砂質土，壌粘質土に適用して等しく効果が認められる．

作業準備：① フスマ処理後の灌水時に灌水むらが生じるのを避けるため，フスマ処理の2，3日前までにロータリーで耕耘し，後作業に支障をきたさない程度にあらかじめ十分に灌水する．

本作業：② フスマ（または米ヌカ）を均一に散布し（図2-4，A），ロータリーで2～3回耕耘する．フスマ（または米ヌカ）1 t/10 a（深さ15～20 cm混和の場合）または2 t/10 a（深さ40 cmまで混和の場合）を作土に均一に混ぜる．ハウスの隅までよく混ぜるように注意する．③ 圃場容水量に達するまで灌水する．（A）灌水チューブを下向きに設置し（図2-4，B），透明フィルムで土壌表面全体を被覆してから灌水する（図2-4，C）．（B）灌水チューブによる灌水または頭上灌水した後に透明フィルムで土壌表面を被覆する．A，Bどちらの方法も可能だが，必ずむらなく灌水し，一時的に水が圃場容水量まで達したことを確認する．

作業後の管理：④ ハウスを20日間（7，8月の高温時は10日で可）密閉する．地表が乾燥した場合でもハウス密閉期間中の追加灌水は行わない（地温確保）．⑤ 処理期間経過後にハウスを開放する．⑥ 土壌は還元状態になっている（図2-4，D）から，ロータリーでフスマを混入した深さまで耕耘し，酸化状態に戻す．⑥ 作付け前に土壌のEC等を測定して窒素施容量を決定する．

土壌還元消毒法は施設トマトの褐色根腐病に対して防除効果が高く，持続期間も長いことが千葉県内の多くの現地試験から実証されているが，連作すると2作目の防除効果が劣る事例もある．また，ネコブセンチュウ類に対する防除効果も高く，消毒後1作目で効果が認められた．一方，トマト萎凋病，根腐萎凋病に対しては，栽培期間が短い作型（夏秋栽培や抑制栽培）では防除効果が高い事例が多いが，栽培期間が長い作型では効果が劣る事例もある．青枯病に対する防除効果は不安定であり，モザ

図2-4　土壌還元消毒の手順
A：フスマの散布．B：土壌混和後灌水チューブ設置．
C：ビニールで被覆して灌水．D：還元消毒終了時の土壌表面．

イク病（ToMV）に対する防除効果は認められない．有機質であるフスマには堆肥と同等の肥料効果がある．

（iii） 使用上の留意点

還元消毒前に堆肥を施用すると，土壌の通気性が増し還元化が進まない恐れがあるので，堆肥を施用する場合には還元消毒後に施用する．十分に地温を確保できる真夏には，ハウス内の資材の劣化を避けるため天窓やサイドの一部を開けてもよい．処理終了後の耕耘が不十分だと，作物に生育障害が発生することがある．フスマおよび米ヌカ1tには約800 kgの有機物が含まれるから，次作では堆肥の施用量を加減する．還元消毒の効果が低い病害に対しては，抵抗性品種，抵抗性台木などの併用が必要である．なお，本法の制約条件として，① 本消毒法を実施する施設のそばに豊富な水源が必要なこと，② 還元過程で独特の臭い（ドブ臭）が発生し，混住地域では臭気が問題になるおそれがあること，③ 密閉期間に通常20日間（気温の高い夏期では10日間）を要し，さらに耕耘作業後に酸化状態に戻るまでに約3日を要するため，後作までの期間がこれよりも短いと実施は不可能となることなどが挙げられる．土壌還元消毒に係る費用は54,600円/ 10 a〔フスマ（45,000円），処理耕耘労賃（1,650円），フスマ処理労賃（3,250円），フィルム撤去労賃（2,700円）〕であり，薬剤による慣行土壌消毒（労賃を含め55,050円/ 10 a）とほぼ同等である．

e） 根域制限栽培と太陽熱土壌消毒の併用

（i） 対象病害虫および作用機作

根域制限栽培は一種の隔離床栽培技術である．夏季に施設を密閉して地温を上昇させる太陽熱土壌消毒法は，多くの土壌病害虫に対し極めて有効な防除技術として確立しているが，土壌の深層部には病害虫が生残するため，深層部で感染して発症する青枯病などの病害の防除には限界があった．また，太陽熱土壌消毒は天候に左右されるため，必ずしも十分な防除効果が得られない場合があった．そこで，太陽熱土壌消毒の効果の補完を目的に，トマト青枯病の防除を対象としてポリエステル繊維の平織布（防根透水シート）を利用した根域制限技術が開発され，千葉県で現地実証試験が行われた結果，トマトのネコブセンチュウおよび褐色根腐病に対する高い防除効果が実証された．また，群馬県でもキュウリの土壌病害および線虫類に対する防除効果が確認された．

根域制限栽培は太陽熱消毒と組み合わせることによって土壌病害虫の防除効果を発揮する．トマト褐色根腐病とネコブセンチュウ類に対し高い防除効果が得られた事例が多い．また，トマト萎凋病，トマト青枯病，トマト根腐萎凋病に対しても防除効果が認められている．圃場に埋設した遮根シートが根域を深さ約30 cmに制限するため，夏季にハウスを密閉して太陽熱消毒を行うと，根域の地温を長時間40℃以上に維持でき，ネコブセンチュウおよび土壌病原菌に対する防除効果が高まる．ネコブセンチュウおよび土壌病原菌はトマトの根の生長とともに30 cm以下の深部にまで到達するが，この深層部には熱や土壌消毒剤などが浸透しないため，病害虫は土壌消毒後も深層部に残存する．深層部の病害虫は次作において根が主に分布する浅い層で病害虫密度を高める原因になる．深さ30 cmに敷設した遮根シートは根域をその深度に制限し，それ以下の深層部へのネコブセンチュウおよび病原菌の拡散を阻止する．

（ii） 使用方法

処理時期は7月～8月である．火山灰土，砂質土，壌粘質土，重粘質土で適用できる．施設栽培であれば作型は問わないが，抑制栽培で特に効果が高い．シート敷設には溝敷設と全面敷設の2方式がある．A）溝敷設では，溝堀機などを用いて深さ30 cm，幅50 cmの溝を掘り，遮根シートを敷設後に土を埋め戻す．シート内の施肥・耕耘作業は困難となるため，肥料は灌水に混和して施肥する．B）全面敷設では，バックホーなどを用いて深さ30 cm相当量の土をいったん搬出し，遮根シートを施設全面に敷いた後，土を戻す．この場合は慣行栽培と同様の全面施肥とトラクターによるロータリー耕耘ができる．どちらの敷設法でも，湛水状態になるまで十分灌水し，透明ポリエチレンフィルムで全面にマルチし，施設を1カ月密閉して太陽熱土壌消毒を行う．

根域制限栽培は減肥や高糖度果実生産にも寄与する．遮根シートの敷設労力軽減のため機械化が検討されている．また，太陽熱土壌消毒期間（梅雨明け後約1カ月間）がとれない作付体系に対応するため，遮根シートと熱水土壌消毒の組み合わせによる栽培技術が検討されている．

（iii）使用上の留意点

密閉はビニールの耐久性を低下させるため，ビニールの張り替えを太陽熱土壌消毒後に実施する．太陽熱土壌消毒のトマトのネコブセンチュウおよび褐色根腐病に対する防除効果は，毎年実施することによって安定する．萎凋病，根腐萎凋病の発生圃場では，抵抗性台木への接ぎ木栽培を併用する．なお，ハウス密閉に1カ月を要し，後作までの期間がこれよりも短いと実施不可能となる．また，遮根シートの敷設に多大の労力を必要とする．シートを溝敷設した栽培法では半促成トマトの収量は慣行の地床栽培と比べやや劣るが，シートを全面敷設した場合は慣行栽培と同等である．また，灌水条件を調整することにより，糖度の高い高品質トマトの栽培が可能である．溝および全面敷設とも施肥量は，慣行栽培に比べ50％削減できる．遮根シートの溝敷設には，遮根シート費（14万円/10 a）および250時間・人/10 a程度の労働力に見合う労賃を要する．大量の土を出し入れするので，全面敷設はハウス新設時に行う．遮根シートの耐用年数は約10年である．

f）熱水土壌消毒

熱水土壌消毒法は多量の高温熱水を圃場に注入する土壌病害虫・雑草の防除技術である．80－95℃の熱湯が30 cmより深い土壌層に浸透するため，高温によって土壌病害虫（糸状菌，細菌，線虫，土壌昆虫）や雑草種子が死滅する．システムは，熱水調製用ボイラー，熱水注入装置，送水・送湯ホース，発電機，電源コードなどで構成され，熱水注入方式には大別して牽引式とチューブ式がある．熱水処理量は一般に150 l/m^2を基準とし，対象病害虫や地温などの条件に応じて調整する．消毒のポイントは熱水をむらなく圃場に浸透させることにあるので，土作りによって，土壌の透水性と保水性を高めておく．熱水の実施時期には制限がないが，地温が高いほど効率がよい．透水性に優れた均平な圃場では，この方法の採用で土壌燻蒸剤や除草剤が不要になる．専用ボイラーやホースなどの資材はレンタルで調達できる．燃料コストは処理する季節，水量，燃料の種類で異なるが，150 l/m^2の熱水散布量では，40,000～77,000円/10 aが普通であり，200l/m^2の熱水散布量では6万円（A重油2 k*l*，30円/*l*）～8万円（灯油2 k*l*，40円/*l*）となる．機材は300～500万円で市販されているが，レンタルも可能である．レンタルの場合は2日分の料金（70,000円），搬入・搬出費（40,000円），消耗品購入費（65,600円）などがかかる．このほかに，使用機種により異なるが，電気料が8,000円/日かかる．水が有料の場合は経費となる．使用法の詳細は付録Eを参照されたい．

2）将来利用可能な技術

（1）耕種的防除法

a）カラシナ鋤き込み

（i）対象病害虫および作用機作

カラシナ鋤き込みにはトマト萎凋病の発病抑制効果が認められる．アブラナ科植物の鋤き込みにより，後作の土壌病害が軽減される現象は古くから知られていた．その機作については，アブラナ科植物に含まれるカラシ油配糖体（glucosinolates）が土壌中で分解されて生じたイソチオシアネート類（揮発性抗菌物質）が，土壌中の病原菌の密度低下や活性低下に寄与しているという見方が一般的である．また，カラシナの分解でアリルイソチオシアネートと同時に生じる含硫化合物の二硫化炭素，ジメチルスルフィド，ジメチルジスルフィド，メタンチオールなどもトマト萎凋病菌の密度低減および活性低下に関わっている可能性がある．

（ii）使用方法

カラシナ（*Brassica juncea*）の中でも系統により抗菌性が異なり，黄カラシナの抗菌性が強い．カラシナは開花すると茎葉中のカラシ油配糖体の含量が低下するため，開花前に鋤き込む必要がある．鋤き込み処理中の温度は高い方がよく，土壌水分は高い方がよい．また，揮発性の抗菌物質は無被覆では散逸する．そのため，夏場の暑い時期に鋤き込み，ポリエチレン被覆下で散水する（または散水後ポリエチレン被覆をする）．鋤き込み量は多い方がよい．

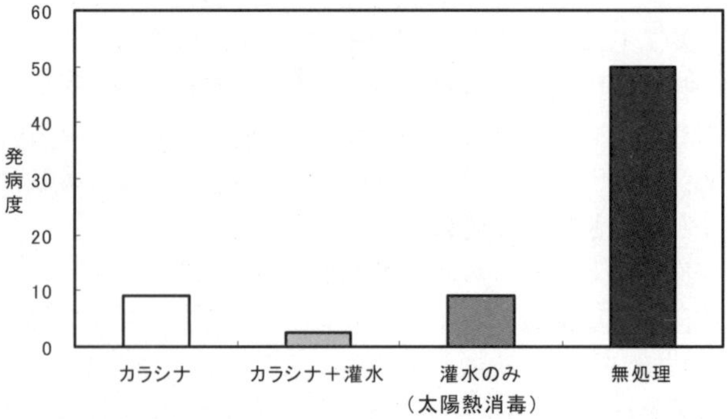

図 2-5　カラシナ鋤き込みと灌水によるトマト萎凋病の発生抑制効果

パイプハウス内試験で，カラシナ（黄カラシナ）の鋤き込み（13 kg/ m^2）後に灌水すると，トマト萎凋病に対する防除効果が高まった（図 2-5）．なお，線虫などの土壌害虫や雑草も抑制できる可能性がある．緑肥的効果も期待できる．

黄カラシナを5月上中旬に播種し，開花直前まで栽培する．梅雨明け後，全植物体を細断して土壌に鋤き込み，圃場容水量程度まで十分に灌水する．ポリエチレンシートで被覆し，ハウスを密閉して20日間程度放置する．コストはカラシナ種子代と栽培時の肥料代のほかわずかな栽培労賃のみであるが，鋤き込み前にカラシナを細断する機械が必要である．

（iii）使用上の留意点

カラシナ鋤き込み後，短期間（20日以内）でトマトを定植すると，カラシナ分解物により生育障害の出る恐れがある．カラシナにはネコブセンチュウが寄生するため，ネコブセンチュウの発生圃場では別に線虫対策が必要である．

アリルイソチオシアネートは，バーティシリウム菌など，他の病原菌にも抗菌作用があるため，他の病害も防除できる可能性がある．カラシナのカラシ油配糖体の含量を育種により高めることができれば，カラシナ鋤き込みの効果が高まる可能性がある．

b）メチオニン

（i）対象病害虫および作用機作

メチオニンは自然界に普遍的に存在する含硫必須アミノ酸である．アミノ酸の線虫増殖抑制効果は1962年に初めて明らかにされ，60年代～70年代に海外で殺線虫作用，線虫のふ化・成長に及ぼす影響などに関する研究が行われたが，実用化に至らなかった．近年，国内で環境保全型線虫防除素材として注目され，実用化試験が始まった．メチオニンは有害線虫（ネコブセンチュウ，シストセンチュウ）だけでなく，病原性フザリウム属菌（ダイコン黄萎病など）も抑制し，作物に無害な自活性線虫（食細菌線虫，食糸状菌線虫）および通常の菌類への影響が少ない．メチオニンには，土壌生態系の保全（農業上有用な土壌微生物が維持される），生産物の安全性（本来の用途は食品添加物，健康食品，家畜飼料であるため，残留毒性の危険がない）が期待でき，作物成育中処理も可能である．

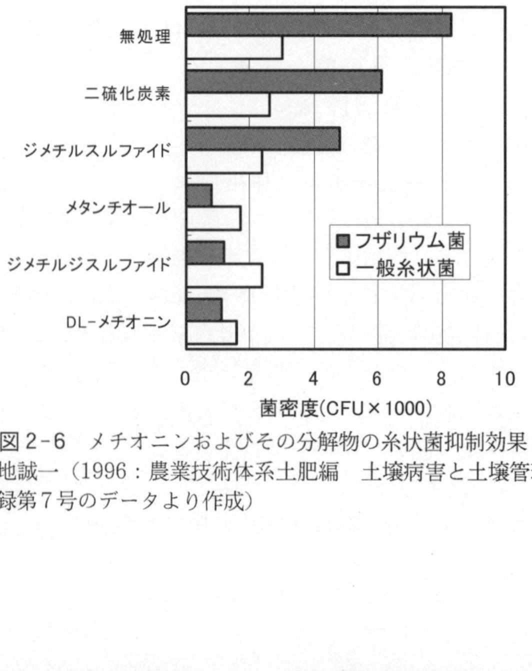

図 2-6　メチオニンおよびその分解物の糸状菌抑制効果
武地誠一（1996：農業技術体系土肥編　土壌病害と土壌管理追録第7号のデータより作成）

メチオニンのフザリウム菌抑制機作は，メチオニンの分解過程で発生するジメチルジスルファイド (DMS)，メタンチオールなどであると推測されている (図 2-6) が，これらの成分はネコブセンチュウに活性がない．ネコブセンチュウには未分解の DL-メチオニン，メチオニンの関連物質 2-hydo-roxy- 4-(methylthio) butyric acid (HMTB) およびその塩が活性を示す．メチオニンを圃場施用すると，線虫の1世代期間が延長し，産卵数も減少する．ネコブセンチュウが寄生したトマトやダイズに葉面散布しても，線虫が形成する根こぶ数が抑制されることから，メチオニンが寄主植物の生理状態の変化を通じて，根に侵入した線虫に影響している可能性が示唆される．

(ii) 使用方法

本圃にメチオニンを10 a 当たり30 kg，バークたい肥などの有機質資材を2 t/10 a 程度散布し，ロータリー耕耘によりむらなく作土層に混和した後，適度に散水する．マルチ掛けを行い，1週間程度密閉する．マルチの目的は土壌水分の蒸発の抑制と，地温上昇である．ハウスを密閉すると，地温がさらに上昇し，線虫抑制効果が増進すると予想される．処理の1週間～10日後に苗を定植する．線虫防除効果は pH 7 前後では安定的である．メチオニンは15℃，25℃，35℃のいずれの温度条件でもネコブセンチュウに高い毒性 (90 %以上の休止率) を示すが，35℃では100 %の休止率になり，高温ほど有効である．

施設トマトではメチオニンの処理37日後まで，植穴燻蒸と同程度にネコブセンチュウの密度が抑制される．メチオニンとネコブセンチュウの天敵細菌パスツーリア菌の併用で，線虫の2期幼虫密度と根の被害 (根こぶ指数) が大きく減少するが，作物に無害な自活性線虫はむしろ増加する．

(iii) 使用上の留意点

メチオニンの線虫抑制効果の持続期間は短いため (40 日以内)，長期間栽培するトマト作では他の防除手段と併用する．堆きゅう肥，コンポストなどの併用土壌処理はメチオニンの殺線虫効果をさらに高める．メチオニンには大量の窒素が含まれるので，施肥量を減らす必要がある．初回処理に加えて，ネコブセンチュウ第2世代が現れる時期にもメチオニンを追加処理する2回処理法は線虫密度の抑制に一層有効である (図 2-7)．なお，メチオニンの土壌処理後には腐敗臭がある．植物ホルモンであるエチレンが発生するため，60 kg/10 a を越える処理量では作物に薬害が現れる．通常処理量 (30 kg/ 10 a) でもトマトに若干の初期生育阻害をもたらすが，線虫害が回避されて増収するため，実用上大きな問題はない．病害虫抑制メカニズム，適用条件などが未解明であるが，メチオニンは環境負荷が少なく，線虫天敵細菌などと組み合わせが可能でその防除効果も高いことから，IPM の素材として有望な選択肢である．メチオニン配合肥料 (茶用) は肥料登録されている．単体のメチオニンは飼料として販売されており，農業資材販売店で2万円前後/25 kg の比較的安価な価格で入手できる．10 a 当たりのコストは2万円強である．

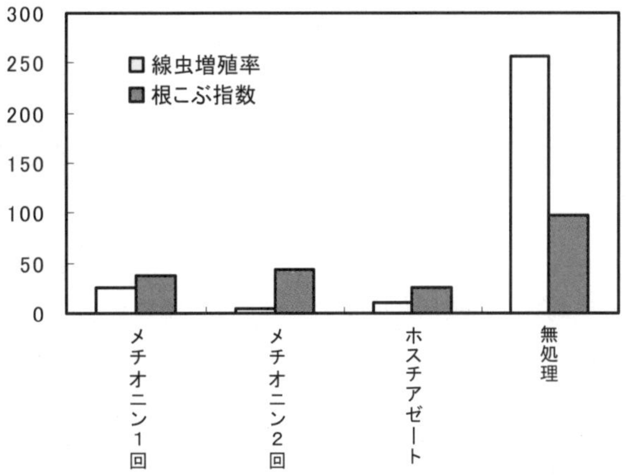

図 2-7　メチオニン処理のネコブセンチュウおよび被害の抑制効果
メチオニン1回：40 kg/ 10 a 定植前処理
メチオニン2回：40 kg/ 10 a を定植前および定植30 日後処理
茨城農総試農業研究所データより作成

(2) 生物的防除法

a) ハモグリミドリヒメコバチのバンカー法

(i) 対象害虫および作用機作

マメハモグリバエを防除するためのハモグリミドリヒメコバチのバンカー植物として草花ラナンキュラス (図2-8), 代替寄主として作物非加害種キツネノボタンハモグリバエを利用する.

ハモグリミドリヒメコバチは, 寄生と寄主体液摂取によってハモグリバエ幼虫を殺し, 増殖によってさらに永続的効果が期待できる. バンカー法では当該害虫の低密度 (ゼロ密度も含む) 時に代替寄主が存在するので, 永続的効果が補強される.

バンカー法については付録Bを参照されたい.

図2-8 キツネノボタンハモグリバエに加害されたバンカー植物ラナンキュラス株

図2-9 トマト施設に設置されたプランター植えラナンキュラス

(ii) 使用方法

主に発生初期か未発生の施設に適用する. 施設内に, プランターまたは鉢植えしたキツネノボタンハモグリバエ幼虫や卵が存在するラナンキュラス苗を0.1株/m^2見当で設置する (図2-9). ラナンキュラス株は低温期 (10月下旬～5月中旬) にはひどく加害されなければ1月半～2月くらい維持利用可能である. 同時にハモグリミドリヒメコバチ蛹 (羽化数日前) または成虫を放飼する. 放飼密度0.3頭/m^2見当である. その後1月半～2月間隔でラナンキュラスの新株の追加を行う. さらにキツネノボタンハモグリバエやハモグリミドリヒメコバチを必要に応じて追加放飼する.

(iii) 使用上の留意点

キツネノボタンハモグリバエとラナンキュラスはともに高温に弱く, 施設内の平均気温28℃以上ではバンカー法の効果が著しく低下する. よって, バンカー法は関西ではせいぜい10月遅くから5月半ばまでが適用時期である. ラナンキュラスとキツネノボタンハモグリバエは高温に強くないため, これらを用いたバンカー法は高温期に発生が多いトマトハモグリバエには有効ではない. なおハモグリミドリヒメコバチはまだ農薬登録されていないが, 現在効果判定試験が実施されており近々農薬登録される予定である.

b) トマトツメナシコハリダニ

(i) 対象害虫および作用機作

トマトサビダニ (以下, サビダニ, 図2-10) はトマトの世界的な害虫で, 1986年にわが国への侵入が確認されたが, 当初は大きな問題とならなかった. しかしながら, 近年, 殺虫剤の使用量を抑制した施設を中心に, 関東以西の各地で本種の発生が増加している. 2000年7月, 三重県内のサビダニが多発した施設トマトにおいて, 急激にサビダニ密度が低下する株が見られ, その株で多数の捕食性のダニが確認され，同月大阪府内のサビダニが発生した施設トマトにおいても，捕食性のダニが確認された．この捕食性ダニは日本未記録種であり，和名をトマトツメナシコハリダニ（以後，コハリダニ）とした（図2-11）．

コハリダニの成虫および若虫は，サビダニの全ての態（卵，若虫，成虫）を捕食する．コハリダニの雌成虫および第3若虫に，サビダニの卵，第2若虫および成虫を別々に与えた場合の態別捕食量は，第3若虫では卵を与えた場合の捕食量が最も多く1日当たり21卵であり，第2若虫を与えた場合も9頭と多かったが，成虫を与えた場合の捕食量はわずかに3頭であった．雌成虫では，第2若虫を与えた場合の捕食量が最も多く41頭であり，卵を与えた場合も21卵と多かったが，成虫を与えた場合は6頭と少なかった．なお，コハリダニの食性の詳細は明らかではないが，トマトサビダニ以外の害虫の捕食は確認されていない．

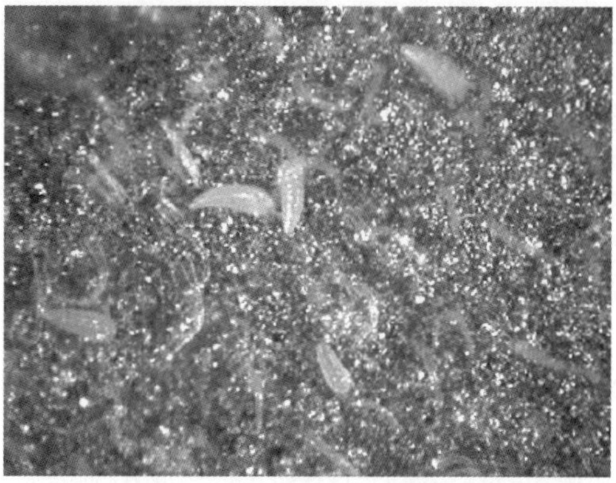

図2-10　トマトサビダニ（体長約0.18 mm）

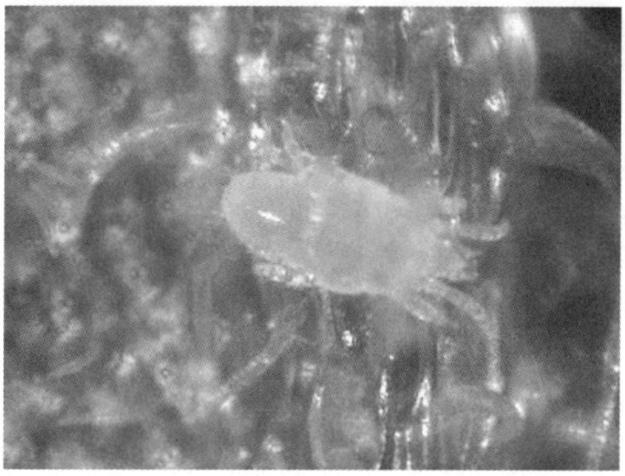

図2-11　トマトツメナシコハリダニ

（ii）使用方法

コハリダニは株内での分散力が高いため，放飼場所は一カ所でよい．また，コハリダニは上部へ移動する傾向が強いため，サビダニの寄生の見られる下位葉に放飼することが望ましい．なお，コハリダニは株間移動がほとんど見られないため，サビダニの寄生した全ての株に放飼する必要がある．コハリダニに対する化学農薬の影響の詳細は解明されていないが，多くの殺虫剤・殺ダニ剤の影響は大きいと考えられ，放飼後の散布は極力避けることが望ましい．

サビダニの寄生したトマトにコハリダニを成虫・若虫合計で株当たり10頭放飼した試験では，放飼時のサビダニの成虫密度が株当たり200頭の場合も7,000頭の場合も，サビダニの最大寄生数は，1.3～1.7万頭であり，褐変・枯死する葉は極めて少なく，コハリダニがサビダニの密度を実質的な被害が出ない程度に抑制した．このことから，サビダニの寄生したトマト株にコハリダニを株当たり10頭程度放飼することによりサビダニの密度を抑制できる．サビダニの密度が増加してからの放飼も有効であり，低密度時のサビダニの発見は困難であることから，サビダニによる被害を確認した後の放飼が望ましい．放飼はコハリダニの寄生したトマトの葉片をビニルテープで接着することにより行う．コハリダニが高密度に寄生したトマト株があれば，放飼は容易であり，放飼に要する時間は極めて短い．

（iii）使用上の留意点

コハリダニの発育零点は10.5℃であり，15～27.5℃の範囲では生存率は高く，30℃でやや低下する．また，増殖能力は25℃で最大である．高温期には効果がやや低下するものと考えられるが，その時期を除き高い効果が期待できる．現在，コハリダニは農薬登録がなく，市販されていない．海外で花粉を代替餌とした飼育が可能との報告はあるが，代替餌を用いた大量飼育法は確立されていない．また，輸送法，包装法，化学農薬の影響に関する詳細な検討も今後の課題である．これらの問題点が解決されれば，本種はサビダニの生物的防除手段として有効である．

c) 非病原性フザリウム菌（F13菌株）

(i) 対象病害および作用機作

非病原性のフザリウム菌の前接種によってフザリウム病が抑制される現象はかなり以前から知られていた．1980年代にサツマイモつる割病に対して開発された非病原性フザリウム菌101-2菌株が一例である．本菌株は健全サツマイモの茎から分離されたものであるが，すでに製剤化され，2002年に農薬登録を取得した（商品名マルカライト）．トマト萎凋病および根腐萎凋病に対しては，非病原性フザリウム菌F13菌株の効果が高く，養液栽培および土耕栽培で発病軽減効果が確認されている．この系統は，1992年頃に島根大学圃場内土壌から分離されたものである．非病原性フザリウム菌の病害抑制機作は，完全には解明されていないが，①誘導抵抗性：先に感染した非病原性フザリウム菌によって，植物に抵抗性反応が生じ，後に侵入してくる病原菌に対して侵入阻止を起こす；②養分の競合：土壌中や根圏・根面での養分の競合（取り合い）により，病原菌の胞子発芽や増殖を阻害する；③感染部位の競合：根表面の感染部位を非病原性フザリウム菌が先に占拠することにより，病原菌の感染を阻害する；などの可能性が考えられている．

(ii) 使用方法

①土壌消毒後の土壌に，土壌フスマ培地などによって培養した菌体を混和する．土壌フスマ培養菌体の場合，200～250 g/m^2 ロータリー耕により土壌混和する．土壌消毒の終了直後が望ましいが，土壌消毒から定植までの期間が短い場合は，定植前の肥料の混和と同時でよい．②土壌フスマ培養は以下のように行う．小麦フスマ5 l，風乾殺菌土2 l，バーミキュライト2 lを混ぜ，水道水を約2.3 l加えてよく混和してオートクレーブ滅菌する．これにショ糖加用ジャガイモ煎汁（PS）液体培地で1週間程度振とう培養した非病原性フザリウム菌の菌懸濁液を土壌フスマ培地1 l当たり10 ml加えて攪拌し，約2週間培養する．

熱水土壌消毒の後に非病原性フザリウム菌（F13菌株）を処理した圃場試験で，熱水のみの場合に比較し，防除効果の向上が認められた（図2-12）．非病原性フザリウム菌は，育苗時に苗に処理したり，養液栽培用のロックウールに処理することによっても効果を現すことが知られており，各種の使用法が開発される可能性がある．

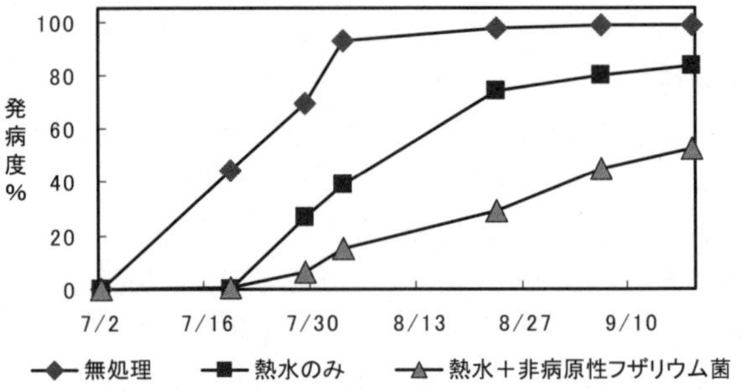

図2-12　熱水土壌消毒と非病原性フザリウム菌の組み合わせによるトマト萎凋病防除効果
グラフは発病度の推移．熱水は75 l/m^2 散布し，6/18に定植した．
発病度＝{Σ（発病指数×株数）/(4 × 10)} × 100

(iii) 使用上の留意点

F13菌株は農薬登録されていない．サツマイモで農薬登録されている101-2菌株（マルカライト）はトマトに登録がなく，トマト萎凋病に対する防除効果はF13菌株よりも劣ると考えられる．非病原性フザリウム菌の発病遅延効果は，病原菌密度が高いときには劣るので，土壌消毒などによって病原菌密度を低下させてから使用する．ネコブセンチュウの発生している圃場で用いた場合，ネコブセンチュウによる被害を高める場合がある．利用に当たって非病原性フザリウム菌の農薬登録が必要である．

d) トマトモザイクウイルスの弱毒株

(i) 対象病害虫および作用機作

トマトモザイクウイルス（ToMV）によるトマトモザイク病を対象に，本ウイルスの弱毒株を選抜して開発された．植物があるウイルスに感染すると同じウイルスや近縁のウイルスに感染しにくくなる干渉作用を利用している．

（ii）使用方法

開発されたものには ToMV-$L_{11}A$ と ToMV-$L_{11}A_{237}$ の2系統がある．$L_{11}A$ は ToMV-抵抗性遺伝子を持たない品種に使用する．ToMV-$L_{11}A_{237}$ は抵抗性遺伝子 Tm-1を有する品種に対して有効である．弱毒株感染葉の磨砕粗汁液を50～100倍希釈して，トマト種子播種後1～2本葉展開期の幼苗に汁液接種する．大規模育苗トマトの場合，肩掛型または全自動小型噴霧機を用いて，圧力5～6 kg/ cm^3 で葉上の約5 cm の距離から噴霧接種する．接種苗は20～30℃で栽培し，1週間は苗に触れないように注意する．接種約2週間以上経過後，定植する．弱毒ウイルスを接種したトマト苗は定植1カ月経過後，モザイク症状が発病しなければ，防除効果が高いと判定される．

（iii）使用上の留意点

弱毒株接種苗は無病徴感染であるが，健全苗と比較して若干の果実収量の減収がみられる場合がある．弱毒株 $L_{11}A$ と $L_{11}A_{237}$ は強毒 ToMV には防除効果があるが，他のトバモウイルスには効果がない．抵抗性遺伝子 Tm-2および Tm-2^a を有する品種に本弱毒株を接種すると，えそ症状などの生育阻害を起こすため，これらの品種には使用しない．弱毒株はその接種感染葉を-70℃以下におけば長期保存できるが，凍結・融解を繰り返すと感染力が低下するため，必要量を区分けして保存するとよい．詳しくは付録Cを参照されたい．

3．IPMマニュアルの事例

1）実施可能なIPMマニュアルの事例

（1）半促成栽培

この作型には暖房機を備えた施設で9月から11月に播種し（11月下旬～12月上旬定植），2月下旬から6月にかけて収穫するものと，無加温施設で2月に定植し5月から7月にかけて収穫するものがある．裏作は7月（定植）～11月に栽培するキュウリである．

生育期間を通じて温度管理および肥培管理がしやすく，草勢管理も比較的容易である．定植後，2月頃から収穫が始まる．したがって，日射量が少ない低温期に収穫が始まり，日射量が多く気温が上昇する5月が収穫の最盛期となる．虫害ではマメハモグリバエとコナジラミ類が年間を通して発生し，特に2月以降の気温上昇期には発生が多くなる．3月以降にはアブラムシ類が発生し，減農薬栽培では収穫末期にサビダニが発生する場合がある．栽培時期中にオオタバコガ，アザミウマ類，ハスモンヨトウの発生は少なく，ほとんど問題にならない．一方，土壌害虫のネコブセンチュウは低温期の活動は不活発であるが，気温が高まる4月以降に萎れや枯れ上がりの被害が目立つようになる．

地上部病害は，灰色かび病，葉かび病は暖房機の稼働を停止する3月下旬以降と梅雨のハウス内湿度が高まる時に発生が多くなる．うどんこ病は湿度が比較的低下しやすい圃場で発生する場合がある．土壌病害は，根腐萎凋病，褐色根腐病が発生しやすく，どちらも夜間の低温管理による低地温で発生が助長される．

以上を踏まえた病害虫防除戦略は以下のように考えられる．土壌病害は基本的には品種の病害虫抵抗性品種を利用し，穂木と台木を有効に組み合わせて回避する．外張り資材（近紫外線カットフィルム）や内張資材（吸放湿性フィルム）を活用して，施設内の環境を制御し地上部害虫や病害の発生をできるだけ抑制する．地上部害虫のマメハモグリバエは，イサエアヒメコバチおよびハモグリコマユバチ，オンシツコナジラミはオンシツツヤコバチの放飼で抑制する．ハスモンヨトウやオオタバコガはBT剤を用いて抑制する．線虫害は植穴燻蒸と天敵微生物植穴処理によって，長期的な密度低下を図る．熱水土壌消毒は線虫害を激化させる事例が見られ，線虫が問題になる施設での実施には十分な注意が必要である．各IPM個別技術を組み合わせて導入することによって，トマトの半促成栽培では農薬散布回数を慣行の20回から8回に削減することができる．

a）事例 1

作物・品種　トマト・マイロック

地域　南関東

栽培法・作型　施設栽培・半促成栽培型

（線虫が問題になる場合：通常のケース）

時期	作業・生育状況	対象病害虫	IPM体系防除（薬剤防除回数）	慣行防除（薬剤防除回数）
7月下旬	本圃準備	灰色かび病，菌核病，葉かび病	流滴，近紫外線除去の外張り資材 吸放湿性内張り資材	ビニール，PO（外張り） ビニール（内張り）
		萎凋病，褐色根腐病，ネコブセンチュウ	土壌還元消毒＊	ｸﾛﾙﾋﾟｸﾘﾝ・D-D燻蒸剤（2）＊＊
8月中旬	前作定植	−	−	
9月		−	−	
10月	苗準備	葉かび病 土壌病害（萎凋病）	抵抗性品種 抵抗性台木に接ぎ木	感受性品種
10月〜12月	育苗期	葉かび病	抵抗性品種	TPN水和剤（1）
		疫病	キャプタン水和剤（1）	キャプタン水和剤（1）
		マメハモグリバエ	ｴﾏﾒｸﾁﾝ安息香酸塩乳剤（1）	ｴﾏﾒｸﾁﾝ安息香酸塩乳剤（1）
		アブラムシ類	トルフェンピラド乳剤（1）	トルフェンピラド乳剤（1）
11月	前作収穫終了 本圃準備	ネコブセンチュウ	ｸﾛﾙﾋﾟｸﾘﾝ・D-D燻蒸剤（2）の植穴少量処理 パスツーリアペネトランス水和剤（植穴）	ホスチアゼート粒剤（1）
12月	定植	コナジラミ類	アセタミプリド粒剤（1）	アセタミプリド粒剤（1）
1月				
2月下旬	収穫開始	灰色かび病	温湿度管理	ジエトフェンカルブ・チオファネートメチル水和剤（2）＊＊
3月		灰色かび病	温湿度管理および ジエトフェンカルブ・チオファネートメチル水和剤（2）	フルジオキソニル水和剤（1）
		葉かび病		ポリオキシン水和剤（1）
		オンシツコナジラミ	オンシツツヤコバチ剤	ピメトロジン水和剤（1）
4月		灰色かび病	温湿度管理	ジエトフェンカルブ・チオファネートメチル水和剤（2）＊＊ メパニピリム水和剤（1）
		葉かび病		ジエトフェンカルブ・チオファネートメチル水和剤（2）＊＊ トリフルミゾール水和剤（1）
		マメハモグリバエ	ｲｻｴｱﾋﾒｺﾊﾞﾁ剤，ﾊﾓｸﾞﾘｺﾏﾕﾊﾞﾁ剤	フルフェノクスロン乳剤（1）
		アブラムシ類	ピメトロジン水和剤（1）	
5月	生育後期	灰色かび病 葉かび病	温湿度管理	トリフルミゾール水和剤（2）
		ハスモンヨトウ オオタバコガ	BT水和剤	フルフェノクスロン乳剤（1）
6月中旬	収穫終了	トマトサビダニ	キノキサリン系水和剤（1）	キノキサリン系水和剤（1）
薬剤防除合計使用回数			10	24
防除資材費合計			232,000円	108,000円

＊ 1回のみ．2回目以降はクロルピクリン・D-D燻蒸剤の植穴燻蒸処理

ハウス規模は，間口8 m×3連棟×奥行き42 m，軒高（肩まで）2.3 m，棟高（峰の最高所まで）3.9 m，勾配4寸（横に1 m行って0.4 m下がる），両側天窓の屋根型を想定．ビニール資材は機能性資材の価格と通常資材の差額を5年間で減価償却して計上．種子代も計上した．

＊＊ 混合剤では1回の散布でも成分数を防除回数としてカウントした．

b）事例 2

作物・品種　トマト・マイロック

地域　南関東

栽培法・作型　施設栽培・半促成栽培型

（線虫なし，萎凋病・青枯病等有り：熱水土壌消毒を適用）

時期	作業・生育状況	対象病害虫	IPM 体系防除（薬剤防除回数）	慣行防除（薬剤防除回数）
7月下旬	本圃準備	灰色かび病，菌核病，葉かび病	流滴，近紫外線除去の外張り資材 吸放湿性内張り資材	ビニール，PO（外張り） ビニール（内張り）
		萎凋病，青枯病	熱水土壌消毒＊	クロルピクリン燻蒸剤（1）
8月　中旬	前作定植	−	−	
9月		−	−	
10月		葉かび病	抵抗性品種	感受性品種
		土壌病害（青枯病）	抵抗性台木に接ぎ木	
10月 ～12月	育苗期	葉かび病	抵抗性品種	TPN 水和剤（1）
		疫病	キャプタン水和剤（1）	キャプタン水和剤（1）
		マメハモグリバエ	ｴﾏﾒｸﾁﾝ安息香酸塩乳剤（1）	ｴﾏﾒｸﾁﾝ安息香酸塩乳剤（1）
		アブラムシ類	トルフェンピラド乳剤（1）	トルフェンピラド乳剤（1）
11月	前作収穫終了 本圃準備	土壌病害	クロルピクリン燻蒸剤（1） の植穴少量燻蒸処理	クロルピクリン燻蒸剤（1）
12月	定植	コナジラミ類	アセタミプリド粒剤（1）	アセタミプリド粒剤（1）
1月				
2月下旬	収穫開始	灰色かび病	温湿度管理	ジエトフェンカルブ・チオファネートメチル水和剤（2）＊＊
3月		灰色かび病	温湿度管理および ｼﾞｴﾄﾌｪﾝｶﾙﾌﾞ・ﾁｵﾌｧﾈｰﾄﾒﾁﾙ水和剤（2）＊＊	フルジオキソニル水和剤（1）
		葉かび病		ポリオキシン水和剤（1）
		オンシツコナジラミ	オンシツツヤコバチ剤	ピメトロジン水和剤（1）
4月		灰色かび病	バチルスズブチリス剤	メパニピリム水和剤（1） ジエトフェンカルブ・チオファネートメチル水和剤（4）＊＊
		葉かび病	抵抗性品種・温湿度管理	トリフルミゾール水和剤（1）
		マメハモグリバエ	ｲｻｴｱﾋﾒｺﾊﾞﾁ剤，ﾊﾓｸﾞﾘｺﾏﾕﾊﾞﾁ剤	フルフェノクスロン乳剤（1）
		アブラムシ類	ピメトロジン水和剤（1）	
5月		灰色かび病	温湿度管理	
		葉かび病		トリフルミゾール水和剤（2）
		ハスモンヨトウ	BT 水和剤	
		オオタバコガ		フルフェノクスロン乳剤（1）
6月中旬	収穫終了	トマトサビダニ	キノキサリン系水和剤（1）	キノキサリン系水和剤（1）
薬剤防除合計使用回数			9	23
防除資材費合計			263,000円	123,000円

＊ 1回のみ．
ハウス規模は，間口8 m×3連棟×奥行き42 m，軒高（肩まで）2.3 m，棟高（峰の最高所まで）3.9 m，勾配4寸（横に1 m行って0.4 m下がる），両側天窓の屋根型を想定．ビニール資材は機能性資材の価格と通常資材の差額を5年間で減価償却して計上．熱水消毒費は3年で償却．
＊＊ 混合剤では1回の散布でも成分数を防除回数としてカウントした．

（2）抑制栽培

抑制栽培は一般に5月上旬～7月上旬に播種し，7月～11月（無加温），7月～2月（加温）に収穫する栽培型である．モデルになった静岡県の栽培型では，7月上旬播種，8月中下旬頃定植，10月～3月上旬に収穫する最も遅いタイプである．この間，コナジラミ類，ハモグリバエ類，トマトサビダニ，ヤガ類が発生する．病害では青枯病，萎凋病，葉かび病，灰色かび病の発生が問題となる．定植時期は高温期であり，栽培中も前半が高温で推移するため，高温期に活発に活動するネコブセンチュウによる初期被害が大きい．

以上を踏まえたこのモデルの戦略の概略は以下のようになる：① 土壌病害は熱水土壌消毒により効率的に防除する．さらに，青枯病，萎凋病を対象に抵抗性品種や抵抗性台木を活用し，熱水土壌消毒との相加的な抑制を図る．② 地上部病害は，葉かび病を対象に吸湿フィルムによる夜間の湿度管理で抑制する．栽培中盤（10月～12月），終盤（1月～2月）の葉かび病と灰色かび病は，殺菌剤の適正量散布で防除する．③ 育苗期の虫害は，防虫ネットで侵入を抑制した上で，殺虫スペクトラムが広い非選択性殺虫剤を用い，できるだけ少ない散布回数で効率的に防除する．④ 定植1カ月以降の害虫は物理的防除（防虫ネットの設置など）と耕種的防除（施設周辺の除草など）を実施した上で，天敵寄生蜂と選択性殺虫剤を主体に用いて防除し，できるだけ少ない散布回数で効率的に防除する．

作物・品種　トマト・ハウス桃太郎
地域　関東・東海
栽培法・作型　施設栽培・抑制栽培型

時期	作業・生育状況	対象病害虫	IPM 体系防除（薬剤防除回数）	慣行防除（薬剤防除回数）
7～8月	本圃準備	土壌病害，サツマイモネコブセンチュウ	熱水土壌消毒	クロルピクリン燻蒸剤 (1)
8月上旬～	本圃準備		近紫外線除去外張り資材	ビニール PO
7月上旬～	播種		抵抗性台木	抵抗性台木
8月上～下旬	育苗期	コナジラミ類	イミダクロプリド水和剤 (1)	イミダクロプリド水和剤 (1)
		マメハモグリバエ，オオタバコガ，トマトサビダニ	エマメクチン安息香酸塩乳剤 (1)	エマメクチン安息香酸塩乳剤 (1)
			防虫ネット（共通）	防虫ネット（共通）
8月中～下旬	定植	タバココナジラミ，マメハモグリバエ	ニテンピラム粒剤 (1)	ニテンピラム粒剤 (1)
9月下旬	定植初期	オオタバコガ，ハスモンヨトウ	ルフェヌロン乳剤 (1)	クロルフルアズロン乳剤 (1)
		トマトサビダニ		
		ハモグリバエ類		シロマジン液剤 (1)
		コナジラミ類		イミダクロプリド水和剤 (1)
	生育初期（定植約1カ月後）	コナジラミ類	ピリプロキシフェンテープ剤または，天敵寄生蜂（オンシツツヤコバチ剤またはサバクツヤコバチ剤）を3～4回	
		ハモグリバエ類	天敵寄生蜂（イサエアヒメコバチ剤およびハモグリコマユバチ剤）を3～4回	
10月～12月	生育中期	葉かび病，灰色かび病	テトラコナゾール液剤 (1) ポリオキシン水和剤 (1)	テトラコナゾール液剤 (1) ポリオキシン水和剤 (1)
		コナジラミ類	＊ピリプロキシフェンテープ剤 (1) を利用するときは，ピメトロジン水和剤（＊1）	アセタミプリド水溶剤 (1)
		マメハモグリバエ類		エマメクチン安息香酸塩乳剤 (0.3)
		ハスモンヨトウ	BT 水和剤	ルフェヌロン乳剤 (0.3)
		オオタバコガ	IGR 剤 (1)	ルフェヌロン乳剤 (0.7)
		トマトサビダニ	キノキサリン系水和剤 (1)	エマメクチン安息香酸塩乳剤 (0.7)
2月下旬～3月上旬	生育後期	葉かび病	TPN 水和剤 (1)	TPN 水和剤 (1)
		葉かび病，灰色かび病	イミクタジンアルベシル酸塩水和剤 (1)	イミクタジンアルベシル酸塩水和剤 (1)
		コナジラミ類	ピメトロジン水和剤 (1)	アセタミプリド水溶剤 (1)
		トマトサビダニ	キノキサリン系水和剤 (1)	ルフェヌロン乳剤 (2)
薬剤防除合計回数			12（＊14）	17
防除資材費合計			185,000円	75,000円

近紫外線カットフィルムの外張り資材の費用は，半促成栽培と同様に試算した．
熱水土壌消毒は機材レンタルを前提とし，3年で減価償却した（3年に1回処理）．
＊コナジラミ類防除に天敵寄生蜂を用いない場合は，ピリプロフェンテープとピリメトロジン水和剤を使うため，防除回数が2回増える．

2）将来のIPMマニュアルの事例

トマトのIPMに活用できる個別技術は比較的豊富であり，中には成熟段階に達したものもある．これらの個別技術がすでに現場に定着しつつあることに加え，5年以内に実用化を期待できる画期的な技術が少ないため，近い将来のIPM体系には大きな変化はないと予想される．当面の主要な課題は最小のコストで最大の効果を実現するため，これらの個別技術（IPMメニュー）の組み合わせの最適化を図ることである．

（1）半促成栽培

作物・品種　トマト

地域　南関東

栽培法・作型　施設栽培・半促成栽培型

時期	作業・生育状況	対象病害虫	IPM体系防除（薬剤防除回数）	将来のIPM体系防除（薬剤防除回数）
7月下旬	本圃準備	灰色かび病，菌核病，葉かび病，斑点病	流滴，近紫外線除去の外張り資材 吸放湿性内張り資材	流滴，近紫外線除去の外張り資材 吸放湿性内張り資材
		萎凋病，褐色根腐病	熱水土壌消毒＊ 土壌還元消毒＊	非病原性フザリウム カラシナ鋤き込み 熱水土壌消毒＊ 土壌還元消毒＊
		ネコブセンチュウ	パスツーリアペネトランス水和剤＊	パスツーリアペネトランス水和剤＊
8月中旬	前作定植			
9月				
10月	苗準備	葉かび病	抵抗性品種	抵抗性品種
		土壌病害	抵抗性台木に接ぎ木	抵抗性台木に接ぎ木
10月〜12月	育苗期	疫病	キャプタン水和剤（1）	キャプタン水和剤（1）
		ハモグリバエ	エマメクチン安息香酸塩乳剤（1）	エマメクチン安息香酸塩乳剤（1）
		アブラムシ類	トリフェンピラド乳剤（1）	トリフェンピラド乳剤（1）
11月	前作収穫終了 本圃準備	サツマイモネコブセンチュウ	クロルピクリン・D-D燻蒸剤（2）の植穴少量燻蒸処理＊＊	クロルピクリン・D-D燻蒸剤（2）の植穴少量燻蒸処理＊＊
12月	トマト定植	コナジラミ類	アセタミプリド粒剤（1）	アセタミプリド粒剤（1）
1月				
2月下旬	収穫開始	灰色かび病	温湿度管理	加温機を活用した簡易な温湿度制御（2〜5月）
3月		灰色かび病	温湿度管理， ジエトフェンカルブ水和剤（1）	ジエトフェンカルブ水和剤（1）
		オンシツコナジラミ	オンシツツヤコバチ剤	オンシツツヤコバチ剤
4月		灰色かび病	温湿度管理	温湿度制御
		マメハモグリバエ	イサエアヒメコバチ剤， ハモグリコマユバチ剤	イサエアヒメコバチ剤， ハモグリコマユバチ剤
		アブラムシ類	ピメトロジン水和剤（1）	ピメトロジン水和剤（1）
5月		灰色かび病	温湿度管理	温湿度制御
		ハスモンヨトウ，オオタバコガ	BT水和剤	BT水和剤
6月中旬	収穫終了	トマトサビダニ	キノキサリン系水和剤（1）	天敵昆虫（コハリダニなど）
薬剤防除合計使用回数			9	8

＊ 1回のみ．2回目以降は植穴燻蒸処理

＊＊ 混合剤では1回の散布でも成分数を防除回数としてカウントした．

(2) 抑制栽培

作物・品種　トマト・ハウス桃太郎

地域　関東・東海

栽培法・作型　施設栽培・抑制栽培型

時期	作業・ 生育状況	対象病害虫	IPM 体系防除 (薬剤防除回数)	将来の IPM 体系防除 (薬剤防除回数)
7～8月	本圃準備	土壌病害, サツマイモネコブセンチュウ	熱水土壌消毒	還元土壌消毒
8月上旬～	本圃準備		近紫外線除去外張り資材	近紫外線除去外張り資材
7月上旬～	播種		抵抗性台木	抵抗性台木
8月上 ～下旬	育苗期	コナジラミ類	イミダクロプリド水和剤 (1)	イミダクロプリド水和剤 (1)
		マメハモグリバエ, オオタバコガ, トマトサビダニ	エマメクチン安息香酸塩乳剤 (1)	エマメクチン安息香酸塩乳剤 (1)
			防虫ネット (共通)	防虫ネット (共通)
8月中 ～下旬	定植	トマト萎凋病菌, サツマイモネコブセンチュウ		メチオニン処理
		タバココナジラミ, マメハモグリバエ	ニテンピラム粒剤 (1)	ニテンピラム粒剤 (1)
9月下旬	定植初期	オオタバコガ, ハスモンヨトウ, トマトサビダニ	ルフェヌロン乳剤 (1)	ルフェヌロン乳剤 (1)
	生育初期 (定植約1カ月後)	コナジラミ類	ピリプロキシフェンテープ剤または,天敵寄生蜂 (オンシツツヤコバチ剤またはサバクツヤコバチ剤) を3～4回	ピリプロキシフェンテープ剤または,天敵寄生蜂 (オンシツツヤコバチ剤またはサバクツヤコバチ剤) を3～4回
		ハモグリバエ類	天敵寄生蜂 (イサエアヒメコバチ剤およびハモグリコマユバチ剤) を3～4回	天敵寄生蜂 (イサエアヒメコバチ剤およびハモグリコマユバチ剤) を3～4回
10月 ～12月	生育中期	葉かび病, 灰色かび病	テトラコナゾール液剤 (1) ポリオキシン水和剤 (1)	吸湿内張湿度管理 ポリオキシン水和剤 (1)
		コナジラミ類	*ピリプロキシフェンテープ剤 (1) を利用するときは,ピメトロジン水和剤 (*1)	*ピリプロキシフェンテープ剤 (1) を利用するときは,ピメトロジン水和剤 (*1)
		ハスモンヨトウ オオタバコガ	BT 水和剤 IGR 剤 (1)	BT 水和剤 IGR 剤 (1)
		トマトサビダニ	キノキサリン系水和剤 (1)	コハリダニ
2月下旬 ～3月上旬	生育後期	葉かび病	TPN 水和剤 (1)	TPN 水和剤 (1)
		灰色かび病	イミクタジンアルベシル酸塩水和剤 (1)	イミクタジンアルベシル酸塩水和剤 (1)
		コナジラミ類	ピメトロジン水和剤 (1)	ピメトロジン水和剤 (1)
		トマトサビダニ	キノキサリン系水和剤 (1)	キノキサリン系水和剤 (1)
薬剤防除合計回数			12 (*14)	10 (*12)

* コナジラミ類防除に天敵寄生蜂を用いない場合は,ピリプロフェンテープとピリメトロジン水和剤を使うため,防除回数が2回増える.

Ⅲ. 施設ナスのIPMマニュアル

1. 施設ナスにおけるIPMの意義

ナスは，キュウリやトマトと並んで全国で広く栽培される代表的な施設野菜である．平成13年度の全国栽培面積は施設栽培で2,440 ha，露地栽培で10,400 haであり，栽培面積および収穫量(448,000 t)では野菜中上位の地位を占めている．促成栽培ナスは約10カ月間栽培され，9カ月間にわたり収穫される．病害虫の発生は長期栽培と施設の高温多湿環境によって著しく助長され，薬剤散布回数も多くなる．ナスに発生する病害虫の種類は極めて多く，ウイルス5種，ファイトプラズマ1種，細菌7種，糸状菌30種，線虫類14種（以上日本植物病名目録），昆虫類60種，ダニ類7種（以上農林有害動物・昆虫名鑑）にのぼる．恒常的に被害をもたらす病害虫数も群を抜いて多い．地上部で発生率が高い病害は，灰色かび病，菌核病，黒枯病，すすかび病，うどんこ病，モザイク病，黄化えそ病などで，被害も大きい．また，発生量，被害量ともに大きい地上部害虫にはアザミウマ類，ハモグリバエ類，アブラムシ類，ホコリダニ類，ハダニ類，コナジラミ類などが知られる．特にアザミウマ類の被害面積率は17％（平成13年度）であり，被害は甚大である．一方，土壌病害虫では青枯病，半枯病，半身萎凋病，ネコブセンチュウ類などによる被害が深刻であり，枯死株の発生もまれではないことから，台木の利用や定植前の太陽熱消毒はナスの安定生産のために欠かせない手段となっている．

施設栽培ナスは作期が長く，薬剤の散布回数も多いため，薬剤抵抗性害虫や薬剤耐性菌が次々と出現し，防除上大きな問題となっている．また，受粉のために行われるホルモン剤の単花処理は，栽培管理上最も労力を要する煩わしい作業の一つであり，その改善策が求められている．天敵昆虫や天敵微生物を積極的に組み込んだ総合的な病害虫管理技術（IPM）が確立されれば，薬剤使用回数が大幅に減るため，薬剤抵抗性害虫や薬剤耐性菌発生の回避につながるだけでなく，ホルモン剤に替わる受粉技術としてマルハナバチの導入が可能となり，病害虫防除やホルモン剤処理に要する労力が大幅に軽減される．以上のようなIPMでは化学合成農薬の使用量を50％以上削減することが可能であり，環境保全型農業の推進に寄与できるだけでなく，生産費の低減や生産物の有利販売につながる可能性がある．施設栽培ナスのIPMは高知県のナス産地では広く普及が図られている．

2. IPMに取り込む個別技術

1）現在利用できる技術

（1）耕種的防除法

a）栽培法，施肥灌水法の改善

2条千鳥植え，垣根仕立て：1条3本仕立てが一般的であるが，垣根仕立てにすることにより薬剤散布，管理作業がやり易くなり，結果的に薬剤による防除効果の向上につながる．さらに，点滴施肥・灌水を行うことにより，ハウス内湿度が低く保たれ，灰色かび病など病害の発生抑制につながるが，うどんこ病の発生は多くなる傾向がある．

（2）生物的防除法

a）タイリクヒメハナカメムシ

（i）対象害虫および作用機作

タイリクヒメハナカメムシ（図3-1）はわが国土着のヒメハナカメムシ類で，2001年に初めて農薬登録され，「タイリク」，「オリスターA」の商品名で市販されている．適用害虫はアザミウマ類で，他に野菜類（施設栽培）にも適用される．なお，詳しい作用機作については付録Aを参照されたい．

（ii） 使用方法

タイリクヒメハナカメムシは低密度時に1株当たり1頭放飼するが，密度抑制効果が現れるまでに約1.5カ月を要し，この間にアザミウマ類の密度が高くなる．

図3-1　タイリクヒメハナカメムシ（体長約1.7～2.1 mm）

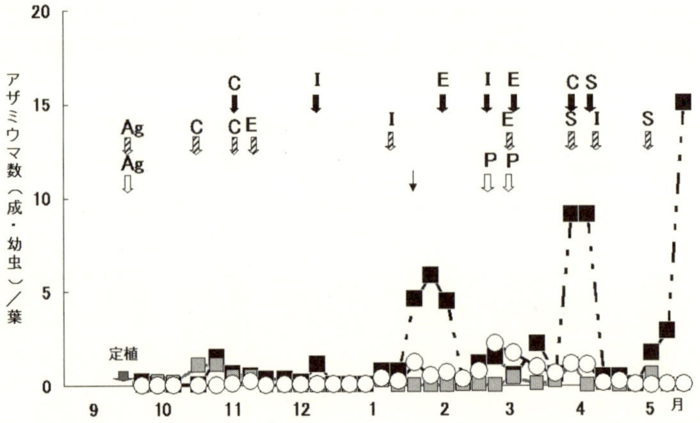

図3-2　総合防除区，慣行防除区，対照区におけるアザミウマ類の発生推移（2000年度）

注：○ 総合防除区，■ 慣行防除区，■ 対照区を表す。

↓ はタイリクヒメハナカメムシ放飼を表す。

⇩ は総合防除区，⇩ は慣行防除区，⬇ は対照区の薬剤散布を表す。

Ag：アセタミプリド粒剤処理，P：ピリプロキシフェン乳剤，C：クロルフェナピル水和剤，E：エマメクチン安息香酸塩乳剤，I：イミダクロプリド水和剤，S：スピノサド水和剤散布を表す。

また，12月から翌年2月の間，タイリクヒメハナカメムシの増殖，捕食量が低下するためか，アザミウマ類の密度が高くなる場合が多い．この2時期についてはピリプロキシフェン乳剤を早めに散布し，アザミウマ類の密度調整を行う（図3-2）．なお，放飼はシャーレなどに小分けして行い，できるだけ均一になるように配慮する必要があるが，アザミウマ類の発生が多い場所があれば，その場所に多目に放飼するなど工夫をする．

（iii） 使用上の留意点

タイリクヒメハナカメムシ放飼直後の次世代幼虫発生時期には，選択性殺虫剤といえども使用は極力控える．タイリクヒメハナカメムシの定着が確認されるまでは，整枝，摘葉した残渣を株元に10日間程度置いておく．定着が確認された後は，整枝，摘葉した残渣は病害の発生源になるおそれがあるので，畝上に残さずハウス外に出す．なお，本天敵はチリカブリダニなどの天敵をも攻撃するため，アザミウマ類などの餌密度が低い状態でチリカブリダニを放飼するとタイリクヒメハナカメムシに捕食されて，ハダニの密度抑制効果につながらないことがあるので注意する．本天敵の放飼密度を株当たり1頭とすると，10 a当たり約1,000頭必要になる．すなわち，10 a当たり4ボトル(250頭/ボトル）を要し，経費は45,000円となる．

b）イサエアヒメコバチとハモグリコマユバチの混合剤

ハモグリバエ類幼虫による食害痕がみられたら，直ちにイサエアヒメコバチ（図3-3）とハモグリコマユバチを放飼する．放飼の遅れは禁物である．放飼適期さえ逃さなければ，安定して高い密度抑制効果が得られる（図3-4）．これらの寄生蜂による効果は放飼直後のみであり，その後は土着の天敵寄生蜂が働いていると考えられる．したがって，その後寄生蜂に影響のある薬剤を使用するとハモグリバエ類が多発する可能性が高いので注意する．詳しい生態特性や使用方法については付録Aを参照．防除に要する経費は，10 a当たり18,200円（2ボトル使用）になる．

図3-3　イサエアヒメコバチ（体長約2 mm）

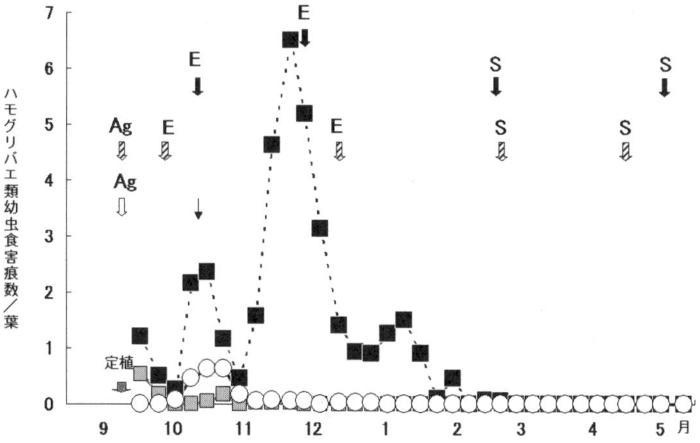

図3-4 総合防除区，慣行防除区，対照区　におけるハモグリバエ類発生状況（2001年度）

注：　総合防除区，　慣行防除区，　対照区を表す。

↓はイサエアヒメコバチ・ハモグリコマユバチ放飼を表す。

⇩は総合防除区，　は慣行防除区，　は対照区の薬剤散布を表す。

Ａｇ：アセタミプリド粒剤処理，Ｅ：エマメクチン安息香酸塩乳剤，Ｓ：スピノサド水和剤散布を表す。

c）コレマンアブラバチ

収穫，管理作業中アブラムシ類の発生に注意し，発生を認めたら直ちにコレマンアブラバチ（図3-5）を寄生株へ集中放飼する．コレマンアブラバチの放飼が遅れ，寄生密度の高い株がある場合には，寄生密度の高い株のみを対象にピメトロジン水和剤をスポット散布する（図3-6）．本剤はタイリクヒメハナカメムシに少なからず影響があるので，全面散布は行わない．本寄生蜂はヒゲナガアブラムシ類には寄生しないので，発生種を確認する．発生種がヒゲナガアブラムシ類であれば，早めにピメトロジン水和剤のスポット散布で対処するか，ショクガタマバエなど他の天敵を早めに放飼する．放飼した寄生蜂を長期間にわたって利用するのであれば，バンカー法を利用する．なお，サイド換気を行う9，10月，翌年3，4月以降は二次寄生蜂の侵入により，コレマンアブラバチによる密度抑制効果が低下する可能性が高いので注意する．特に，9，10月導入は現時点では避けた方が無難である．詳しい生態特性や使用方法については付録Aを参照．防除に要する経費は，10 a当たり12,800円（2ボトル使用）になる．

図 3-5　コレマンアブラバチ（体長約1.7～2.2 mm）

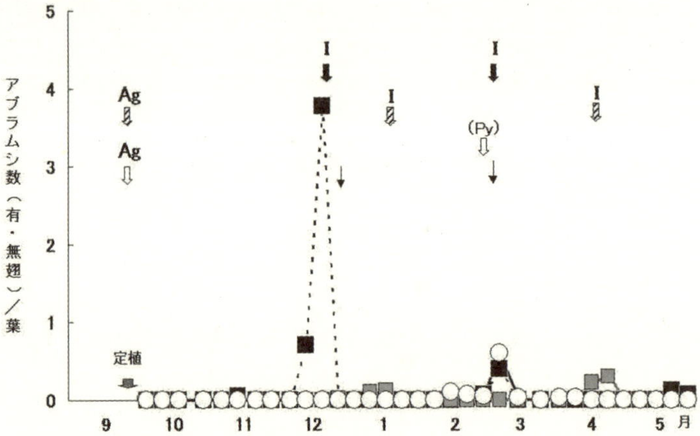

図 3-6　総合防除区，慣行防除区，対照区におけるアブラムシ類の発生推移（2000年度）

注：—○— 総合防除区，—■— 慣行防除区，…■… 対照区を表す。

↓ はコレマンアブラバチ放飼を表す。

⇩ は総合防除区，⇩ は慣行防除区，⬇ は対照区の薬剤散布を表す。

Ａｇ：アセタミプリド粒剤処理，（Ｐｙ）：ピメトリジン乳剤部分散布，Ｉ：イミダクロプリド水和剤散布を表す。

バンカー法については末尾の付録Bを参照のこと．なお，ムギクビレアブラムシはアザミウマ類密度が低下した時のタイリクヒメハナカメムシの餌にもなる（図3-7）ので，バンカー法はコレマンアブラバチだけでなくタイリクヒメハナカメムシの個体群維持にも役立つ．

図 3-7　ムギクビレアブラムシ（体長約2.3 mm）を捕食するタイリクヒメハナカメムシ（体長約1.7～2.1 mm）

d）チリカブリダニ

ハダニ類（ナミハダニ，カンザワハダニ）の発生を認めたら，直ちにチリカブリダニ（図3-8）を寄生株に集中放飼する．ハダニの密度が高すぎる場合はチリカブリダニに影響の無い薬剤（酸化フェンブタスズ剤，アセキノシル剤など）で密度を抑えてから放飼する．タイリクヒメハナカメムシが定着した施設内では，アザミウマ類密度が低くなるとハダニだけでなくチリカブリダニもタイリクヒメハナカメムシの捕食対象になることを念頭に置く必要がある．詳しい生態特性や使用方法については付録Aを参照．防除に要する経費は，10 a当たり5,600円（1ボトル使用）になる．

図3-8　ハダニを捕食するチリカブリダニ（体長：雌成虫は約0.5 mm，雄成虫は約0.35 mm）

e）ククメリスカブリダニ

ククメリスカブリダニはアザミウマ類の天敵として知られ，1998年に生物農薬として登録された．「ククメリス」，「メリトップ」の商品名で市販されている．ククメリスカブリダニは体長1 mm足らずのダニで，アザミウマ類の幼虫を捕食し，その他にもハダニ類などの微小な害虫類なども捕食する．定植直後から放飼し，タイリクヒメハナカメムシが定着するまでの補完的な天敵として利用する．

f）バーティシリウム・レカニ菌製剤

アブラムシ類を対象にバーティシリウム・レカニ菌製剤（商品名：マイコタール）を有効に利用するには，施設内湿度をある程度高く保つ必要がある．そのため，マルハナバチや天敵類を効果的に利用するために夜間の管理温度を高めに設定し（12～13℃），しかもシルバーマルチを行う防除体系下では本剤を利用しづらいが，周期的に天候が変化し，ハウス内湿度が高くなる3月以降，マルチをしない圃場ではある程度の密度抑制効果が期待できる．なお，詳しい作用機作などは第Ⅱ章（施設トマトのIPMマニュアル）の昆虫病原糸状菌製剤の項を参照されたい．

g）BT剤等生物由来殺虫剤

BT剤は，遅効性であり，発育が進んだ幼虫に対する効果は不十分であるので，必ずハスモンヨトウやオオタバコガの発生初期（若齢期）に使用する．

h）土着天敵の活用

土着天敵としては，ハモグリバエ類，アブラムシ類に対する寄生蜂（図3-9，10）の働きが大きい．これらの天敵を効果的に活用するためにも，むやみな薬剤散布は控える．基本的にマルハナバチ，タイリクヒメハナカメムシ，コレマンアブラバチ，イサエアヒメコバチとハモグリコマユバチなどの

図3-9　ハモグリバエ類の土着天敵ハモグリミドリヒメコバチ（体長約1～2 mm）

図3-10 アブラムシ類の土着天敵寄生蜂

天敵を保護する対策を講じておれば，おのずとこれらの土着天敵も保護できる．

i）バチルスズブチリス剤

（i）対象病害虫および作用機作

本剤は「ボトキラー水和剤」の商品名で市販されている．適用病害は主に灰色かび病類（野菜類，ブドウ）で，他にうどんこ病（野菜類：イチゴ，ピーマンなど）にも適用される．本剤は予防効果が主体である．なお，詳しい作用機作については第Ⅱ章（施設トマトのIPMマニュアル）を参照されたい．

従来の農薬登録では使用方法が散布と常温煙霧であったが，ダクト散布法でも十分灰色かび病の発生を抑制できることが確認され（図3-11），2003年10月22日に適用拡大されてダクト散布法が登録された．液剤散布では葉面や果面に汚れ（薬斑）がつくために実用上問題があったが，ダクト散布法は水を使わず製剤をダクト内に入れ芽胞を飛散させる方法であるため，植物体に汚れも付かず省力的な防除法である．

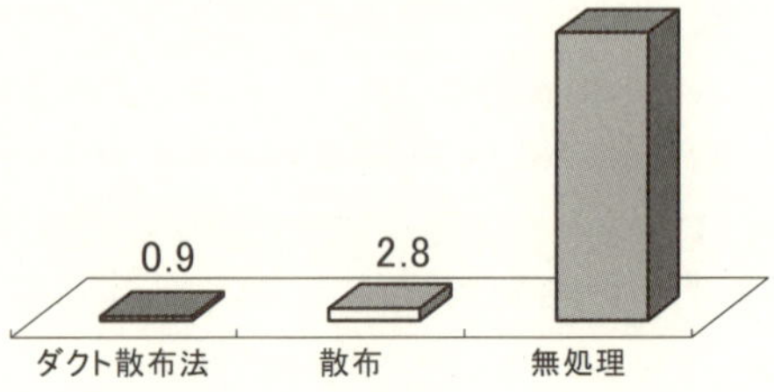

図3-11　ボトキラー水和剤のダクト散布法によるナス灰色かび病の防除効果（2000年度）

ダクト散布法：2000年11月17日，12月17日，2001年1月16日の計3回処理
散布：2000年11月17日，27日，12月7日の計3回散布
数字は2000年11月22日から2001年2月16日までの10株当たりの累積発病果数
定植：2000年9月20日，品種：竜馬，台木：ヒラナス

（ii）使用方法

暖房機の稼働が始まる11月頃から予防的に約1カ月間隔で，本製剤を網袋（ストッキング）（図3-12）に入れて暖房機の送風口近くのダクト内に吊り下げる（図3-13）．単位面積当たり処理薬量は液剤散布量と同じ10 a当たり300 gで，約1カ月で飛散させるように網袋の設置場所や個数を調整する．暖房機の稼働によりほぼ毎日製剤が飛散することが望ましい．飛散量の目安は1日10～15 g

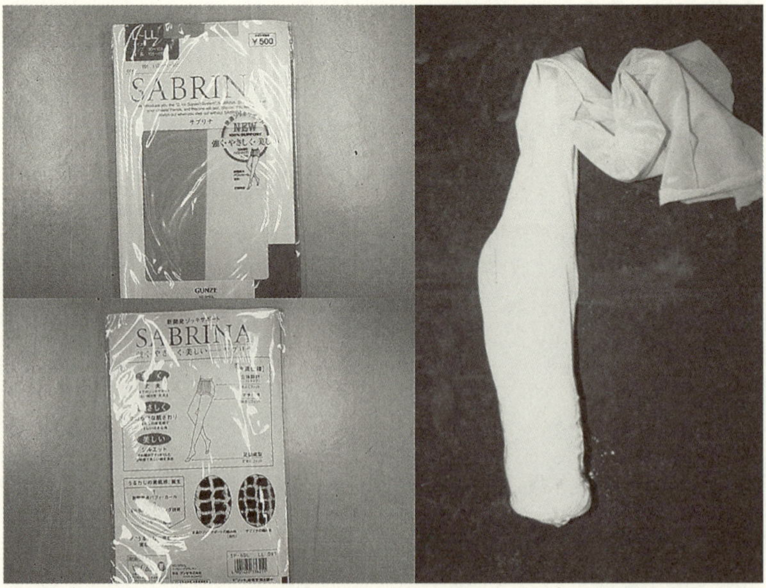

図3-12　ダクト散布法に使用したボトキラー水和剤を詰めた0.3 mm目合いの網袋

図3-13　ボトキラー水和剤のダクト散布法

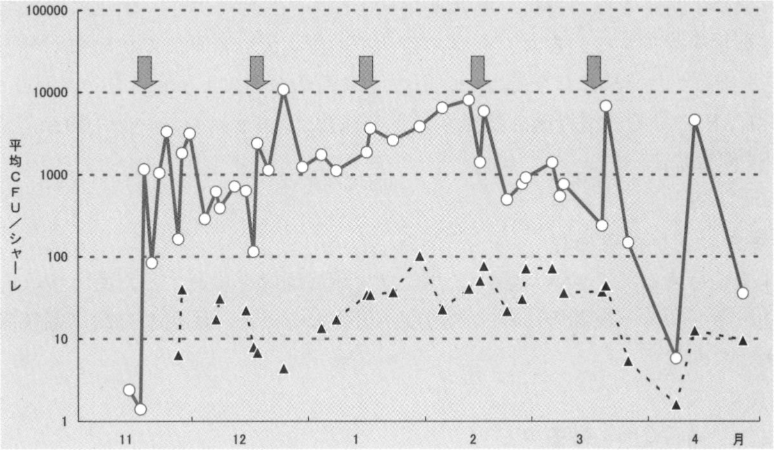

図3-14　ダクト散布法による促成ナスハウス内のバチルス菌の飛散状況（2000年度）
○－○　はダクト散布区，▲－▲　は無処理区，　はボトキラー水和剤ダクト内散布を表す。

（10 a 当たり）である．

（iii）使用上の留意点

ハウス内湿度が高い場合には，製剤が固まって芽胞の飛散量が低下するので，適宜チェックし，固まっている場合にはほぐして粉状にする．また，NA培地を分注したプラスチックシャーレ（直径9 cm）を畦上に配置，暴露後，25℃で4日間培養しバチルス菌のコロニーを計数することで本製剤の飛散状況を確かめることができる（図3-14）．飛散量が少なくなった場合は，直接ダクトに本製剤を投入するか，新たに本製剤を入れた網袋をダクト内に吊し，毎日必要量が飛散するようにする．

j）マルハナバチ導入による灰色かび病発生に対する間接的効果

マルハナバチによって受粉すると花落ち（花弁の脱落）がよく，灰色かび病の伝染源が少なくなり病害が発生しにくい．現在，現地ではマルハナバチに替わってミツバチを使用する農家が急増している．ミツバチを利用する場合，12月～翌年2月にかけての厳寒期に曇雨天日が続くとミツバチの受粉活動が悪くなるだけでなく，灰色かび病が発生しやすくなるので，この時期にはマルハナバチとの併用を考慮する必要がある．

（3）物理的防除法

a）防虫ネット（1 mm目合い）

（i）対象害虫および作用機作

ハウスのサイド，天窓など開口部に展張し，アザミウマ類，アブラムシ類，コナジラミ類およびハスモンヨトウなどのチョウ目害虫の野外からの侵入を防止する．

（ii）使用方法

ハウスの側窓には1 mm目合いの防虫ネット，天窓には換気効率の低下をできるだけ少なくするため，4 mm目合いの防風ネットを張る．換気扇で強制換気するハウスでは，吸入口にも1 mm目合いの防虫ネットを張る．

（iii）使用上の留意点

防虫ネットを張っても害虫の侵入を完全に防止することは難しいので，害虫の発生に十分注意し，発生を認めたら早めに対応する．特に，ハスモンヨトウの多発年にはネット上に産卵するので，定期的に見回って卵塊を除去する．また，ハウスのサイド側，天窓の下でふ化幼虫が発生しやすいので注意し，発生を確認したら早めに防除する．10 a当たりの経費は1 mm目合い×100 m，耐用年数5年とすると3,073円になる．慣行区の防風ネットの経費は，4 mm目合い×100 m，耐用年数5年とすると，1,964円になる．

b）シルバーマルチ

（i）対象病害虫および作用機作

シルバーマルチを行うとアブラムシ類，アザミウマ類は反射を忌避するため，侵入防止効果が高い．また，全面被覆をすると夜間のハウス内湿度が低くなるため，灰色かび病，菌核病などの病害の発生抑制にもつながる．

（ii）使用方法

定植後直ちに畝，通路全面を被覆する．

（iii）使用上の留意点

全面被覆を行うので，点滴施肥・灌水を行うなど施肥，灌水法を工夫する必要がある．なお，8月下旬～9月定植では，地表面温度が高くなりすぎたり，反射熱で下葉の枯れなどが生じるので，定植直後は全面マルチをせず，株元の一部を開けるようにする．苗が活着し，生育に勢いが出始めてから全面マルチにする．10 a当たり経費は100 m巻き5本で19,320円になる．

c）防蛾灯

（i）対象害虫および作用機作

ハスモンヨトウ，オオタバコガなどチョウ目害虫は波長580 nm付近の光に最も敏感に明適応し，低照度の光でも短時間内に活動を停止する．忌避効果についてはよく判っていないが，青色蛍光灯に比べると明らかに誘引数は少なく，ある程度の忌避効果も期待できる．このような作用機作を利用して，夜間黄色蛍光灯を点灯することにより，ハウス内への侵入を防止する．

（ii）使用方法

黄色蛍光灯はハウス天井部に取り付け，全体が1ルックス以上になるように均等に配置するのが基本であるが，現地では直管型40 wを10 a当たり4灯設置している．定植直後からハウスサイドを締め切るまでの間，終夜点灯する．病害虫発生予察情報を積極的に活用し，ハスモンヨトウ，オオタバコガなどの多発が予想される場合には，必ず定植直後から点灯する．

（iii）使用上の留意点

飛来防止効果は完全ではないので，防虫ネットの展張も同時に行う．このような対策を講じても，ネット上に産まれた卵からふ化した幼虫が若干侵入することがある．特に，野外の成虫密度が高い年には開口部付近で幼虫の発生が目立つので，早めに防除対策を講じる．設置に要する経費は10 a当たり4灯設置，耐用年数5年とすると，6,970円になる．なお，この経費には設置に要する工事費，消費電力は含まない．

（4）化学的防除法

a）定植時粒剤施用

本圃初期からタイリクヒメハナカメムシ，マルハナバチを導入しない場合には，定植時にネオニコチノイド系の粒剤を処理することで，アブラムシ類，アザミウマ類の発生を長期間にわたって抑制することが可能である．防虫ネット，シルバーマルチと組み合わせることによってより効果が高くなる．定植時に粒剤を施用した場合には，タイリクヒメハナカメムシの導入は定植1カ月後以降とする．なお，マルハナバチを導入する場合，ネオニコチノイド系粒剤でも，剤によってマルハナバチに対する影響期間が異なるので，処理する粒剤の影響期間を確認しておく．農薬の天敵に対する影響については付録Aを参照のこと．

b）選択性殺菌，殺虫剤

受粉にマルハナバチ，天敵としてタイリクヒメハナカメムシ，イサエアヒメコバチとハモグリコマユバチの混合剤，コレマンアブラバチを導入した場合には，選択性農薬といえども使用できる薬剤は大幅に制限される．農薬の天敵に対する影響については末尾の付録Aを参照のこと．タイリクヒメハナカメムシとピリプロキシフェン乳剤を組み合わせることによって栽培期間を通してアザミウマ類の密度を低く抑えることができる．また，ピリプロキシフェン乳剤を組み込むことによってコナジラミ類の発生が抑制されるため，本防除体系下ではコナジラミ類が問題になることはほとんどない．ピリプロキシフェン乳剤の散布は1週間間隔で2回行う．

2）天敵を柱としたIPMにおいて問題になる病害虫とその対策

（1）チャノホコリダニ

受粉にマルハナバチを利用し，天敵としてタイリクヒメハナカメムシ，イサエアヒメコバチとハモグリコマユバチの混合剤，コレマンアブラバチを組み込んだ防除体系下では使用できる防除薬剤が大幅に制限される．特に，アザミウマ類の主要防除薬剤でチャノホコリダニにも効果の高いクロルフェナピル水和剤，エマメクチン安息香酸塩乳剤が使用できないため，慣行防除に比べるとチャノホコリダニの発生頻度が極めて高くなる（図3-15）．現状では，有望な天敵は存在せず，薬剤によって防除せざるを得ない．被害株を見つけたら，直ちにキノキサリン系水和剤を散布する．被害株の発生が局所的であっても，整枝などの管理作業で他の株に分散している可能性が高いので，被害株だけを対象にした散布ではなく全面散布を行う．なお，キノキサリン系水和剤を散布すると，展開葉，萼，花弁に軽い薬害が生じるが，生育にはほとんど影響しない．

（2）すすかび病

天敵の利用により化学合成農薬の使用回数が大幅に減少する傾向にある．主に殺虫剤と混用で使

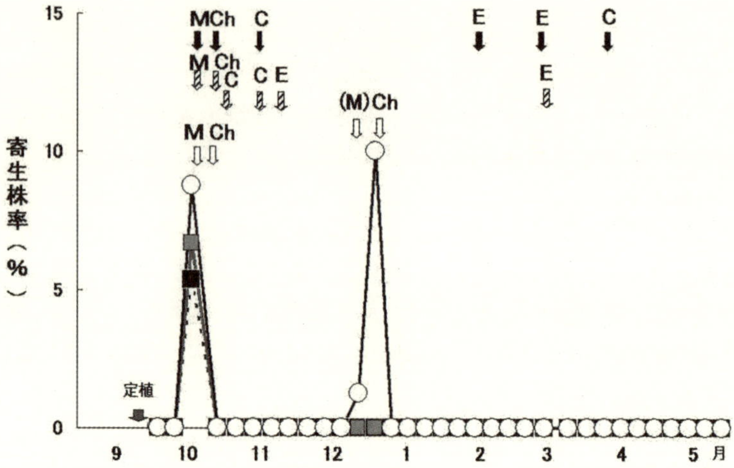

図3-15 総合防除区，慣行防除区，対照区におけるチャノホコリダニの発生推移（2000年度）
注： ─○─ 総合防除区， ─■─ 慣行防除区， ▪▪▪■▪▪▪ 対照区を表す。
⇩ は総合防除区，⇩ は慣行防除区，⬇ は対照区の薬剤散布を表す。
M：ミルベメクチン乳剤，Ch：キノキサリン系水和剤，C：クロルフェナピル水和剤，E：エマメクチン安息香酸塩乳剤散布，(M)：ミルベメクチン乳剤部分散布を表す。

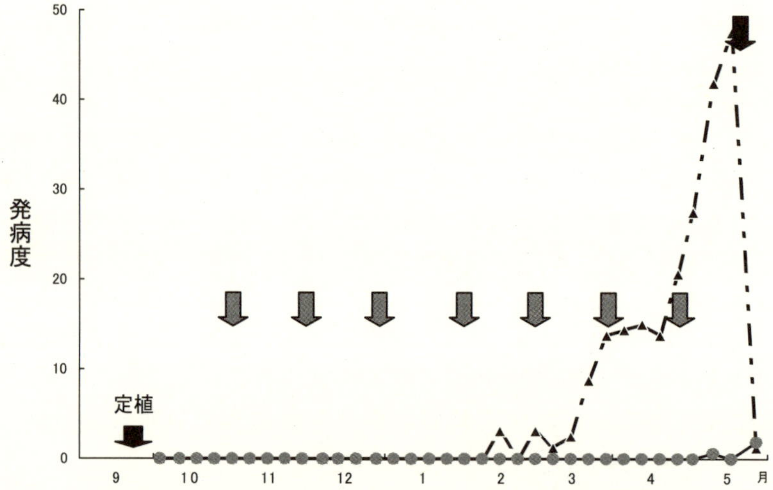

図3-16 予防的薬剤散布によるすすかび病の防除（2001年度）
●─● は予防的薬剤散布区，▲─▲ は対照区のすすかび病の発生状況を表し，⬇ は予防的薬剤散布区の薬剤散布，⬇ は対照区の薬剤散布を表す。

用されてきた殺菌剤の使用量が減少し，それに伴い慣行防除では問題にならなかったすすかび病の発生が増加してきた．すすかび病は，促成栽培で11月中〜下旬から発生し，1月以降進展し，4〜5月に発生のピークを迎える．植物体に負担がかかったり，草勢が衰えると発病しやすい．そこで，発病前の摘芯直前からトリフルミゾール水和剤，フェナリモル水和剤，イミノクタジンアルベシル酸塩水和剤などのすすかび病防除薬剤を約1カ月間隔で定期的に散布することにより，すすかび病の発生を抑制することができる（図3-16）．また，多湿環境が発病に適するので，施設では日中の換気，水管理，夜間の温度などに留意し，マルチ栽培や通路への籾がら施用などによって湿度の低下をはかる．さらに，可能な限り罹病葉は摘除し，二次伝染の防止と次回作への伝染源の除去に努める．

（3） 黒枯病

すすかび病と同様，天敵利用に伴う化学合成農薬使用回数の大幅な減少により発生が増加してきた．病原菌の発育適温は25〜28℃で比較的高温を好み，特に多湿環境下で発生し易く，促成栽培では全期間にわたって発生するが，中でも11月下旬から4〜5月にかけての発生が多い．黒枯病は，やや高温で特に多湿な環境が発病に適するため，マルチ栽培や夜間の加温および日中の換気などによってハウス内の湿度低下を図る．また，植傷みや濃度障害，あるいは着果過多によるいわゆる成り疲れなどは発病を助長するので，施肥その他の管理を適正にし，草勢の維持に努める．すすかび病と同時防除が可能なTPN水和剤，イプロジオン水和剤などを使用することにより薬剤の使用量は削減できる．さらに，病原菌はナスだけを侵し，罹病組織の上で残存し，次作の伝染源となるので，罹病果実，茎葉はていねいに集めて処分する．

3） 将来利用可能な技術

（1） 生物的防除法

a） 核多角体病ウイルス

防虫ネット，防蛾灯を用いてもハスモンヨトウの多発年には必ず幼虫の発生が問題になる．BT剤の場合，幼虫の齢が進むと効果が落ちるが，核多角体病ウイルスであれば幼虫の齢に関係なく，高い防除効果が期待できる．

b） ハモグリミドリヒメコバチ

本寄生蜂（図3-9）はハモグリバエ類の土着天敵であり，ハモグリバエ類の発生抑制要因として重要な役割を果たしており，現在適用登録に向けて取り組みがなされている．

3．IPMマニュアルの事例

1）実施可能なIPMマニュアルの事例

（1）促成栽培

通常，9月上～中旬に定植し，翌年6月末まで栽培する作型であり，栽培期間が長期に及ぶため発生する病害虫も多い．従来，無加温あるいは夜間最低管理温度10℃で栽培されていたが，ホルモン剤に替わる受粉技術としてマルハナバチが利用され始め，夜間の管理温度を12～13℃に設定する施設が増加してきた．また，最近の大きな変化は自家育苗を止め，購入苗を利用する生産者が多くなってきたことである．このことは育苗期の病害虫管理が業者任せになり，病害虫の薬剤感受性などがよくわからないまま本圃に持ち込まれる危険性をはらんでいる．

本作型では定植が気温の高い9月に行われ，換気窓を開放する期間が約2カ月間続くため，定植直後からアザミウマ類，アブラムシ類，ハモグリバエ類，コナジラミ類，ハスモンヨトウなど多くの害虫が侵入してくる．12月～翌年2月にかけての低温期には外部から侵入してくる害虫は少ないが，いったん侵入した害虫は十分な防除対策を講じなければ，厳寒期といえども増殖は激しい．特にミナミキイロアザミウマは，栽培期間を通して発生する最重要害虫であるだけでなく，多くの薬剤に対して感受性が低下しているため，効果の高い防除薬剤が少なく，今後ますます薬剤による防除が困難になることが予想される．気温が高くなり始める3月中旬以降になると日中サイド換気が行われるため，外部から侵入してくる害虫が再び増加し，しかも増殖が激しく，短期間に高密度になる．この時期に発生の多い害虫はアザミウマ類，アブラムシ類，ハダニ類，ハモグリバエ類などである．

病害ではうどんこ病，灰色かび病，菌核病，すすかび病，黒枯病などの発生が見られるが，中でも灰色かび病対策が重要になる．灰色かび病は12月から翌年4月頃にかけて発生が多い．なお，マルハナバチや天敵が利用され始めたことで，殺虫剤の使用量が大幅に減り，それに伴って殺虫剤と混用されていた殺菌剤までもが省かれ始めたため，これまであまり問題になることのなかったすすかび病，黒枯病の発生が目立ち始めている．

ここでは，受粉にマルハナバチを導入した促成栽培ナスにおいて実施可能な地上部病害虫を対象としたIPMマニュアルを紹介する．物理的防除法として防虫ネット，シルバーマルチ，防蛾灯，天敵としてアザミウマ類，アブラムシ類，ハモグリバエ類，ハダニ類を対象にそれぞれタイリクヒメハナカメムシ，コレマンアブラバチ，イサエアヒメコバチとハモグリコマユバチの混合剤およびチリカブリダニ，微生物資材として灰色かび病を対象にバチルス　ズブチリス菌製剤（ダクト内処理）を用い，これに選択性殺虫剤・殺菌剤を組み合わせた防除体系により，主要病害虫を制御し，化学合成農薬の使用回数を慣行防除の5割以下に減すことができる．

事例1は，マルハナバチや天敵類に影響の大きい定植時の粒剤処理を行わず，早期からマルハナバチや天敵を導入していく防除体系である．この体系では，天敵類の柱になるタイリクヒメハナカメムシを早い段階から確実に定着させ，しかも栽培期間を通して維持していくことを狙いとしている．事例2は，防虫ネット，シルバーマルチに加え定植時の粒剤処理を行い，定植後1カ月間以上経過し，粒剤の影響がなくなった頃からマルハナバチや天敵導入を行う防除体系である．この体系では，栽培初期に防除を徹底することで害虫，特にアザミウマ類とアブラムシ類の発生を極力遅らせ，翌年の1月頃から害虫の発生にあわせて天敵を導入していく．

a）事例 1

作物・品種　ナス（龍馬）

地域　四国

栽培法・作型　慣行ビニールハウス栽培・促成

時期	作業・ 生育状況	対象病害虫	IPM 体系防除 （薬剤防除回数）	慣行防除 （薬剤防除回数）
7〜8月	本圃準備	土壌病害虫	太陽熱土壌消毒	太陽熱土壌消毒
9月中旬	定植	アブラムシ類， ミナミキイロアザミウマ	防虫ネット（1 mm 目） シルバーマルチ	イミダクロプリド粒剤（1）
		ハスモンヨトウ	防蛾灯	防風ネット（4 mm 目） クロルフルアズロン乳剤（1）
10月	受粉		トマトトーン単花処理 マルハナバチ導入前1回	トマトトーン単花処理７日間隔で５回
	受粉	ハモグリバエ類	イサエアヒメコバチ，ハモグリコマユバチ放飼，マルハナバチ導入	エマメクチン安息香酸塩乳剤（1）
		（ハスモンヨトウ）多発年	（BT 水和剤）	（クロルフルアズロン乳剤）（1）
	受粉	アブラムシ類	コレマンアブラバチ	イミダクロプリド水和剤（1）
	受粉	ミナミキイロアザミウマ	タイリクヒメハナカメムシ， ピリプロキシフェン乳剤（1）， ピリプロキシフェン乳剤（1）	
		チャノホコリダニ	キノキサリン系水和剤（1）	
	受粉	ミナミキイロアザミウマ， ハモグリバエ類		エマメクチン安息香酸塩乳剤（1）
11月	受粉		マルハナバチ	トマトトーン単花処理７日間隔で５回
	受粉	灰色かび病	バチルススブチリス菌製剤	
	受粉	すすかび病， うどんこ病	トリフルミゾール水和剤（1）	トリフルミゾール水和剤（1）
	受粉	ミナミキイロアザミウマ		クロルフェナピル水和剤（1）， スピノサド水和剤
	受粉	灰色かび病， すすかび病		TPN 水和剤（1）
12月	受粉		マルハナバチ	トマトトーン単花処理７日間隔で５回
	受粉	灰色かび病	バチルススブチリス菌製剤	イミノクタジンアルベシル酸塩水和剤（1）
	受粉	すすかび病， うどんこ病	ｲﾐﾉｸﾀｼﾞﾝｱﾙﾍﾞｼﾙ酸塩水和剤（1）	
		チャノホコリダニ	キノキサリン系水和剤（1）	
	受粉	すすかび病		トリフルミゾール水和剤（1）
		ミナミキイロアザミウマ		アセタミプリド水溶剤（1）
	受粉	灰色かび病		フルジオキソニル水和剤（1）
			マルハナバチ更新	

1月	受粉		マルハナバチ	トマトトーン単花処理7日間隔で5回
		灰色かび病	バチルスズブチリス菌製剤	
	受粉 受粉	すすかび病，灰色かび病， 黒枯病	TPN 水和剤 (1)	TPN 水和剤 (1)
	受粉	うどんこ病，灰色かび病		メパニピリム水和剤 (1)
	受粉	ミナミキイロアザミウマ	ピリプロキシフェン乳剤 (1)	エマメクチン安息香酸塩乳剤 (1)
2月	受粉		マルハナバチ	トマトトーン単花処理7日間隔で5回
		ミナミキイロアザミウマ	ピリプロキシフェン乳剤 (1)	
	受粉	灰色かび病	バチルスズブチリス菌製剤	ジエトフェンカルブ・プロシミドン 水和剤 (2) ＊
	受粉	すすかび病， うどんこ病	イミノクタジンアルベシル酸塩 水和剤 (1)	イミノクタジンアルベシル酸塩水和剤 (1)
		ミナミキイロアザミウマ		イミダクロプリド水和剤 (1)
	受粉	すすかび病，灰色かび病		イプロジオン水和剤 (1)
3月	受粉		マルハナバチ	トマトトーン単花処理7日間隔で5回
		灰色かび病	バチルスズブチリス菌製剤	
			マルハナバチ更新	
	受粉	すすかび病，うどんこ病	トリフルミゾール水和剤 (1)	トリフルミゾール水和 (1)
	受粉	ミナミキイロアザミウマ		クロルフェナピル水和剤 (1)
		灰色かび病， 黒枯病		ジエトフェンカルブ・ チオファネートメチル水和剤 (2) ＊
	受粉	すすかび病， 灰色かび病		イミノクタジンアルベシル酸塩水和剤 (1)
	受粉	ミナミキイロアザミウマ		ピリプロキシフェン乳剤 (1)
		アブラムシ類		ピメトロジン水和剤 (1)
		ミナミキイロアザミウマ		ピリプロキシフェン乳剤 (1)
4月	受粉		マルハナバチ	トマトトーン単花処理7日間隔で5回
	受粉	灰色かび病，黒枯病， すすかび病	イプロジオン水和剤 (1)	イプロジオン水和剤 (1)
	受粉	ミナミキイロアザミウマ		スピノサド水和剤
		ハダニ類	チリカブリダニ放飼	
		ミナミキイロアザミウマ		アセタミプリド水溶剤 (1)
	受粉	すすかび病		フェナリモル水和剤 (1)
		灰色かび病， 黒枯病		スルフェン酸系水和剤 (1)
	受粉	ミナミキイロアザミウマ		ピリプロキシフェン乳剤 (2)

5月	受粉		マルハナバチ更新	トマトトーン単花処理７日間隔で５回
	受粉	すすかび病，うどんこ病	トリフルミゾール水和剤 (1)	トリフルミゾール水和剤 (1)
	受粉	灰色かび病，黒枯病，すすかび病		イプロジオン水和剤 (1)
	受粉	ミナミキイロアザミウマ アブラムシ類，コナジラミ類		アセタミプリド水溶剤 (1)
		すすかび病，黒枯病		TPN水和剤 (1)
	受粉	ミナミキイロアザミウマ		チアメトキサム水和剤 (1)
		ハモグリバエ類		シロマジン液剤 (1)
6月	受粉		マルハナバチ	トマトトーン単花処理７日間隔で２回
	受粉	すすかび病，うどんこ病	イミノクタジンアルベシル酸塩水和剤 (1)	トリフルミゾール水和剤 (1)
		すすかび病，黒枯病		TPN水和剤 (1)
		ミナミキイロアザミウマ		チアメトキサム水溶剤 (1)
		ハモグリバエ類		シロマジン液剤 (1)
		ミナミキイロアザミウマ		チアメトキサム水溶剤 (1)
薬剤防除合計回数			(15) 定植以降 内訳 ホルモン剤　1回 化学合成農薬　14回	(88) 定植以降 内訳 ホルモン剤　42回 化学合成農薬　46回
防除資材費＊＊			149,413円	107,325円

＊混合剤では１回の散布でも成分数を防除回数としてカウントした．
＊＊防除資材費の内訳については表3-1を参照．

b）事例 2

作物・品種　ナス（龍馬）

地域　四国

栽培法・作型　慣行ビニールハウス栽培・促成

時期	作業・生育状況	対象病害虫	IPM 体系防除（薬剤防除回数）	慣行防除（薬剤防除回数）
7～8月	本圃準備	土壌病害虫	太陽熱土壌消毒	太陽熱土壌消毒
8～9月上旬	育苗期		防虫ネット（1 mm 目）	防虫ネット（1 mm 目）
9月中旬	定植	アブラムシ類，ミナミキイロアザミウマ	アセタミプリド粒剤（1） 防虫ネット（1 mm 目） シルバーマルチ	防風ネット（4 mm 目） イミダクロプリド粒剤（1）
		ハスモンヨトウ	防蛾灯	クロルフルアズロン乳剤（1）
10月	受粉		トマトトーン単花処理4回（マルハナバチ導入まで7日間隔で処理）	トマトトーン単花処理7日間隔で5回
	受粉	ハモグリバエ類	イサエアヒメコバチ・ハモグリコマユバチ放飼	エマメクチン安息香酸塩乳剤（1）
		（ハスモンヨトウ）多発年	（BT 水和剤）	（クロルフルアズロン乳剤）（1）
	受粉	アブラムシ類	コレマンアブラバチ	イミダクロプリド水和剤（1）
		ミナミキイロアザミウマ		
	受粉	チャノホコリダニ	キノキサリン系水和剤（1）	
		ミナミキイロアザミウマ		エマメクチン安息香酸塩乳剤（1）
	受粉	ハモグリバエ類	マルハナバチ導入	
11月	受粉		受粉にマルハナバチ利用	トマトトーン単花処理7日間隔で5回
		灰色かび病	バチルスズブチリス菌製剤	
	受粉	すすかび病，うどんこ病	トリフルミゾール水和剤（1）	トリフルミゾール水和剤（1）
	受粉	ミナミキイロアザミウマ		クロルフェナピル水和剤（1）
	受粉	ミナミキイロアザミウマ		スピノサド水和剤
	受粉	灰色かび病，すすかび病		TPN 水和剤（1）
12月	受粉		受粉にマルハナバチ利用	トマトトーン単花処理7日間隔で5回
		灰色かび病	バチルスズブチリス菌製剤	イミノクタジンアルベシル酸塩水和剤（1）
	受粉	すすかび病，うどんこ病	イミノクタジンアルベシル酸塩水和剤（1）	
	受粉	チャノホコリダニ	キノキサリン系水和剤（1）	
		すすかび病		トリフルミゾール水和剤（1）
	受粉	ミナミキイロアザミウマ		アセタミプリド水溶剤（1）
		灰色かび病		フルジオキソニル水和剤（1）
			マルハナバチ更新	

1月	受粉		受粉にマルハナバチ利用	トマトトーン単花処理７日間隔で５回
		灰色かび病	バチルスズブチリス菌製剤	
	受粉 受粉	すすかび病，灰色かび病，黒枯病	TPN水和剤 (1)	TPN水和剤 (1)
	受粉	うどんこ病，灰色かび病		メパニピリム水和剤 (1)
	受粉	ミナミキイロアザミウマ	タイリクヒメハナカメムシ，ピリプロキシフェン乳剤 (1)	エマメクチン安息香酸塩乳剤 (1)
2月	受粉		受粉にマルハナバチ利用	トマトトーン単花処理７日間隔で４回
	受粉	ミナミキイロアザミウマ	ピリプロキシフェン乳剤 (1)	
		灰色かび病	バチルスズブチリス菌製剤	ジエトフェンカルブ・プロシミドン水和剤 (2) ＊
	受粉	すすかび病，うどんこ病	イミノクタジンアルベシル酸塩水和剤 (1)	イミノクタジンアルベシル酸塩水和剤 (1)
	受粉	ミナミキイロアザミウマ		イミダクロプリド水和剤 (1)
	受粉	すすかび病，灰色かび病		イプロジオン水和剤 (1)
3月	受粉		受粉にマルハナバチ利用	トマトトーン単花処理７日間隔で５回
		灰色かび病	バチルスズブチリス菌製剤	
	受粉		マルハナバチ更新	
		すすかび病，うどんこ病	トリフルミゾール水和剤 (1)	トリフルミゾール水和剤 (1)
	受粉	ミナミキイロアザミウマ		クロルフェナピル水和剤 (1)
		灰色かび病，黒枯病		ジエトフェンカルブ・チオファネートメチル水和剤 (2) ＊
	受粉	すすかび病，灰色かび病		イミノクタジンアルベシル酸塩水和剤 (1)
	受粉	ミナミキイロアザミウマ		ピリプロキシフェン乳剤 (1)
		アブラムシ類		ピメトロジン水和剤 (1)
		ミナミキイロアザミウマ		ピリプロキシフェン乳剤 (1)
4月	受粉		受粉にマルハナバチ利用	トマトトーン単花処理７日間隔で５回
	受粉	灰色かび病，黒枯病，すすかび病	イプロジオン水和剤 (1)	イプロジオン水和剤 (1)
		ミナミキイロアザミウマ		スピノサド水和剤
	受粉	ハダニ類	ミルベメクチン乳剤	
		ミナミキイロアザミウマ		アセタミプリド水溶剤 (1)
	受粉	すすかび病		フェナリモル水和剤 (1)
		灰色かび病，黒枯病		スルフェン酸系水和剤 (1)
	受粉	ミナミキイロアザミウマ		ピリプロキシフェン乳剤 (2)

5月	受粉		マルハナバチ更新	トマトトーン単花処理７日間隔で５回
		すすかび病，うどんこ病	トリフルミゾール水和剤 (1)	トリフルミゾール水和剤 (1)
	受粉 受粉	灰色かび病，黒枯病， すすかび病		イプロジオン水和剤 (1)
		ミナミキイロアザミウマ， アブラムシ類		アセタミプリド水溶剤 (1)
	受粉	コナジラミ類		
		すすかび病，黒枯病		TPN 水和剤 (1)
	受粉	ミナミキイロアザミウマ		チアメトキサム水和剤 (1)
		ハモグリバエ類		シロマジン液剤 (1)
6月	受粉		受粉にマルハナバチ利用	トマトトーン単花処理７日間隔で２回
	受粉	すすかび病，うどんこ病	イミノクタジンアルベシル酸塩 水和剤 (1)	トリフルミゾール水和剤 (1)
		すすかび病，黒枯病		TPN 水和剤 (1)
		ミナミキイロアザミウマ		チアメトキサム水溶剤 (1)
		ハモグリバエ類		シロマジン液剤 (1)
		ミナミキイロアザミウマ		チアメトキサム水溶剤 (1)
薬剤防除 合計回数			(17) 定植以降 内訳 ホルモン剤　4回 化学合成農薬　13回	(88) 定植以降 内訳 ホルモン剤　41回 化学合成農薬　46回
防除資材費＊＊			142,430円	107,325円

＊ 混合剤では１回の散布でも成分数を防除回数としてカウントした.

＊＊ 防除資材費の内訳については表3-1を参照.

2）将来のIPMマニュアルの事例

（1）促成栽培

施設ナスにおける総合的な防除体系の基本的な部分はほぼ仕上がり，すでに現場に普及しつつあるが，現在の防除体系で懸念される点は，害虫では特異的に発生が多くなるチャノホコリダニと突発的に多発するハスモンヨトウ対策，病害ではすすかび病，黒枯病およびうどんこ病対策である．チャノホコリダニについては，有望な天敵がいないことから，当面選択性の殺ダニ剤で対応せざるを得ないが，ハスモンヨトウについては，多発時BT剤での対応は困難であり，それに替わる防除資材として核多核体病ウイルスなどの利用を考える必要がある．病害に関しては，灰色かび病防除に使用するバチルスズブチルス菌製剤の一部にうどんこ病など他病害にも有効なものがあり，今後ダクト内処理の可能な製剤が開発されれば，同時防除薬剤として利用できる．なお，現在ハモグリバエ類防除に導入天敵であるイサエアヒメコバチとハモグリコマユバチの混合剤が使われているが，将来的には在来天敵であるハモグリミドリヒメコバチに置き換えていくことも視野に入れておく必要がある．

作物・品種　ナス（竜馬）
地域　四国
栽培法・作型　慣行ビニールハウス栽培・促成

時期	作業・生育状況	対象病害虫	現在可能なIPM体系防除（薬剤防除回数）	将来のIPM体系防除（薬剤防除回数）
7～8月	本圃準備	土壌病害虫	太陽熱土壌消毒	太陽熱土壌消毒
8月～9月上旬	育苗期	アブラムシ類，ミナミキイロアザミウマ，ハスモンヨトウ	防虫ネット	防虫ネット
9月中旬	定植	アブラムシ類，コナジラミ類，ミナミキイロアザミウマ，ハスモンヨトウ	防虫ネット，シルバーマルチ，防蛾灯	防虫ネット，シルバーマルチ，防蛾灯
10月上旬	受粉		トマトトーン単花処理	ミツバチ導入
		ハモグリバエ類	イサエアヒメコバチ，ハモグリコマユバチ	ハモグリミドリヒメコバチ
10月中～下旬	受粉		マルハナバチ	（ミツバチ）
		アブラムシ類	コレマンアブラバチ	コレマンアブラバチまたは在来寄生蜂
		（ﾊｽﾓﾝﾖﾄｳ：多発年）	（BT水和剤）	（ハスモンヨトウNPV）
		ミナミキイロアザミウマ	タイリクヒメハナカメムシ，ピリプロキシフェン乳剤（1），ピリプロキシフェン乳剤（1）	タイリクヒメハナカメムシ
		チャノホコリダニ	キノキサリン系水和剤（1）	キノキサリン系水和剤（1）

11月上 ～下旬	受粉		マルハナバチ導入	ミツバチ
		灰色かび病	バチルスズブチリス菌製剤	バチルスズブチリス菌製剤
		すすかび病，うどんこ病	トリフルミゾール水和剤 (1)	トリフルミゾール水和剤 (1)
12月	受粉		マルハナバチ	(ミツバチ)
		灰色かび病	バチルスズブチリス菌製剤	バチルスズブチリス菌製剤
		すすかび病，うどんこ病	イミノクタジンアルベシル酸塩水和剤 (1)	
		チャノホコリダニ	キノキサリン系水和剤 (1)	キノキサリン系水和剤 (1)
	受粉		マルハナバチ更新	マルハナバチ併用
1月	受粉		マルハナバチ	ミツバチ＋マルハナバチ
		灰色かび病	バチルスズブチリス菌製剤	バチルスズブチリス菌製剤
		すすかび病，灰色かび病，黒枯病	TPN 水和剤 (1)	
		ミナミキイロアザミウマ	ピリプロキシフェン乳剤 (1)	
2月	受粉		マルハナバチ	ミツバチ＋マルハナバチ
		ミナミキイロアザミウマ	ピリプロキシフェン乳剤 (1)	
		灰色かび病	バチルスズブチリス菌製剤	バチルスズブチリス菌製剤
		すすかび病，うどんこ病	イミノクタジンアルベシル酸塩水和剤 (1)	
3月	受粉		マルハナバチ	ミツバチ
		灰色かび病	バチルスズブチリス菌製剤	バチルスズブチリス菌製剤
		すすかび病，うどんこ病	トリフルミゾール水和剤 (1)	
	受粉		マルハナバチ更新	
		すすかび病，うどんこ病		トリフルミゾール水和剤 (1)
4月	受粉		マルハナバチ	ミツバチ
		灰色かび病	バチルスズブチリス菌製剤	バチルスズブチリス菌製剤
		黒枯病，すすかび病	イプロジオン水和剤 (1)	
		ハダニ類	ミルベメクチン乳剤または チリカブリダニ	チリカブリダニ
		すすかび病，灰色かび病，黒枯病		イプロジオン水和剤 (1)
5月	受粉		マルハナバチ更新	ミツバチ
		すすかび病，うどんこ病	トリフルミゾール水和剤 (1)	
		黒枯病，すすかび病		TPN 水和剤 (1)
6月	受粉	すすかび病，うどんこ病	イミノクタジンアルベシル酸塩水和剤 (1)	
	受粉	すすかび病，うどんこ病		イミノクタジンアルベシル酸塩水和剤 (1)
薬剤防除 合計回数			(15) 定植以降 内訳 ホルモン剤　1回 化学合成農薬　14回	(7) 定植以降 内訳 ホルモン剤　0回 化学合成農薬　7回

表3-1　防除資材費（10 a当たり）の比較　（単位：円）

資　材	IPM区経費	慣行防除区経費	備　考
防虫ネット	3,073		1 mm目×100 m，耐用年数5年
防風ネット		1,964	4 mm目×100 m，耐用年数5年
シルバーポリフィルム	19,320		100 m，5本
防蛾灯4灯	6,970		耐用年数5年
小　計	29,363	1,964	
天敵資材			
マイネックス	18,039		2ボトル/10 a
タイリクヒメハナカメムシ	35,070		4ボトル/10 a
コレマンアブラバチ	11,550		2ボトル/10 a
チリカブリダニ	5,600		1ボトル/10 a
バチルスズブチリス菌製剤	26,430（5回）		11～3月，300 g/10 a/月
小計	96,689 (91,089)		
殺虫剤			
アセタミプリド粒剤	(2,363)		
イミダクロリド粒剤		4,279	
アセタミプリド水溶剤		5,391（3回）	
イミダクロプリド水和剤		3,948（2回）	
クロルフルアズロン乳剤		1,172	
エマメクチン安息香酸塩乳剤		9,687（3回）	
クロルフェナピル水和剤		5,061（2回）	
スピノサド水和剤		10,364（2回）	
ピリプロキシフェン乳剤	11,340（4回） (5,670)（2回）	11,340（4回）	
ピメトロジン水和剤		1,365	
チアメトキサム水和剤		3,922（3回）	
シロマジン乳剤		7,498（2回）	
ミルベメクチン乳剤	(1,924)		
小計	11,340 (9,957)	64,027	
殺菌剤			
キノキサリン系水和剤	1,413（2回）		
トリフルミゾール水和剤	3,855（3回）	6,425（5回）	
TPN水和剤	1,285	5,141（4回）	
イミノクタジンアルベシル酸塩水和剤	2,337（3回）	2,337（3回）	
チオファネートメチル水和剤		916	
フルジオキソニル水和剤		5,135	
メパニピリム水和剤		1,692	
ジエトフェンカルブ・プロシミドン水和剤		2,012	
ジエトフェンカルブ・チオファネートメチル水和剤		4,423	
イプロジオン水和剤	3,131	9,394（3回）	
フェナリモル水和剤		604	
スルフェン酸系水和剤		3,255	
小計	12,021	41,334	
合計	149,413 (142,430)	107,325	

＊（ ）内の経費は定植時粒剤を処理し，ハダニ防除にミルベメクチン乳剤を使用した場合（事例2）の経費を示す．また，経費の後ろの（ ）内の数字は散布回数を示す．

Ⅳ．施設メロンのIPMマニュアル

1．施設メロンにおけるIPMの意義

メロンの栽培面積は12,700 ha（平成14年度産）であり，キュウリ（14,400 ha）やトマト（13,300 ha）とならぶ重要な施設野菜である．メロンに発生する病害虫の種類は多く，ウイルス病10種，細菌病5種，糸状菌病26種，線虫類8種，ダニ類9種，昆虫類64種，軟体動物2種（日本植物病名目録；農林有害動物・昆虫名鑑）にのぼる．重要な病害としてうどんこ病，べと病，モザイク病，黒点根腐病などがある．特に，土壌病害である黒点根腐病は一旦発生すると土壌消毒剤を使用しても根絶が難しく，生産安定の大きな阻害要因になっている．また，キュウリ緑斑モザイクウイルス（CGMMV）は臭化メチルによって，その発生が抑制されてきた．しかし，本病に対しては臭化メチル以外に現在使用できる有効な防除手段がなく，2005年以降の臭化メチルの農業場面での使用禁止にともなって，その被害が顕在化する恐れがある．一方，重要害虫としてはワタアブラムシ，カンザワハダニ，シルバーリーフコナジラミなどがある．また，近年になってワタヘリクロノメイガやオオタバコガなどの大型チョウ目害虫の被害が増加し防除上重要な問題となっている．さらに，1999年に侵入したトマトハモグリバエはメロンに対する選好性が高く，分布の拡大にともない被害も増大している．メロンは病勢の進展や害虫の増加が早く，短時間で被害が拡大するため，予防的防除や低密度時の防除が重要である．新発生害虫を対象とした防除も必要となっており，栽培期間が約3カ月間と短いにもかかわらず，現地では土壌消毒を含めて10～15薬剤が散布されている．

近年，食品に対する安全性志向の高まりや生態系への影響に配慮した持続的農業生産の維持のために，化学農薬の大幅な削減が求められており，天敵類や物理的防除手段を組み合わせた総合防除体系による栽培がトマト，ナス，イチゴを中心とした長期栽培の施設野菜で検討され，一部地域では普及が始まっている．メロンにおいても天敵類を初めとする生物農薬や熱水土壌消毒など環境への影響が少ない防除技術が開発されつつある．メロンは栽培期間が短く，天敵の活用が難しいとともに果実外観が重要視されるため，総合防除体系の導入は他の果菜類に比べて大きく遅れている．しかし，環境負荷軽減や安心・安全な農産物に対する消費者の要求が高まるにしたがい，メロンにおいても環境負荷が小さい防除技術の確立は不可避となっている．こうした背景から，熱水土壌消毒，弱毒ウイルス，天敵類などを組み合わせて化学農薬の使用回数を50％以上に削減できるメロンの主要病害虫の総合的病害虫防除技術を構築することによって，経済的かつ環境負荷の少ないメロン栽培体系を確立する．

2．IPMに組み込む個別技術

1）現在利用できる技術

（1）生物的防除法

a）コレマンアブラバチ

コレマンアブラバチはワタアブラムシに対して利用できる．放飼方法は施設内で寄生蜂が入ったボトルのふたを開け，ワタアブラムシの発生株の株元に静置する．発生株が多い場合や発生が見られない場合は，紙コップなどに小分けして，ハウスの数カ所の株元に置くと効果的である．放飼はワタアブラムシの発生初期から500頭/10 aを1週間間隔で2回または3回行う．定植時にネオニコチノイド系の粒剤処理を基本としたメロンのIPM体系では，放飼の開始時期は粒剤の効果が消失する定植後約1カ月目が目安となる．放飼のタイミングを間違わなければ極めて高い防除効果が得られる．製剤の寿命は短いので，入手後ただちに放飼する．10 a当たりの防除経費は11,200～16,800円である．なお，本種の詳しい生物的特性や利用法については付録Aを参照されたい．

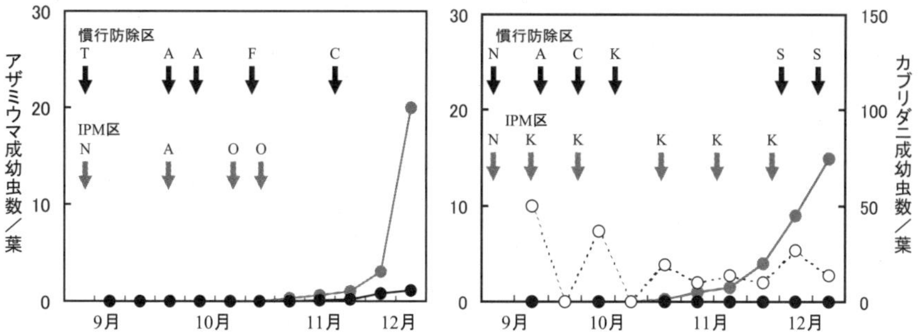

図4-1　秋冬作メロンにおけるタイリクヒメハナカメムシ（左図）およびククメリスカブリダニ（右図）のアザミウマ類に対する密度抑制効果
●：IPM区のアザミウマ密度　●：農家慣行防除区のアザミウマ密度　○：ククメリスカブリダニの密度
N：ニテンピラム粒剤（2 g/株）　T：チアメトキサム粒剤（2 g/株）　A：エマメクチン安息香酸塩乳剤（2,000倍）
C：チアクロプリド水和剤4,000倍　F：フルフェノクスロン乳剤3,000倍　S：スピノサド水和剤5,000倍
O：タイリクヒメハナカメムシ　K：ククメリスカブリダニ

b）タイリクヒメハナカメムシ

本種はアザミウマ類やハダニ類を捕食する広食性の天敵で，メロンではミナミキイロアザミウマやミカンキイロアザミウマに対して利用できる．放飼は施設内で製剤容器を開封し，アザミウマの発生株を中心として数カ所の葉上に放飼する．ネオニコチノイド系粒剤の処理を行う体系では，定植後1カ月を目安とし，アザミウマの発生初期に250頭/10 aを放飼する．メロンでの防除効果は作型によって異なる．一般に，春夏作では高い効果が得られるが，秋冬作では，栽培後期に密度が増加し，密度抑制効果は十分とはいえない．しかし，メロンにおけるアザミウマ類の被害許容密度は高く，収量や果実品質への影響はなく，実用的な防除法である（図4-1）．製剤の寿命は短いので，入手後ただちに放飼する．10 a当たりの防除経費は19,500～22,500円である．なお，本種の詳しい生物的特性や利用法については付録Aを参照されたい．

c）ククメリスカブリダニ

(i) 対象害虫および作用機作

本種はアザミウマ類を捕食するカブリダニ科の捕食性ダニである．雌成虫の体長は約0.4 mmで，体色は黄白色である．ハダニの有力な捕食虫であるチリカブリダニに似ているが，チリカブリダニより若干小さい．本種はミナミキイロアザミウマやミカンキイロアザミウマの1齢幼虫のみを捕食する．植物の花粉，ハダニ類の卵や幼虫，ケナガコナダニなども餌となる．そのため，アザミウマ類の密度が低い時にもこれらを餌として生存し続けることができる．雌成虫の捕食量はミナミキイロアザミウマ幼虫の場合1日当たり1.3頭程度と少ないが，ケナガコナダニを餌として大量増殖が可能であるため，大量の放飼が可能である．

(ii) 使用方法

製剤は500 mlのボトル内にククメリスカブリダニの成虫・幼虫が増量剤（フスマなど）とともに約50,000頭封入されている（商品名：メリトップ）．ボトルをゆっくり回転させ，容器内のカブリダニが均一になるように混和した後，キャップの内蓋をはずして軽く一振りすると約100頭のカブリダニが増量剤とともに出るようになっているので，メロンの葉上に一振りずつ振りかけ，株当たり約100頭を放飼する．放飼はメロンの定植後1～2週間目から始め，1～2週間間隔で4～5回行う．ククメリスカブリダニはメロンにおける定着が悪いので，栽培後期まで放飼を継続する必要がある（図4-1）．また，同一株内における分散・移動が悪いので，メロンの生育に応じて放飼部位を上位葉に移して行く必要がある．

（iii） 使用上の留意点

ククメリスカブリダニはハダニ類の卵や幼虫も捕食することができ，ハダニ類に対しても低密度であれば，密度抑制効果が認められるので，ハダニ発生に対する予防効果が期待できる．しかし，ハダニの高密度条件ではその効果は低いので，ククメリスカブリダニを放飼した条件においても，ハダニの発生状況には注意し，ハダニの密度の立ち上がりが認められたら，ただちにチリカブリダニの放飼を行う必要がある．製剤（メリトップ）のボトル当たりの価格は4,100円で，10 a当たり（植栽数1,600株）の防除経費は49,200～61,500円となる．

d） チリカブリダニ

本種はナミハダニやカンザワハダニに対して利用できる．放飼はハダニの発生初期（概ね葉当たり0.1頭程度）に行う．製剤は500 m*l*のポリ製のボトルで，チリカブリダニがバーミキュライトとともに混入されている．到着時にはチリカブリダニがボトルの上部に集まっていることが多いので，放飼の前にボトルをゆっくり回転させて，チリカブリダニが均一になるように混和する．その後，メロン葉の上にバーミキュライトを少しずつ振りかけるようにして放飼する．放飼量は2,000頭/10 aを目安とし，ハウス内の全株を対象に行うが，ハダニ発生株が特定できる場合にはその株を中心にスポット放飼を行う．放飼のタイミングを間違えなければ極めて高い防除効果が得られるが，1回目の放飼後2週間目にチリカブリダニの定着が確認できない場合やハダニの密度が急増する傾向が見られる場合には2回目の放飼を行う．定植時にネオニコチノイド系の粒剤処理を基本としたメロンのIPM体系では，放飼の開始時期は粒剤の効果が消失する定植後約1カ月目が目安となる．10 a当たりの防除経費は5,600～11,200円である．なお，本種の詳しい生物的特性や利用法については付録Aを参照されたい．

e） イサエアヒメコバチ

イサエアヒメコバチはトマトハモグリバエに対して利用できる．放飼は施設内で製剤容器を開封し，ハモグリバエの潜孔痕が見られる株元に静置すれば寄生蜂は自ら分散する．発生株が多い場合や発生がほとんど見られない場合は，紙コップなどに小分けして，ハウスの数カ所の株元に置く．放飼はトマトハモグリバエの発生初期（潜孔痕が散見される時期）から1週間間隔で2～3回行う．メロンにおいて定植後3週間目頃にワタヘリクロノメイガやオオタバコガを対象としたエマメクチン安息香酸塩乳剤の散布を行うIPM体系では，放飼開始時期の目安は散布後2週間目頃（定植後35～45日目）となる．10 a当たりの放飼数は100～200頭である．この方法により，エマメクチン安息香酸塩乳剤の2回散布とフルフェノクスロン乳剤1回散布の場合と同等の効果が得られる（図4-2）．10 a当たりの防除経費は12,000～18,000円である．なお，本種の詳しい生物的特性や利用法については付録Aを参照されたい．

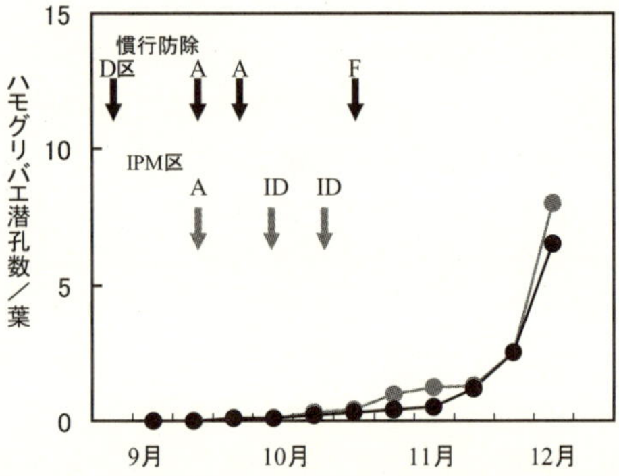

図4-2　秋冬作メロンにおけるイサエアヒメコバチ・ハモグリコマユバチ混合製剤のトマトハモグリバエに対する密度抑制効果（行徳ら，2002）
●：IPM区の潜孔痕数　●：農家慣行防除区の潜孔痕数
T：チアメトキサム粒剤（2 g/株）　A：エマメクチン安息香酸塩乳剤2,000倍　F：フルフェノクスロン乳剤 3,000倍　ID：イサエアヒメコバチ・ハモグリコマユバチ混合剤

（2） 物理的防除法

a） 熱水土壌消毒

熱水土壌消毒法は多量の高温熱水を圃場に注入し，土壌病害虫や雑草を防除する技術である．熱水消毒機により圃場に80～90℃の熱水をm^2当たり150～200 *l*注入し，熱によって病原菌や線虫を死滅

させる方法である．メロンで対象となる土壌病害虫は黒点根腐病，つる割病，えそ斑点病，ネコブセンチュウなどである．熱水注入方式には大別して牽引式とチューブ式があるが，効果に差はない．熱水処理量は150 l/ m^2 を基本とするが，耐熱性が高い黒点根腐病が発生している場合は，注入量を200 l/ m^2 にふやす必要がある．土壌消毒の効果を高めるためには熱水をむら無く圃場に浸透させることが必要である．このため，処理前にできるだけ深く，均一に耕起し，土壌の透水性と保水性を高めておく．熱水土壌消毒は1年を通じて実施可能であるが，地温が高い時期ほど効率がよい．

熱水土壌消毒には作畦前処理と作畦後処理がある．作畦前処理は耕耘後に圃場全面を消毒し，施肥畦立てする方法である．一方，作畦後処理は施肥畦立て後に畦内のみを消毒する方法である．作畦前処理は消毒後に土壌を移動させるため，土壌病害の発生を完全には防止できない．ただし，最も防除が困難である黒点根腐病に対しても200 l/ m^2 の熱水を注入することで，クロールピクリン（30 l/10 a）処理に比べてやや劣るものの収量や果実品質への影響は小さく，実用的な効果が得られる（表4-1）．作畦後処理では処理後に土壌を動かすことがなく，メロンの大部分の根域が分布する畦内を重点的に処理できるため，作畦前処理に比べて高い効果が認められる．また，作畦後処理は作畦前の全面処理に比べて処理面積が狭いため処理時間の短縮や燃料費の削減が可能であり，消毒に利用した散水用のチューブや被覆資材をマルチや灌水に用いることが可能である．ただし，この作畦後処理は作畦部分のみを消毒するので，メロン作付け後にスイカが栽培されるような作付け体系では，メロン収穫後に新たな作畦が必要となり，消毒部分と未消毒部分の土壌が混和されるため，次作を作付けする前に再度土壌消毒を行う必要がある．熱水土壌消毒機は300～500万円で市販されている．10 a当たりの経費（150～200 l/ m^2 処理）は，燃料コストが40,000～80,000円，電気料が16,000円/2日程度である．なお，使用法の詳細については付録Eを参照されたい．

表4-1　メロン黒点根腐病に対する熱水土壌消毒の被害抑制効果（森山ら，2000）

区　別	収穫時萎凋株率（%）	収穫可能株率（%）	収穫果実重量（kg）	等級別果率（%）			糖度（Brix）
				秀	優	良	
熱水土壌消毒区[a]	24.3	88.9	1.6	6.6	86.2	7.1	16.0
クロルピクリン区[b]	2.0	95.8	1.6	55.9	41.5	2.6	15.4
無処理区	85.6	24,3	－	－	－	－	－

a) 作畦前200 l/ m^2 処理　b) 作畦前30 l/10 a処理

b）防虫ネット

（i）対象害虫および作用機作

防虫ネットは，施設の開口部（側窓，谷換気部）に展張することにより，あらゆる飛翔性害虫の侵入を物理的に遮断する被覆資材である．メロンでは，ワタアブラムシ，アザミウマ類，コナジラミ類，トマトハモグリバエ，ワタヘリクロノメイガ，オオタバコガ，ハスモンヨトウなどを対象として用いられる．

表4-2　ワタヘリクロノメイガに対する各種ネット侵入防止効果

防虫ネットの種類	目合い（mm）	侵入防止価[a]
サンサンネット N-7000	2×2	100
サンサンネット N-3800	2×4	92
マルハナネット FC-4	4×4	86
マルハナネット OB 4120	4×4	96
ワイドラッセル N-500	5×5	76
ワイドラッセル N-900	9×9	68

a) 侵入防止価 $= 1 - \frac{\text{ネット通過個体数}}{\text{供試個体数}} \times 100$

（ii）使用方法

防虫ネットは主要な害虫に対して有効なネット目合いが報告されており，完全な侵入防止をもたらす目合いの大きさは，例えば，ワタアブラムシでは0.34 mm，アザミウマ類では0.19 mmとされている．ワタヘリクロノメイガ，オオタバコガ，ハスモンヨトウに対しては4 mm目合いの防虫ネットで

80〜90％以上の侵入防止効果が得られる（表4-2）.

メロンではワタアブラムシ，アザミウマ類（ミナミキイロアザミウマ，ミカンキイロアザミウマ），シルバーリーフコナジラミの侵入抑制効果をねらって通常1 mm目合いの防虫ネットを用い，施設の側面および入り口に展張する.

連棟ハウスの場合は，谷換気部からのウリノメイガ，オオタバコガ，ハスモンヨトウなどのチョウ目害虫の侵入が問題となる．4 mm目合いの防虫ネットをハウスの天井部全面に展張することで，谷換気部からのチョウ目害虫の侵入をほぼ完全に防止し，被害を回避できる（図4-3）.

図4-3　ワタヘリクロノメイガ，オオタバコガの侵入防止のために連棟ハウスの天井部へ全面展張した防虫ネット（4 mm目合い）

（iii）使用上の留意点

完全な侵入防止を行うため，細かい目合いの防虫ネットを使用すると通気が悪くなり，日中の温室内の気温が上がりやすく高温・高湿となる．連棟ハウスにおける天井部への4 mm目合いの全面展張の場合もハウス内の温度・湿度が上昇しやすいので，循環ファンの設置や側面開口部の開放期間の延長などに配慮する．また，ワタヘリクロノメイガ，オオタバコガなど，チョウ目害虫の発生が減少する11月中旬以降は早めに撤去する．防虫ネット（4 mm目合い）を4連棟ハウス（間口5 m，長さ50 m；面積10 a）の天井部全面に展張した場合の経費は3年間（6作型）使用として，約23,000円となる.

c）施設内の環境制御

秋冬作のメロンでは生育中後期の10月下旬から11月中下旬にかけて，長雨などにより湿潤冷涼な天候が続く条件で，べと病の発生が危惧される．このような場合には，暖房機による加温を実施し，ハウス内の気温を上げるとともに湿度を下げるようにする．また，施設開放温度の調整により，高温条件で小発生となるうどんこ病の発生を制御する.

（3）JAS法で認められた天然物資材

a）硫黄粉剤

硫黄粉剤は硫黄を成分とした天然物資材で，JAS法で有機資材に定められた天然物資材である．メロン苗の定植後1〜2週間後に本剤（3 kg/10 a）をメロン葉上に散粉器で散布する．メロンうどんこ病

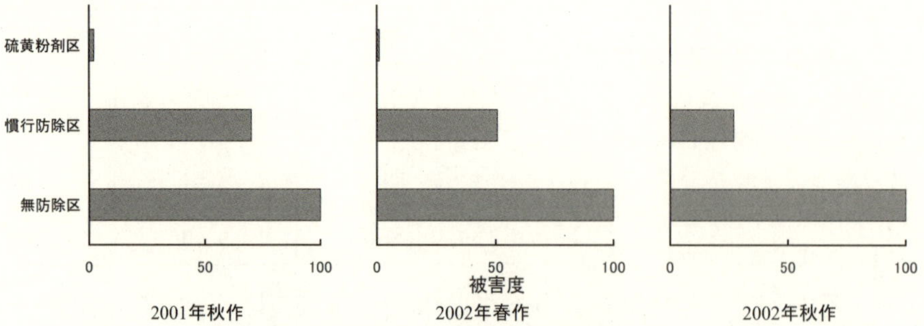

図4-4　メロンうどんこ病に対する硫黄粉剤の被害防止効果（小板橋ら，2002）

2001年	秋作	硫黄粉剤区	硫黄粉剤3 kg/10 a　2回散布
		慣行防除区	トリフルミゾール水和剤3,000倍　3回散布
2002年	春作	硫黄粉剤区	硫黄粉剤3 kg/10 a　1回散布
	秋作	慣行防除区	トリフルミゾール水和剤3,000倍，TPNフロアブル1,000倍，DBEDC乳剤500倍の10日間隔ローテーション散布

に対する高い防除効果が1～2カ月以上持続する（図4-4）．生育後期に再発が見られる場合は，2回目の散布を行う．メロンへの薬害は認められず，本剤散布後に他の殺虫剤，殺菌剤の液剤散布を行っても効果は持続する．また，ハウス内で本剤散布後にコレマンアブラバチ，タイリクヒメハナカメムシなどの天敵類の放飼を行っても悪影響は見られない．10 a当たりの防除経費（1回散布の場合）は400～600円/3 kg程度である．

2）将来利用可能な技術

（1）病害抵抗性品種

a）メロンえそ斑点病抵抗性メロン

メロンえそ斑点病は1959年に静岡県の温室メロンで初めて発生が認められ，以来メロンのハウス栽培の普及によって，現在では北海道から沖縄に至る全国のメロン栽培地で発生し，問題となっている．本病は，葉に大・小のえそ斑点，茎および果実にえそなどの病徴をあらわす．本病の病原ウイルスであるメロンえそ斑点ウイルス（MNSV）はべん毛菌類の一種であるオルピディウム・ラディカールの媒介によって土壌伝染し，その他に接触および種子伝染する．

MNSVに対しては，アメリカキャンタロープのPerlita，PMR 5などが免疫性の抵抗性を示し，これら品種の抵抗性は単因子劣性遺伝子（*nsv*）により支配されている．メロンえそ斑点病抵抗性品種（素材）を表4-3に示した．これら品種・系統にMNSVを汁液接種しても病徴およびウイルスの増殖は認められない．

表4-3　メロンえそ斑点病抵抗性メロン

品種・系統	用途および特性など
空知台交3号	台木品種（北海道立花・野菜技術センター育成），つる割病レース0，2抵抗性
ニューメロン	マクワウリ，胚軸細い
中間母本農4号	短側枝性系統（野菜茶業研究所育成）つる割病レース0，1抵抗性，レース2，1，2y耐性
Perlita	キャンタロープ型，つる割病レース0および2抵抗性，胚軸短い
PMR 5	キャンタロープ型，うどんこ病抵抗性

現在ではこのような抵抗性品種を育種素材として，台木品種「空知台交3号」，「にげ足1号」などが，また，自根栽培可能なアールス系緑肉品種として「アーネスト」，「エイネア」などが育成され始めており，近い将来，数多くのえそ斑点病抵抗性品種が育成されるものと考えられる．これら品種・台木を用いることでえそ斑点病の防除は可能であるが，これらの品種の地域適応性，作型適応性に関しては今後検討を要する．

（2）生物的防除法

a）ハモグリミドリヒメコバチ

（i）対象害虫および作用機作

ハモグリミドリヒメコバチはマメハモグリバエやナモグリバエなどのハモグリバエ類に寄生する在来の外部寄生蜂である．日本では本州，四国，九州，沖縄県での分布が確認されている．卵から成虫までの発育日数は15～30日（20～25℃）である．雌成虫は1日に10個内外の卵を1カ月程度産卵する．また，雌は寄主体液摂取行動が観察され，1日当たりの摂取数は10頭前後である．地域によっては単為生殖する系統が存在する．

本種はトマトハモグリバエに対しても寄生性があり，寄主体液摂取も行う．メロン，キュウリなどの施設野菜で放飼効果の検討が行われており，高い効果が確認されている．

（ii）使用方法

ハモグリミドリヒメコバチ成虫をトマトハモグリバエの発生初期（潜孔痕が散見される時期）から200頭（/10 a）程度を1週間間隔で3～4回放飼する．放飼はトマトハモグリバエの潜孔痕が見られる株を中心にハウス内の数カ所に分けて行う．その他の詳細な使用方法はイサエアヒメコバチ・ハモグリコマユバチの使用法に準じる（付録Aを参照）．

（iii）使用上の留意点

ハモグリミドリヒメコバチは，生物農薬として登録されていないが，メロン，トマト，キュウリなどの作物でトマトハモグリバエに対する効果試験が検討されており，近く生物農薬として登録，商品化される予定である．

b）スイカ緑斑モザイクウイルス（CGMMV）の弱毒株Me32

（i）対象病害および作用機作

スイカ緑斑モザイクウイルス（CGMMV）はトバモウイルス属に属し，多くのウリ科植物やアカザ科の *Chenopodium amaranticolor* へ土壌および汁液伝染する．本ウイルスは，1968年に千葉・茨城のスイカで発生し，1970年代以降，静岡県の温室メロンを中心に被害が拡大した．温室メロンでは葉の被害は軽微であるが，果実に玉えそが発生するため，商品価値が著しく低下し，経済的被害は甚大である（図4-5）．このため，静岡県では温室メロン用の弱毒株SH33bが作出され，土壌の蒸気消毒と併用されている．

図4-5　キュウリ緑斑モザイクウイルスによるメロン果実の玉えそ症状

弱毒ウイルスの利用は，あらかじめ弱毒株（作物の生育，果実品質，収量への悪影響をもたらさないウイルス株）を作物に予防接種しておくことにより，作物に悪影響を及ぼす強毒ウイルスの感染と増殖を阻止する方法である．弱毒株Me32は，弱毒株SH33bをさらに弱毒化したもので，メロンに発生するCGMMVを対象として用いる．本弱毒株は生物農薬としては未登録であるが，実用的なCGMMV抵抗性メロン品種が育成されていないことやCGMMVに有効な臭化メチルが2005年に使用禁止となることから，今後は有効な防除手段になると考えられる．

（ii）使用方法

弱毒株Me32の接種は以下の要領で行う（図4-6）．接種用の弱毒株Me32を確保するため，あらかじめメロンに接種し増殖する．接種株の感染葉を採集して，生葉または純化試料の状態で-70℃の冷凍機に保存する（-20℃でも保存可能であるが，ウイルスの安定性がやや劣る）．弱毒株Me32を蒸留

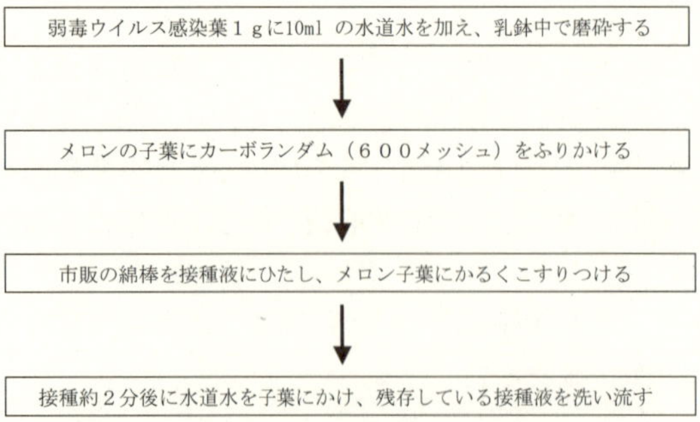

弱毒ウイルス感染葉１ｇに10ml の水道水を加え、乳鉢中で磨砕する
メロンの子葉にカーボランダム（６００メッシュ）をふりかける
市販の綿棒を接種液にひたし、メロン子葉にかるくこすりつける
接種約２分後に水道水を子葉にかけ、残存している接種液を洗い流す

図4-6　弱毒ウイルス株Me32の接種の手順

図4-7　弱毒ウイルス株Me32を接種したメロン葉に生じたモザイク症状

水で接種濃度 (50 μg/ ml) に調製し，本葉1枚展開期の幼苗に8 ml/ 100本を接種する．カーボランダム (600メッシュ) を振りかけた後に，綿棒を用いて子葉に弱毒株Me32調製液を軽くこすりつけ感染させる．大量に接種する場合は，スプレーガンを用いる方が効率的である．接種後は，通常の育苗を行う．なお，弱毒株Me32を接種後のメロンはほとんど無症状である．まれに鮮明なモザイク症状が上位展開葉に現れることがあるが，樹勢や果実肥大・品質への影響はない (図4-7).

（iii）使用上の留意点

弱毒株Me32を低濃度 (50 μg/ ml) で接種した場合には，メロンの生育や果実肥大・品質に悪影響はないが，高濃度 (500 μg/ ml) で接種すると，初期成育が抑制されるので，接種濃度に注意する．スイカに対する影響は未調査である．一般にCGMMVはメロンに比べてスイカで激しい症状を示すので，注意する．

CGMMVは静岡の温室メロンでは果実に激しい玉えそ症状を発生させるが，九州で栽培されているアールス系メロンでは玉えそ症状の発生は極めて少なく，生育や果実肥大･品質への影響も小さい．従って，弱毒株Me32の使用は，静岡の温室メロンに類似した品種群を対象とし，玉えその発生が問題となる場合に限る．また，玉えそ症状と類似した生育障害があるので，外見だけでCGMMVと判断せず，検査機関に診断を依頼する．

弱毒株Me32は，-70℃の凍結により長期保存できるが，凍結･融解を繰り返すと不活化する．小分けして保存し，必要量だけ融解して利用する．接種はなるべく低温で行い，カーボランダムを充分にふりかけて子葉全体にまんべんなく丁寧にこすりつける．接種回数は子葉時期の1回で充分である．また，同一ハウスに定植する全ての苗に接種する．

強毒株の感染や弱毒株Me32の接種苗以外への感染を防止するため，弱毒ウイルスの接種前後は石けんで充分に手を洗う．

（3）物理的防除法

a）近紫外線カットフィルム

（**i**）対象害虫および作用機作

施設の被覆資材として近紫外線カットフィルムを用いることにより，アブラムシ類，アザミウマ類，コナジラミ類などの発生が抑制されることが知られており，トマトなどでは減農薬防除体系の資材としてその利用が期待されている．メロンにおいても慣行で用いられている普通ビニールに比べてワタアブラムシ，ミナミキイロアザミウマ，シルバーリーフコナジラミなどの密度が1/4～1/5に抑制されることが実験的に明らかにされている．また，侵入害虫のトマトハモグリバエに対しても，抑制効果を認めている．さらに，近紫外線カットフィルムを被覆したハウス内においてコレマンアブラバチやタイリクヒメハナカメムシの利用も可能であり，近紫外線カットフィルムを用いることにより天敵類の放飼回数を削減することができる．また，メロンのIPM体系では，シルバーリーフコナジラミに対してピリプロキシフェンテープ剤の使用が不可欠であるが，近紫外線カットフィルムを利用した場合には本剤が不用となるなど防除経費の削減が可能となる．しかし，近紫外線の除去は，ミツバチの飛翔に影響が大きいため，受粉のためにミツバチを利用することはできない．また，近紫外線カットフィルムは普通ビニールに比べて割高である．近紫外線除去下ではメロンの生育が徒長気味になるなどの問題もある．今後，近紫外線除去下でのメロンの生育に対する影響あるいは近紫外線除去下でも飛翔行動が影響を受けないとされるセイヨウマルハナバチのメロンにおける利用法などについて，検討が必要である．

3．IPMマニュアルの事例

1）実施可能なIPMマニュアルの事例

（1）秋冬作

この作型は九州では最も栽培面積が多い作型である．8月下旬から，播種，育苗を開始し，9月の中下旬に本圃に定植する．10月中旬から暖房を開始し，11月下旬～12月上旬に収穫する．

土壌病害である黒点根腐病が発生しやすい作型である．収穫直前になって病徴が現れ，萎凋による果実の品質低下や枯死による減収を招き，経済的に大きな損害を与える．そのため，定植前の土壌消毒は必須である．地上部病害ではうどんこ病，つる枯病，べと病が発生する．べと病は気温の低下が始まる10月下旬以降に発生が増加し，雨天が多く，冷涼な天候が続くと激発する．虫害では，アブラムシ類，スリップス類，シルバーリーフコナジラミが定植直後から発生する．この作型では，栽培中期以降に加温されるため，ハウス内温度が高い．このため，収穫直前まで害虫密度が増加し，収穫時まで防除が必要となる．また，トマトハモグリバエの発生も問題となる．本種は，秋期以降に急速に被害が増加するので，発生初期からの防除が不可欠である．さらに，定植直後から11月中旬まで，ワタヘリクロノメイガ，オオタバコガ，ハスモンヨトウの発生も多く，谷換気部から断続的に侵入する．これらチョウ目害虫の幼虫は，果実を直接加害し，商品価値を低下させるため，低密度でも被害が大きい．

以上を踏まえた病害虫防除戦略は以下のように考えられる．土壌病害は黒点根腐病を対象として，太陽熱土壌消毒と熱水土壌消毒の併用により，徹底防除する．地上部病害については，うどんこ病に対する硫黄粉剤の利用を基本とし，つる枯病やべと病に対しては予防防除に努める．虫害については，育苗期の防除を徹底，苗からの持ち込みを防止するとともに，ハウスの側窓開口部に防虫ネットの展張を行い，ハウス外からの害虫の侵入を防止する．また，ワタアブラムシ，シルバーリーフコナジラミ，アザミウマ類に対しては，ネオニコチノイド系の粒剤の定植時処理を基本とし，初期防除に努める．粒剤の効果が消失する時期から，コレマンアブラバチ，タイリクヒメハナカメムシ，ククメリスカブリダニなどの天敵を利用する．シルバーリーフコナジラミに対するオンシツツヤコバチの密度抑制効果は低いので，ピリプロキシフェンテープの利用が不可欠である．トマトハモグリバエは，定植後にエマメクチン安息香酸塩乳剤による防除を行って，ハウス内の密度を低下させた後イサエアヒメコバチを利用する．ハダニ類に対しては，チリカブリダニを利用する．ワタヘリクロノメイガやオオタバコガはBT水和剤を用いて抑制することができる．しかし，BT水和剤の効果は合成農薬に比べて低く，残効性も劣るため，1～2週間間隔で数回の散布が必要な場合もある．そのため，BT水和剤を利用する体系により減農薬の目的が達成できるが，散布労力が多大となり，普及という観点からみると問題がある．ハウス天井部への4 mm目合いの防虫ネットの全面被覆は防除効果が高く，この方法を用いた体系も有効である．これらの個別技術を組み合わせることによって，メロンの秋冬作での農薬散布回数を慣行の13回から6回に削減することができる．

a）事例 1

作物・品種　メロン（アールス系ネットメロン）

地域　九州

栽培法・作型　施設栽培・秋冬作

（チョウ目害虫に対して天井部への防虫ネット（4 mm目合い）展張を，アザミウマ類にタイリクヒメハナカメムシを適用した場合）

時期	作業・生育状況	対象病害虫	IPM体系防除（薬剤防除回数）	慣行防除（薬剤防除回数）
7～8月	本圃準備	土壌病害，線虫	太陽熱土壌消毒	太陽熱土壌消毒
8月下旬			熱水土壌消毒	クロルピクリン燻蒸剤 (1)
8月下旬～9月中旬	播種・育苗期	べと病，うどんこ病	TPN水和剤 (1)	TPN水和剤 (1)
		アブラムシ類，コナジラミ類，アザミウマ類	防虫ネット（サイド1 mm目合い）	防虫ネット（サイド1 mm目合い）
		ハダニ類	テブフェンピラド乳剤 (1)	テブフェンピラド乳剤 (1)
9月中旬	定植	アブラムシ類，コナジラミ類，アザミウマ類	ニテンピラム粒剤 (1)，防虫ネット（サイド1 mm目合い）	ニテンピラム粒剤 (1) 防虫ネット（サイド1 mm目合い）
		チョウ目害虫（ワタヘリクロノメイガ，オオタバコガ，ハスモンヨトウ）	防虫ネット（天井部4 mm目合）11月上旬まで被覆	
9月下旬	生育期	うどんこ病	硫黄粉剤	トリフルミゾール水和剤 (1)
		トマトハモグリバエ	エマメクチン安息香酸塩乳剤 (1)	エマメクチン安息香酸塩乳剤 (1)
		コナジラミ類	ピリプロキシフェンテープ剤 (1)	
10月上旬	生育期	つる枯病	クレソキシムメチル水和剤 (1)	クレソキシムメチル水和剤 (1)
		うどんこ病		クレソキシムメチル水和剤 (1)
		チョウ目害虫		エマメクチン安息香酸塩乳剤 (1)
10月中旬	開花期	うどんこ病	硫黄粉剤	キノキサリン系水和剤 (1)
		アブラムシ類	コレマンアブラバチ	
		コナジラミ類		フルフェノクスロン乳剤 (1)
		アザミウマ類	タイリクヒメハナカメムシ	
		トマトハモグリバエ	イサエアヒメコバチ	
		チョウ目害虫		
		ハダニ類	チリカブリダニ	ビフェナゼート水和剤 (1)
10月下旬～11月上旬	果実肥大期	うどんこ病	硫黄粉剤	イミノクタジン酢酸塩・ポリオキシン水和剤 (2) *
		べと病	暖房機によるハウス内加温，乾燥化，オキサジキシル・TPN水和剤（臨機防除）(2) *	マンゼブ・メタラキシル水和剤（臨機防除）(2) *
		アブラムシ類	コレマンアブラバチ	チアクロプリド水和剤 (1)
		コナジラミ類		
		アザミウマ類	タイリクヒメハナカメムシ	
		トマトハモグリバエ	イサエアヒメコバチ	
11月中旬～12月上旬	果実成熟期～収穫期	うどんこ病		イミノクタジン酢酸塩・ポリオキシン水和剤 (2) *
薬剤防除合計使用回数			5 (7 **)	17 (19 **)
防除資材費合計（労賃含まず）			237,000円	79,000円

＊ 混合剤では1回の散布でも成分数を防除回数としてカウントした．

＊＊ 印は臨機防除を実施した場合の散布回数．熱水土壌消毒に要する経費は，熱水土壌消毒機の減価償却費（50,000円/10 a，消毒機＝400万円，50 a規模経営，15年償却で算出），重油代（74,000円），電気料（16,000円/2日）から140,000円/10 aと試算した．

天井部の防虫ネット（4 mm目合い）は3年間（6作型）の使用として算出した．

b）事例 2

作物・品種　メロン（アールス系ネットメロン）

地域　九州

栽培法・作型　施設栽培・秋冬作

（チョウ目害虫に対してBT剤，アザミウマ類に対してククメリスカブリダニを適用した場合）

時期	作業・生育状況	対象病害虫	IPM体系防除（薬剤防除回数）	慣行防除（薬剤防除回数）
7～8月	本圃準備	土壌病害，線虫	太陽熱土壌消毒	太陽熱土壌消毒
8月下旬			熱水土壌消毒	クロルピクリン燻蒸剤 (1)
8月下旬～9月中旬	播種・育苗期	べと病，うどんこ病	TPN水和剤 (1)	TPN水和剤 (1)
		アブラムシ類，コナジラミ類，アザミウマ類	防虫ネット（サイド1 mm目合い）	防虫ネット（サイド1 mm目合い）
		ハダニ類	テブフェンピラド乳剤 (1)	テブフェンピラド乳剤 (1)
9月中旬	定植	アブラムシ類，コナジラミ類，アザミウマ類	ニテンピラム粒剤 (1)，防虫ネット（サイド1 mm目合い）	ニテンピラム粒剤 (1) 防虫ネット（サイド1 mm目合い）
9月下旬	生育期	うどんこ病	硫黄粉剤	トリフルミゾール水和剤 (1)
		トマトハモグリバエ	エマメクチン安息香酸塩乳剤 (1)	エマメクチン安息香酸塩乳剤 (1)
		コナジラミ類	ピリプロキシフェンテープ剤 (1)	
		チョウ目害虫（ワタヘリクロノメイガ，オオタバコガ，ハスモンヨトウ）	BT水和剤	
10月上旬	生育期	つる枯病	クレソキシムメチル水和剤 (1)	クレソキシムメチル水和剤 (1)
		うどんこ病		
		チョウ目害虫	BT水和剤	エマメクチン安息香酸塩乳剤 (1)
		アザミウマ類	ククメリスカブリダニ	
10月中旬	開花期	アブラムシ類	コレマンアブラバチ	
		コナジラミ類		フルフェノクスロン乳剤 (1)
		アザミウマ類	ククメリスカブリダニ	
		トマトハモグリバエ	イサエアヒメコバチ	
		チョウ目害虫	BT水和剤	
		ハダニ類	チリカブリダニ	ビフェナゼート水和剤 (1)
10月下旬～11月上旬	果実肥大期	うどんこ病	硫黄粉剤	イミノクタジン酢酸塩・ポリオキシン水和剤 (2) ＊
		べと病	暖房機によるハウス内加温，乾燥化，オキサジキシル・TPN水和剤（臨機防除）(2) ＊	マンゼブ・メタラキシル水和剤（臨機防除）(2) ＊
		アブラムシ類	コレマンアブラバチ	チアクロプリド水和剤 (1)
		コナジラミ類		
		アザミウマ類	ククメリスカブリダニ (2回)	
		トマトハモグリバエ	イサエアヒメコバチ	
		チョウ目害虫	BT水和剤 (2回)	
11月中旬～12月上旬	果実成熟期～収穫期	うどんこ病		イミノクタジン酢酸塩・ポリオキシン水和剤 (2) ＊
		アザミウマ類	ククメリスカブリダニ	
薬剤防除合計使用回数			6 (8 ＊＊)	15 (17 ＊＊)
防除資材費合計（労賃含まず）			252,500円	79,000円

＊ 混合剤では1回の散布でも成分数を防除回数としてカウントした.

＊＊ 印は臨機防除を実施した場合の散布回数. 熱水土壌消毒に要する経費は事例1を参照.

2）将来のIPMマニュアルの事例

（1）秋冬作

メロンの秋冬作において主要病害虫に対する化学合成農薬の散布回数を約50％削減できるIPM体系が構築され，慣行の体系と同等の収量・品質が確保されることが実証された．この体系では，数種の天敵を利用する必要がある．また，温暖地のメロンで発生するシルバーリーフコナジラミに対してオンシツツヤコバチの効果が低く，ピリプロキシフェンテープ剤の設置が不可欠であることなどから，防除経費が割高になる点が一つの問題である．この点の改善策として近紫外線カットフィルムを体系に組み合わせることが考えられる．近紫外線カットフィルムの利用により，アブラムシ類，アザミウマ類，コナジラミ類，トマトハモグリバエの密度抑制が可能となり，これにより，ピリプロキシフェンテープ剤の設置が不要となって合成農薬の削減がさらに進むとともに天敵類の放飼回数の削減が可能となる．

作物・品種　メロン（アールス系ネットメロン）

地域　九州

栽培法・作型　施設栽培・秋冬作

（近紫外線カットフィルムを用い，チョウ目害虫に対して天井部への防虫ネット（4mm目合い）展張を適用した場合）

時期	作業・生育状況	対象病害虫	IPM体系防除（薬剤防除回数）	将来のIPM体系防除（薬剤防除回数）
7～8月	本圃準備	土壌病害，線虫	太陽熱土壌消毒	太陽熱土壌消毒
8月下旬			熱水土壌消毒	熱水土壌消毒
8月下旬～9月中旬	播種・育苗期	べと病，うどんこ病	TPN水和剤 (1)	TPN水和剤 (1)
		アブラムシ類，コナジラミ類，アザミウマ類	防虫ネット（サイド1 mm目合い）	防虫ネット（サイド1 mm目合い）
		ハダニ類	テブフェンピラド乳剤 (1)	テブフェンピラド乳剤 (1)
9月中旬	定植	アブラムシ類，コナジラミ類，アザミウマ類	ニテンピラム粒剤 (1)，防虫ネット（サイド1 mm目合い）	ニテンピラム粒剤 (1)，近紫外線カットフィルムの被覆，防虫ネット（サイド1 mm目合い）
		チョウ目害虫（ワタヘリクロノメイガ，オオタバコガ，ハスモンヨトウ）	防虫ネット（天井部4 mm目合い）11月上旬まで被覆	防虫ネット（天井部4 mm目合い）11月上旬まで被覆
9月下旬	生育期	うどんこ病	硫黄粉剤	硫黄粉剤
		トマトハモグリバエ	エマメクチン安息香酸塩乳剤 (1)	エマメクチン安息香酸塩乳剤 (1)
		コナジラミ類	ピリプロキシフェンテープ剤 (1)	
10月上旬	生育期	つる枯病，うどんこ病	クレソキシムメチル水和剤 (1)	クレソキシムメチル水和剤 (1)
10月中旬	開花期	うどんこ病	硫黄粉剤	硫黄粉剤
		アブラムシ類		
		コナジラミ類		
		アザミウマ類	タイリクヒメハナカメムシ	タイリクヒメハナカメムシ
		トマトハモグリバエ	イサエアヒメコバチ	ハモグリミドリヒメコバチ
		チョウ目害虫		
		ハダニ類	チリカブリダニ	チリカブリダニ

10月下旬 ～11月上旬	果実肥大期	うどんこ病	硫黄粉剤	硫黄粉剤
		べと病	暖房機によるハウス内加温，乾燥化， オキサジキシル・TPN水和剤（臨機防除）(2) *	暖房機によるハウス内加温，乾燥化 オキサジキシル・TPN水和剤（臨機防除）(2) *
		アブラムシ類	コレマンアブラバチ	コレマンアブラバチ
		コナジラミ類		
		アザミウマ類	タイリクヒメハナカメムシ	タイリクヒメハナカメムシ
		トマトハモグリバエ	イサエアヒメコバチ	ハモグリミドリヒメコバチ
11月中旬 ～12月上旬	果実成熟期 ～収穫期	うどんこ病		
薬剤防除合計使用回数			6 (8 **)	5 (7 **)

* 混合剤では1回の散布でも成分数を防除回数としてカウントした．
** 印は臨機防除を実施した場合の散布回数

（2） 夏秋作

夏秋作（8月定植の11月収穫）では，栽培初期から中期にかけて害虫の発生が多く，防虫ネットと天敵類を組み合わせた体系では防除が困難であった．近紫外線カットフィルムの利用によりこの作型においても，慣行体系と同等の防除が可能なことが実験的には明らかになっており，IPM体系の適用作型の拡大が期待される．近紫外線カットフィルム被覆条件では受粉昆虫としてミツバチが利用できないことやメロンが徒長するなどの問題もあるが，これらの点は，栽培分野などとの連携により解決できる課題であり，近い将来実現可能な体系と考えられる．

作物・品種　メロン（アールス系ネットメロン）

地域　九州

栽培法・作型　施設栽培・夏秋作

（近紫外線カットフィルムを用い，チョウ目害虫に対して天井部への防虫ネット（4 mm 目合い）展張を適用した場合）

時期	作業・生育状況	対象病害虫	慣行防除（薬剤防除回数）	将来の IPM 体系防除（薬剤防除回数）
6〜7月	本圃準備	土壌病害，線虫	太陽熱土壌消毒	太陽熱土壌消毒
7月下旬			クロルピクリン燻蒸剤 (1)	熱水土壌消毒
7月下旬〜8月中旬	播種・育苗期	べと病，うどんこ病	TPN 水和剤 (1)	TPN 水和剤 (1)
		アブラムシ類，コナジラミ類，アザミウマ類	防虫ネット（サイド 1 mm 目合い）	防虫ネット（サイド 1 mm 目合い）
		ハダニ類	テブフェンピラド乳剤 (1)	テブフェンピラド乳剤 (1)
8月中旬	定植	アブラムシ類，コナジラミ類，アザミウマ類	ニテンピラム粒剤 (1)，普通ビニール，防虫ネット（サイド 1 mm 目合い）	ニテンピラム粒剤 (1)，近紫外線カットフィルム，防虫ネット（サイド 1 mm 目合い）
		チョウ目害虫（ワタヘリクロノメイガ，オオタバコガ，ハスモンヨトウ）		防虫ネット（天井部 4 mm 目合い）11月上旬まで被覆
8月下旬	生育期	うどんこ病，つる枯病	トリフルミゾール水和剤 (1)	硫黄粉剤
		トマトハモグリバエ	エマメクチン安息香酸塩乳剤 (1)	エマメクチン安息香酸塩乳剤 (1)
		コナジラミ類		
9月上旬	生育期	つる枯病，うどんこ病	クレソキシムメチル水和剤 (1)	クレソキシムメチル水和剤 (1)
		チョウ目害虫，トマトハモグリバエ	エマメクチン安息香酸塩乳剤 (1)	
9月中旬	開花期	うどんこ病	キノキサリン系水和剤 (1)	
		アブラムシ類	ピメトロジン水和剤 (1)	
		コナジラミ類	フルフェノクスロン乳剤 (1)	
		アザミウマ類		タイリクヒメハナカメムシ
		トマトハモグリバエ		ハモグリミドリヒメコバチ
		チョウ目害虫		
		ハダニ類	ビフェナゼート水和剤 (1)	チリカブリダニ
9月下旬〜10月上旬	果実肥大期	うどんこ病	イミノクタジン酢酸塩・ポリオキシン水和剤 (2) ＊	硫黄粉剤
		べと病	マンゼブ・メタラキシル水和剤（臨機防除）(2) ＊	オキサジキシル・TPN 水和剤（臨機防除）(2) ＊
		アブラムシ類	チアクロプリド水和剤 (1)	コレマンアブラバチ (1，2回)
		コナジラミ類		
		アザミウマ類		タイリクヒメハナカメムシ
		トマトハモグリバエ，チョウ目害虫	スピノサド顆粒水和剤 (1)	ハモグリミドリヒメコバチ
10月中旬〜11月上旬	果実成熟期〜収穫期	うどんこ病	イミノクタジン酢酸塩・ポリオキシン水和剤 (2) ＊	
		ハダニ類，トマトハモグリバエ，チョウ目害虫	フルフェノクスロン乳剤 (1)	チリカブリダニ
薬剤防除合計使用回数			19 (21 ＊＊)	5 (7 ＊＊)

＊ 混合剤では 1 回の散布でも成分数を防除回数としてカウントした．

＊＊ 印は臨機防除を実施した場合の散布回数

V．キャベツのIPMマニュアル

1．キャベツにおけるIPMの意義

キャベツは全国で広く栽培される代表的な野菜で，葉茎菜類ではタマネギ，ハクサイと並んで生産量は100万トンを超える．栽培地域により作型は多様であるが，春に播種し夏から秋に収穫する夏秋キャベツ，初夏に播種し晩秋から冬にかけて収穫する冬キャベツ，秋に播種し春に収穫する春キャベツの3つに大別される．平成13年度の全国栽培面積は春キャベツが9,310 ha，夏秋キャベツが12,000 ha，冬キャベツが14,500 haで，収穫量（1,435,000 t）は野菜ではバレイショ，ダイコンに次いで多く，葉茎菜類ではトップである．

キャベツに発生する病害虫は多く，ウイルス3種，細菌6種（病原型の異なる系統を含む），糸状菌17種，線虫類12種（以上日本植物病名目録），害虫はアブラナ科野菜の害虫として昆虫類94種（以上農林有害動物・昆虫名鑑）にのぼる．全国で栽培され，栽培時期も多様であるため，病害虫の発生状況，防除の対象となる病害虫相も地域，時期によって異なるが，主要害虫はダイコンアブラムシ，モモアカアブラムシなどのアブラムシ類，コナガ，モンシロチョウ，カブラヤガなどのネキリムシ類，キスジノミハムシなどであり，これらに加えて関東以西の暖地では，ハイマダラノメイガ，オオタバコガ，シロイチモジヨトウ，ハスモンヨトウ，イラクサギンウワバなどが，一方，寒冷地，高冷地ではヨトウガ，タマナギンウワバなどが問題となる．特に，コナガは全国的に発生し，殺虫剤抵抗性を発達させやすく，薬剤による防除が困難な害虫である．そのため，コナガを中心に防除体系が組み立てられる場合が多い．病害については，育苗時に苗立枯病，生育期から収穫期に根こぶ病，菌核病，軟腐病などが発生する．特に，根こぶ病はアブラナ科作物を連作すると発生が甚大となって産地が崩壊する重要病害であり，全国的に発生が認められている．本病の防除対策は薬剤に大きく依存している上に，その防除効果は必ずしも十分ではない

これらの背景から，害虫に関しては，大規模栽培においては性フェロモン剤によるコナガの防除，小規模栽培においては防虫ネット利用による各種害虫防除を核とした防除体系により，病害に関しては，根こぶ病に防除効果のあるとされる資材や病原菌密度を低下させる効果のある対抗植物（おとり植物）などを組み合わせた防除体系により，化学農薬の使用回数を50％以上削減したキャベツ栽培の総合的防除体系を構築する．

2．IPMに組み込む個別技術

1）現在利用できる技術

（1） 病害抵抗性品種

（i）対象病害および作用機作

抵抗性育種の対象病害としては，萎黄病，根こぶ病，バーティシリウム萎凋病および黒腐病がある．このうち抵抗性品種育成が最も進んでいるのは萎黄病を対象としたものであり，現在「YR品種」として普及し，その栽培が一般化している．萎黄病抵抗性にはA型とB型があり，特にA型品種は本病の発生が増加する高温期でも安定した抵抗性を示す．このA型抵抗性は単一優性遺伝子支配であることから抵抗性育種は急速に進み，品質的にも一般感受性品種と同等以上まで改良されている．一方，B型品種は，24℃以上の高温下では十分に抵抗性が発揮されず，普及には至っていない．

根こぶ病に対しては，真性抵抗性を示す品種はなく，いずれの品種にも根こぶ病菌が感染し，根にこぶを形成する．しかし，その形成程度は品種によって大きく異なり，「愛知大晩生」，「愛知大晩生夏蒔」，「大型コペンハーゲンマーケット」，「YCRSE」，「CR頂天」などは根こぶの形成程度が低く，抵抗

性が高いとされている．

バーティシリウム萎凋病に対しては「秋徳」や「YR藍宝」など，黒腐病に対しては「24号」(F1)，「晩抽理想」(F1)，「みどり」(F1)，「富士早生」(固定種) などがあるが，いずれも真性抵抗性ではなく，圃場抵抗性レベルである．

（ii） 使用方法

萎黄病は夏秋どりキャベツの多くの産地で被害が見られる病害であることから，感受性品種を作付けすれば発病する可能性は高い．したがって，可能な限り抵抗性品種の作付けを行う．なお，現在作付けされている主要キャベツ品種はほぼ萎黄病抵抗性品種であり，高度に汚染された圃場でも発病しない．根こぶ病については土壌診断を行い，本病が発生して収量が低下する恐れがあれば抵抗性品種の作付けを検討する．バーティシリウム萎凋病および黒腐病についても，減収要因となる場合には抵抗性品種の導入を検討する．

（iii） 使用上の留意点

キャベツ萎黄病抵抗性品種を侵す菌（レース）は，現時点で日本国内では認められていない．しかし，アメリカ合衆国でこれを侵す新たなレースの発生が認められていることから，今後注意が必要である．根こぶ病，バーティシリウム萎凋病および黒腐病抵抗性品種については，圃場の菌密度が高い場合は発病するので，薬剤防除や耕種的防除との併用が重要である．なお，萎黄病以外の抵抗性品種は，品質や外観上の特性から市場の要望に必ずしも沿うものではないことから，防除への利用が制限される場合もある．

（2） 耕種的防除法

a） セル成型育苗

（i） 対象病害および作用機作

セル成型育苗法は，均質な苗を小面積かつ省力で大量に育苗するために開発された方法である（図5-1)．ここで使用する培土は，専用の市販のものを利用する場合が多く，病原菌に汚染されていない土壌を使用している限り，育苗期に発生する苗立枯病などの発生はない．また，育苗期に根こぶ病に感染した苗を本畑に移植すると，これまで発生していなかった畑にも根こぶ病が発生するようになる．よって，育苗時に根こぶ病菌休眠胞子に汚染されないように管理することにより，根こぶ病の伝染源を遮断する効果がある．

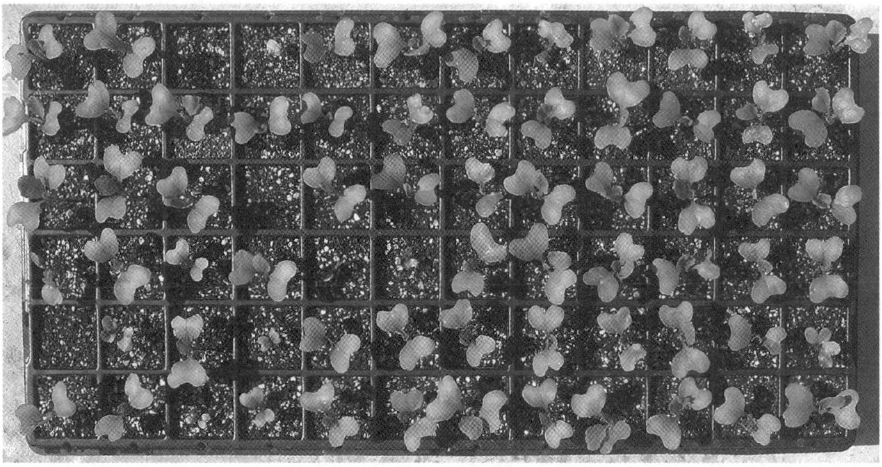

図5-1　セルトレイを用いた育苗

(ii) 使用方法

病害の発生実績がない土壌に加水した後，トレイに詰める．1トレイに詰める土の量は製品や加水量によって異なるが，2～3 kgが目安となる．播種後，20℃前後を保ち，一斉に発芽させる．播種後10日間は水で管理するが，その後は希釈した液肥を散水して管理する．定植までは平均気温15～20℃を目安に管理する．また，根こぶ病菌の休眠胞子に汚染されている可能性のあるところを避けて，トレイを並べる．

(iii) 使用上の留意点

高温条件が連続しないように温度管理に十分注意する．また，移植適期の幅が狭いため，適期に移植する．

b) 土壌改良資材

(i) 対象病害および作用機作

主に根こぶ病の防除が対象となる．根こぶ病の発生は，中性～アルカリ性土壌で少ないので，消石灰で土壌pHを調整することにより発病が軽減される．また，石灰窒素や転炉さいの施用でも根こぶ病の発生を軽減する効果がある．さらに，石灰窒素施用は根こぶ病防除薬剤（フルスルファミド粉剤など）の防除効果を高めることが知られている（表5-1）．

表5-1　フルスルファミド粉剤との同時施用による根こぶ病防除効果

処理			発病度
フルスルファミド粉剤		30 kg/10 a	51
同	＋石灰窒素	100 kg	30
同	＋珪藻土	200 kg	31
同	＋転炉さい	2.0 t	35
同	＋転炉さい	1.0 t	48
無処理			75

(ii) 使用方法

作付け土壌をサンプリングし，土壌pHを測定して消石灰の施用量を算出する．また，石灰窒素は100 kg/10 a，転炉さいは1 t/10 a程度施用する．

(iii) 使用上の留意点

石灰窒素は定植の1週間以上前に処理して，ガス抜きしてから定植する必要がある．また，20％程度の窒素分を含むので，元肥からその分を差し引いておく必要がある．なお，土壌pHを高くしすぎると微量要素欠乏の恐れがあるので注意する．

経費は地域によって異なるが，大阪府下においては，石灰窒素は10 a当たりおよそ11,000円，転炉さいは10 a当たり30,000円程度である．

c) 対抗植物

(i) 対象病害および作用機作

根こぶ病が対象となる．アブラナ科作物の中には，根こぶ病菌が感染しても根こぶが形成されず外見上健全に生育する高度抵抗性品種がある．たとえば，葉ダイコンの一品種である「CR-1」は根こぶ病菌に感染しても根こぶを形成しない．これは，根こぶ病菌の休眠胞子から生じた第一次遊走子が葉ダイコン「CR-1」の根毛に感染するものの，変形体（遊走子のう）の形成ができないために病原菌の生活環が遮断されて，その結果根こぶを形成できないためである．このメカニズムを利用して，発芽して根毛に感染した数だけ休眠胞子を減少させる作用のある植物を対抗植物（おとり植物）として植え付ける技術である．

(ii) 使用方法

対抗植物としては，葉ダイコン「CR-1」以外に，葉ダイコン「FR-1」，非アブラナ科作物のホウレンソウ，エンバクなどがあり，根こぶ病の発病抑制効果を示すことが明らかになっている（図5-2）．これらをキャベツの作付け前に栽培して根こぶ病の発病を軽減させる．その際，キャベツ残渣からの根こぶ病菌の放出期間（約1～2カ月）を見込んで対抗植物を播種する．なお，葉ダイコンなど対抗植物の栽培が冬～春の低温期になる場合にはその栽培前に圃場をビニール被覆し，キャベツ残渣の腐敗と根こぶ病菌の放出を促進させると，対抗植物の菌密度低減効果が高まる．

（iii）使用上の留意点

本病防除薬剤のフルスルファミド粉剤には残効性があり，かつ本剤は対抗植物による根こぶ病菌の菌密度低減効果を阻害することを示唆する結果が得られたことから，対抗植物利用と本剤施用の有効な組合せ法を検討する必要がある．

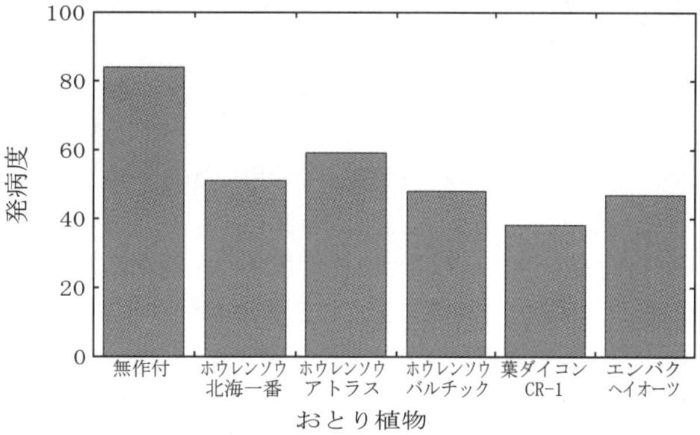

図5-2　おとり植物によるキャベツ根こぶ病の発病軽減効果

葉ダイコンの種子は，「CR-1」が1 l 1,800円，営利栽培用葉ダイコンは3,500円で，10 a当たり3～6 l を散播する．

（3）　生物的防除法

a）非病原性エルビニア・カロトボーラ剤

（i）対象病害および作用機作

軟腐病専用の微生物農薬である．本剤は，本来植物病原細菌であった菌株から病原性だけを失った変異菌を選抜したものが主成分となっている．この変異菌を軟腐病が発生する前に植物体に散布しておくと，宿主植物の葉面上でわずかの栄養で増殖し，そのまま病気を引き起こさずに定着する．そのため，軟腐病を引き起こす病原細菌が葉面上に定着し，傷口から感染しようとしても，すでに定着している変異菌との間で養分を巡って競合することとなる．その結果，病原細菌が植物体に十分に感染できずに発病が抑制される．また，本変異菌はバクテリオシンとよばれるタンパク質の抗菌物質を生産するため，多くの軟腐病菌に対して抗菌効果がある．これらの作用が相乗的に働いて防除効果を示すと考えられている．

（ii）使用方法

発病前から予防的に散布する．特に，降雨・強風が予想される場合，その直前・直後の散布で高い効果が発揮される．また，他の防除薬剤との交互散布で安定した効果が期待できるが，その場合は散布間隔を1日以上開ける必要がある．

（iii）使用上の留意点

本剤の有効成分は生きた微生物であるため，開封後は全て使い切り，開封後保存したものを使わないようにする．また，銅剤，ストレプトマイシン剤，オキソリニック酸剤などの細菌病に有効な薬剤および乳剤などの有機溶剤を含む薬剤とは混用しないようにする．本剤散布後，長期に日照りが続く場合は効果が劣る場合があるので，再度散布することが望ましい．本剤は「バイオキーパー水和剤」という商品名で販売されており，価格は1,200～1,300円（100 g）である（図5-3）．10 a当たり200 l（1,000倍）の散布で2,500円程度である．

図5-3　バイオキーパー水和剤

b）ボーベリア・バッシアーナ剤

（i）対象害虫および作用機作

昆虫病原性糸状菌ボーベリア・バッシアーナの感染増殖体である分生子を有効成分とする微生物農薬である．分生子と昆虫体の直接接触によって感染する．野菜類のコナガに農薬登録されており，キャベツにおいてもコナガに対して使用できる．

（ii）使用方法

高い効果を得るためには，温湿度条件を適正に保つことが必要で，分生子の速やかな発芽を促すためには，散布後15時間以上は温度18～28℃，湿度80％以上を維持することが重要である．7日間間隔で2～3回の散布がより効果的である．べたがけとの併用により，より高い効果が期待できる．

（iii）使用上の留意点

商品名ボタニガードES剤として市販されている．使用上の留意点等，詳細は施設トマトの昆虫病原糸状菌製剤の項を参照．

（4）性フェロモン剤

a）交信攪乱剤

（i）対象害虫

コナガとオオタバコガに対しては，ダイアモルア剤とアルミゲルア・ダイアモルア剤が利用できる．最近，コナガ，オオタバコガに加えて，タマナギンウワバ，ヨトウガ，ハスモンヨトウ，シロイチモジヨトウをも対象とする複合型交信攪乱剤，アルミゲルア・ウワバルア・ダイアモルア・ビートアーミルア・リトルア剤（コンフューザーV）が農薬登録された．本剤を利用することにより，キャベツを加害する主要チョウ目害虫のうち，モンシロチョウ，ハイマダラノメイガ以外のほとんどの種に対応可能である．作用機作については付録Dを参照されたい．

（ii）使用方法

キャベツの定植前あるいは定植直後のコナガ発生密度が低い時からキャベツ栽培地域全体に処理する．10a当たりの処理量は，ダイアモルア剤が200本，アルミゲルア・ダイアモルア剤，アルミゲルア・ウワバルア・ダイアモルア・ビートアーミルア・リトルア剤が 100本である．

長さ60 cm程度の細い竹棒あるいはグラスファイバー製の棒などを支柱として，ディスペンサーチューブをダイアモルア剤は5本ずつ，アルミゲルア・ダイアモルア剤は2本ずつ，アルミゲルア・ウワバルア・ダイアモルア・ビートアーミルア・リトルア剤は4本ずつ固定する（図5-4）.

ディスペンサーチューブの設置位置は，キャベツが十分に生育したときの作物頂部より高くなる（地上40～50 cm程度）ように調節し，圃場に均等に配置する．ダイアモルア剤では5 m格子に，アルミゲルア・ダイアモルア剤では4 m×5 m格子に，アルミゲルア・ウワバルア・ダイアモルア・ビートアーミルア・リトルア剤では6 m×7 m格子に配置すると規定量を処理できる．

図5-4　キャベツ圃場における性フェロモン剤の設置状況

価格は，ダイアモルア剤が200本入りで約10,000円（10 a単価：約10,000円），アルミゲルア・ダイアモルア剤が200本入りで約15,000円（10 a単価：約7,500円）である．アルミゲルア・ウワバルア・ダイアモルア・ビートアーミルア・リトルア剤の価格は未定である．

（iii）使用上の留意点

交信攪乱による防除では，ディスペンサーチューブから蒸散する性フェロモン成分が圃場全体に安定して保持されることが極めて重要である．したがって，処理面積は3 ha以上が望ましい．傾斜地や恒常的に風が吹くような場所では，傾斜地の上部や風上側に処理量を多くするような圃場条件に合わせた処理方法を工夫する必要がある．

交信攪乱剤を処理してからの有効期間は，約3〜3.5カ月である．ただし，夏の高温期にはチューブからの放出量が多くなるので，高温期を経過する場合は2.5〜3カ月程度と考えたほうがよい．

大面積での処理を前提とするため，地域での共同利用となる場合が多い．その際，圃場によって栽培時期が異なる場合は，処理時期はできるだけ作付け時期の早い圃場に合わせることが望ましい．

処理地域内に対象害虫が加害しない作物が栽培されている場合は，その作物の栽培の邪魔にならないように圃場周囲に規定量を処理する．これらの剤はオオタバコガの交信も攪乱することができる．したがって，レタスなどオオタバコガが加害する作物の圃場が混在する地域でも，それぞれの対象害虫について防除効果を上げることが可能である

（5）物理的防除法

a）防虫ネット

（i）対象害虫および作用機作

防虫ネットはほとんど全ての害虫の侵入を抑制し，作物の被害を軽減できる．目合いは，ヨトウガ類，ウワバ類，モンシロチョウなどの大型昆虫を対象とする場合は5 mm，ハイマダラノメイガなどの中型昆虫を対象とする場合は2 mm，コナガやアザミウマ類などの小型昆虫を対象とする場合は0.5〜1 mmが適当である．モンシロチョウに対する1 mm目合いネットの侵入防止効果は非常に高い（図5-5）．

昆虫が頭部をネットの目に侵入させた場合は上記の目合いでも通過することがあり，たとえばアザミウマ類では完全な侵入防止のためには0.19 mm目合いが必要とされているが，2〜3 mm目合いでもアザミウマ類の90％以上の個体の侵入が抑制されることもわかっており，キャベツでは1 mm目合いで実用的防除には十分であると考えられる．ハスモンヨトウではネットや支柱に，コナガではネットに産卵する習性があるため，ふ化幼虫が1 mm目合いのネットを通過して内部の作物を加害する．一方，コナガの卵に寄生するタマゴバチは1 mm目合いのネットを容易に通過するため，防虫ネットと生物的防除の併用が可能である．1 mm目合いのネットは一般によく利用されており，1 mm未満目合

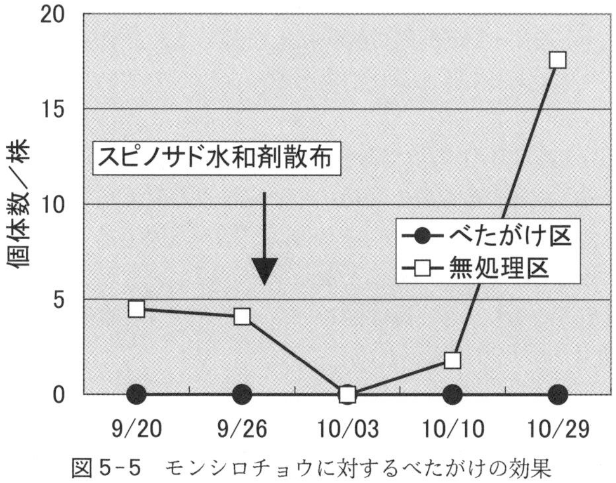

図5-5　モンシロチョウに対するべたがけの効果

図5-6　育苗期のハウス開口部（側面）被覆

図 5-7　定植後の露地べたがけ

図 5-8　露地トンネルがけ

いのネットに比べて費用がかなり安い．目合いの選択にあたってはこれらのことも考慮すべきであり，総合的にみて 1 mm 目合いが適当と考えられる．

（ii） 使用方法

育苗期のハウス開口部（入口，側面等）被覆（図 5-6），定植後の露地べたがけ（図 5-7），零細農家における育苗期の露地トンネルがけがある．育苗期ハウス開口部被覆は 1 戸当たりの耕作面積が 1ha を越える産地でも利用できるが，露地べたがけは労力の面から 1 戸当たりの耕作面積が 1 ha 未満の産地に適している．トンネルがけは支柱が必要で，労力，資材費とも負担が大きいが，育苗ハウスを持たない零細農家において小規模なネットハウスとして育苗期に利用できる．また，定植後のトンネルがけは無農薬栽培志向農家において利用されることがある（図 5-8）.

ハウス開口部被覆はパッカー等でネットを支柱に留めることにより，容易に利用できる．露地べたがけはネットで作物を直接被覆し，金属製またはプラスチック製の留め具（通称：トンボ）でネットのすそを刺し通して土に留める．この際，10 m 程度の幅の資材を用いると省力的であり，畝の両端で二人でネットを持って除去することにより，施肥，中耕等の作業も容易に行える．灌水や薬剤散布はべたがけのままでも行えるが，薬剤散布はネットを除去するほうがよい．露地トンネルがけは 2～2.5 m の長さのプラスチック製ロッドの両端を 50 cm～1 m 間隔で土に刺し込んで骨組みを作り，ネットで骨組みを被覆した後，ネットの上から上記ロッドを 1～2 m 間隔で同様に土に差し込んでネットを押さえる．べたがけと同様，灌水はトンネルがけのままでも行えるが，灌水むらが生じやすいため，ネットを一旦除去するほうがよい．

ネットの費用は耐用年数 5～10 年のもので 10 a 当たり 10 万円であり，初期費用は高いが，年間では 10 a 当たり 1～2 万円となり，害虫被害，薬剤費，薬剤散布労力の軽減に十分見合うと考えられる．べたがけは非結球アブラナ科野菜（ツケナ類）でかなり普及しており，また神奈川県の三浦半島では露地栽培のダイコンで塩害防止を兼ねたべたがけが広く普及していることから，小規模なキャベツ産地でも普及性は十分にあると考えられる．ハウス開口部のネット被覆は幅 1～1.5 m で十分で，育苗ハウスが 10～100 m^2 で小さい場合は初期費用も 1,000～15,000 円で済む.

（iii） 使用上の留意点

ハウス開口部被覆は育苗が夏の高温期の場合は採用しづらい印象を受けるが，キャベツの苗は高温に強いため，あまり問題はない．天窓のあるハウスであれば，開口部被覆による温度上昇は小さいことがわかっているが，昼間は天窓からの害虫侵入が少ないので，夜間のみ天窓を閉鎖するのもよい．天窓のない小規模なハウスであれば，ハウスの屋外天井にネットを張って間欠的に点滴散水し，気化

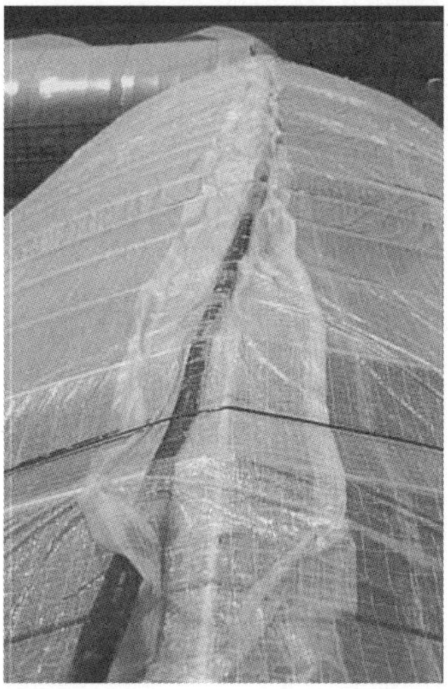

図5-9　ハウス天井の屋外散水

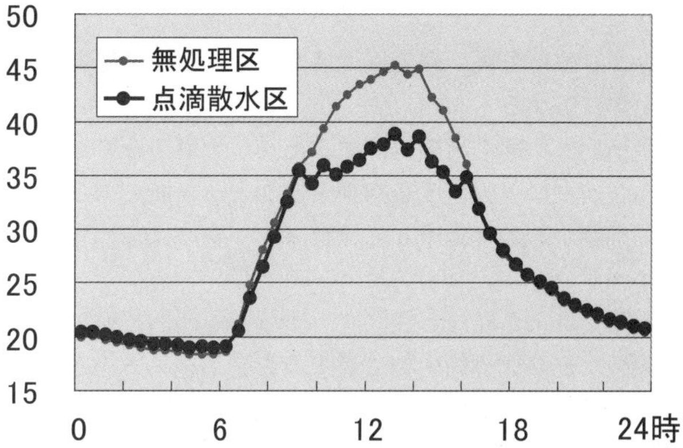

図5-10　屋外点滴散水によるハウスの冷房効果

熱により冷房する方法もあり，ハウスの大きさにもよるが，最大7℃程度温度を低下させることができる（図5-9，図5-10）．なお，農家によっては温度を下げるためと称して入口を開放していることがあるが，その場合，風が入口から入って天窓や側面のネットを通して出ていくことから，十分な害虫の侵入防止効果は得られない．

前述のように，ハスモンヨトウはネットや支柱に産卵し，孵化幼虫がネットの目合いを通過して侵入する．また，露地べたがけやトンネルがけでは留め具で留めていても，すそからさまざまな害虫が侵入することもある．特に露地べたがけおよびトンネルがけでは，病害や害虫の発見が遅れがちになるので，過信は禁物であり，病害虫の発生に対して十分な注意が必要である．

（6）化学的防除法

a）定植時殺虫剤処理

（i）対象害虫および作用機作

定植期に薬剤を土壌処理することで定植から1カ月程度の生育初期の生長点を保護する．また，生

表5-2　キャベツに登録のある定植期土壌処理剤

薬剤名	対象害虫	使用量・希釈倍数	使用方法	使用時期
ベンフラカルブ粒剤（5％）	コナガ	1～2 g/株	株元散布	育苗期後半
			植穴土壌混和	定植時
カルボスルファン粒剤	コナガ	1～2 g/株	株元散布	育苗期後半
			植穴土壌混和	定植時
アセタミプリド粒剤	コナガ	0.5～1 g/株 1～2 g/株	株元散布 植穴土壌混和	定植前日～当日 定植時
ベンフラカルブ粒剤（8％）	コナガ	1 g/株	株元散布	定植時
ベンフラカルブマイクロカプセル	コナガ	100倍，0.5 l/セル成型育苗トレイ1箱	灌注	定植時
ダイアジノン・ベンフラカルブ粒剤	コナガ	1 g/株 2 g/株	株元散布 植穴土壌混和	育苗期後半 定植時
チアメトキサム粒剤	コナガ	2 g/株	株元散布	育苗期後半
ジノテフラン粒剤	コナガ	3 g/株	植穴土壌混和	定植時

育期間中に散布する殺虫剤に比較して天敵に与える悪影響が少ない．処理方法には使用薬剤に応じて，定植時植穴土壌混和，育苗期後半株元散布，定植時の育苗セルトレイ灌注処理などがある（表5-2）．薬剤の種類により効果の持続期間には若干の違いがあるが，定植後4週間程度は効果が期待できる．

いずれの剤も高い浸透移行性を有し，土壌に処理することで苗が有効成分を根から吸い上げ，植物体全体に広がる．

定植期に薬剤を土壌処理すると，コナガのみでなく，アブラムシ類，ハモグリバエ類，チョウ目害虫ふ化幼虫などの密度を抑制することが可能である．また薬剤の残効が切れた後に発生するコナガ幼虫の齢期が若齢に集中して発育ステージのばらつきが少ないので，その後の散布剤による防除効果を高めやすい．

散布剤による防除と異なり，土壌に局所的に処理され，作物体が有効成分を保持しているので，土着天敵などの非標的生物に対する影響が極めて小さい．

（ii） 使用方法

植穴土壌混和処理する剤では，定植時に規定量の薬剤を苗の植穴に入れ，土壌と十分混和した後にキャベツ苗を定植する．栽培面積が広い場合は労力がかかる．定植機を使用している場合は，定植機に粒剤処理用のアタッチメントを取り付けることが可能である．

育苗期後半に株元散布する剤では，定植の前日あるいは当日に，規定量の薬剤をセル成型苗の株上から株元に散布する．苗の葉上に残った薬剤を培土上に軽く払い落とした後，軽く灌水し，薬剤を株元に落ち着かせる．

定植時に育苗セルトレイ灌注する剤では，定植当日に，規定希釈倍数，規定量の薬剤をジョロなどを用いてセル成型苗の上から灌注する．自動灌水施設がある場合は，薬液をタンクに入れて，灌水装置で処理することも可能である．土壌処理剤の中で，最も省力的である．

（iii） 使用上の留意点

有効成分を根から吸収させるため，剤によっては葉縁の白化などの薬害が起こるおそれがある．したがって，使用量，使用時期を厳密に守る必要がある．また，徒長苗や老化苗に処理すると，薬害が発生しやすくなる．土壌水分が高い状態での処理も，薬害を引き起こすおそれがあるので，適切な土壌水分時に処理，定植する．

定植前日あるいは当日に苗に粒剤を処理する場合は，処理前に灌水を行うと，処理した粒剤が葉に付着して株元に落ちにくくなるので，葉が乾いてから薬剤を処理するか，灌水を処理後に行う．定植時に育苗セルトレイ灌注する場合は，灌水後に灌注すると薬液が培土に浸透しにくくなるので，灌水の代わりに薬液を灌注する．

（7） 発生予察技術

a） DRC（病原菌密度-発病度曲線）診断による根こぶ病発生程度の推定

（i） 対象病害および作用機作

根こぶ病を対象とした診断技術である．根こぶ病を防除する際，圃場ごとに発病程度を予測し，適切な防除を行うことが必要であるが，根こぶ病の発生は，「土壌条件」，「作物の種類や品種」，「病原菌の病原力」に影響されるため，圃場の病原菌密度を測定しただけでは発病程度の予測や防除効果の推定は困難である．そこで，Dose Response Curve（DRC；病原菌密度-発病度曲線）を求めて診断する．

（ii） 使用方法

作付けを予定している畑の土壌と，その畑に発生した被害株から採取した根こぶ病菌休眠胞子を段階的に希釈した懸濁液を作成する．その懸濁液を用いて汚染程度の異なる土壌を作成し，各土壌に植え付け予定の種子を播種する．その後温室で管理し，所定期間後に発病程度を調査してDRCを作成する．次に，植え付け圃場の病原菌密度を測定し，被害を推定する．使用方法の詳細については付録Iを参照されたい．

（iii）使用上の留意点

汚染程度が低い場合はDRCの立ち上がり等が把握でき，診断に際し参考になるが，汚染程度が高い場合は有用なDRCが得られない場合がある．

2）将来利用可能な技術

（1）耕種的防除法

a）夏期湛水水稲作付け

（i）対象病害および作用機作

病原菌が菌核を形成する白絹病，菌核病，バーティシリウム萎凋病などが対象となる．夏季に1カ月程度湛水してイネ科作物を栽培すると，地中の菌核が死滅すると考えられているが，作用機作は十分に解明されていない．

（ii）使用方法

短期間の中干し期間を除いて常時湛水状態で水稲を栽培し，菌核病菌の腐敗を促進させる．水稲品種は，キャベツ定植までに収穫できるものを選定して作付けする．

（iii）使用上の留意点

中干し後の高温期に間断灌漑やかけ流しを行ったり，管理不十分で水田に水がないなど，夏季1カ月湛水という条件が満たせなければ効果が劣る．したがって，現在も利用可能であるが，水稲栽培において慣行の栽培体系からの変更が必要であるため，それにともなう問題点を検討しなければならない．

（2）生物的防除法

a）セイヨウコナガチビアメバチ

（i）対象害虫および作用機作

コナガは殺虫剤抵抗性を高度に発達させた難防除害虫として世界的に有名なアブラナ科作物の重要害虫である．セイヨウコナガチビアメバチ（図5-11）はヨーロッパ原産のヒメバチ科の単寄生性の寄生蜂であり，コナガの有力な天敵として1936年にイギリスからニュージーランドに導入され，その後東南アジアや太平洋地域の多くの国々に導入されている．これらのうち本種が定着した地域では，コナガ密度が抑制され，アブラナ科作物のIPMに重要な役割を果たしている．日本には1989年に台湾から導入され，東京都で1992年に初めて放飼された後，岩手，福島，長野の各県で放飼されている．

図5-11　コナガの幼虫寄生蜂セイヨウコナガチビアメバチ（体長4～5 mm）

本種はコナガのみに寄生し，これまでに他の寄主は報告されていない．雌成虫はアブラナ科植物周辺を活発に飛翔し，寄生可能な2～4齢初期のコナガ幼虫を探索して産卵する．寄生されたコナガは，蛹になる直前まで未寄生のコナガとほぼ同様に行動し，発育する．寄主が営繭し前蛹期に達すると，寄主体内で育った寄生蜂老熟幼虫が寄主体内を食べ尽くして脱出し，寄主の繭内に褐色の俵型の繭をつくって蛹化する．20℃で飼育した場合，産卵から羽化まで20～25日かかる．産卵数は1日当たり最大で20卵以上，雌1頭の生涯産卵数は，300～400個以上に達するという報告がある．

（ii）使用方法

本種をコナガ防除に利用する場合，圃場にコナガ2齢幼虫が出始める時期（放飼開始適期）から約1週間おきに2～3回に分けて，既交尾雌成虫を株当たり合計0.1～1頭を目安に放飼することを基本とする．ただし，地域や圃場環境などの違いにより，放飼開始適期，必要放飼頭数は異なる可能性があるので，注意が必要である．また，放飼後，圃場外から大量にコナガ成虫が対象圃場に侵入してきた場合など，追加放飼を行うことが望ましい場合もある．

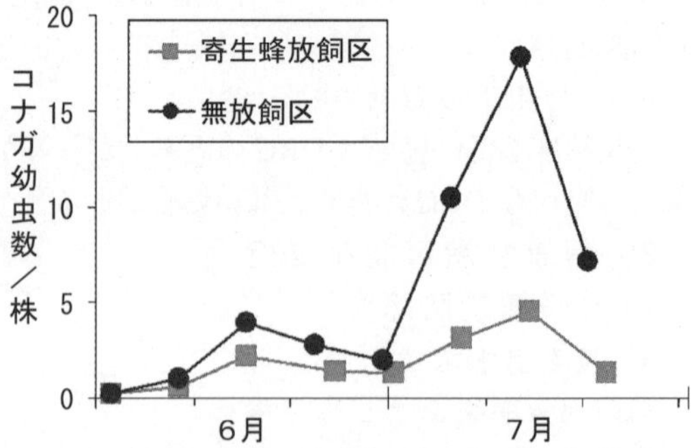

図 5-12　セイヨウコナガチビアメバチの放飼によるコナガ幼虫密度抑制

盛岡市とその周辺におけるこれまでの放飼試験の結果，(1) 無農薬でセイヨウコナガチビアメバチのみを放飼した場合，放飼適期における株当たり1頭の既交尾雌成虫放飼により，夏どりキャベツのコナガ幼虫・蛹密度を，夏期の密度最大期において無放飼対照区の3分の1以下に抑制すること (図 5-12)，(2) 選択性殺虫剤などとの併用による IPM 試験では，株当たり 0.1 頭の既交尾雌成虫放飼と併用手段の効果により，慣行防除と同等もしくはそれ以下にコナガ幼虫・蛹密度を抑えることが可能であることを確認している．

(iii) 使用上の留意点

本種は活動適温が20℃ (15℃〜25℃) と比較的低く，25℃以上の気温では寄生活動，寄生率ともに低下する．このため，アブラナ科栽培地帯のなかでもとくに寒高冷地での利用に適している．本種は盛岡市において繭での越冬が可能であることが確かめられているが，越冬個体数はあまり多くないため，毎年コナガの発生初期に放飼する必要がある．

本種を利用した防除を行う場合，本種に悪影響を及ぼす化学農薬等の使用を避ける必要がある．本種に悪影響が少なく併用可能な害虫防除手段として，(1) 粒剤等の定植時処理殺虫剤，(2) 選択性殺虫剤，(3) 性フェロモンによる交信攪乱剤などがある．キャベツに登録のある殺虫剤 (散布剤) で本種に悪影響が少ないものとしては，BT 剤，IGR 剤，インドキサカルブ MP などが挙げられる．

本種を生産現場で利用するためには，農薬登録と供給体制の確立が必要である．ちなみに，飼育実績から試算した本種雌成虫1頭当たりの生産費用 (資材および人件費より計算し，施設等にかかる費用は含まない) は週産3,000頭規模で1頭約8円，週産 30,000 頭規模で1頭約5円である．

b) タマゴバチ類

(i) 対象害虫および作用機作

タマゴヤドリコバチ科トリコグラマ属の卵寄生蜂は大量増殖が容易なことや，ふ化前に卵を殺すことから，世界中でチョウ目害虫の天敵として生物的防除に利用されている．日本においても野外調査からメアカタマゴバチがコナガの重要な天敵であることが明らかとなっている (図 5-13)．外来種の導入については生態系に与える影響について様々な問題点が指摘されているが，日本土着のタマゴバチ類を利用することにより，これらの影響を最小限に抑えることができる．メアカタマゴバチはコナガ卵に産卵して寄主卵の中で卵から蛹まで発育し，寄主のコナガ卵はふ化前に死亡する．メアカタマゴバチに産卵されたコナガ卵はメアカタマゴバチが羽化しなくても死亡する．また，メアカタマゴバチは産卵直後の寄主卵からふ化直前の寄主卵まで寄生が可能である．

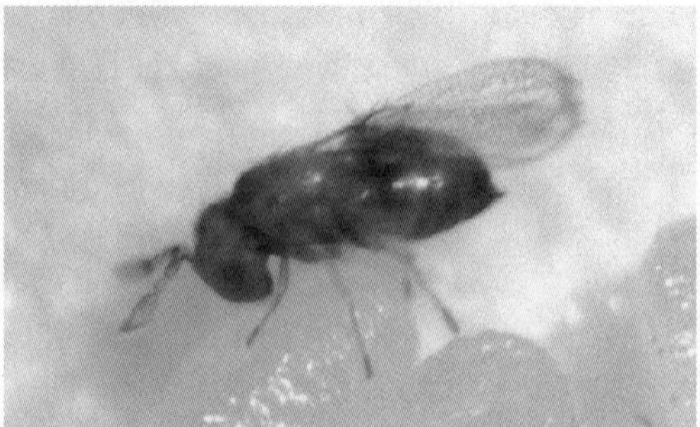
図 5-13　コナガ卵に寄生するメアカタマゴバチ (体長約 0.7 mm)

（ii）使用方法

育苗期等の施設栽培において，コナガの産卵期間に合わせてメアカタマゴバチを複数回放飼することにより，コナガの発生を抑制できる（図5-14）．放飼数は株当たり60頭以上で良い結果が得られているが，放飼数の低減については今後の検討課題である．メアカタマゴバチは被覆資材を通過するため，被覆資材との併用が可能である．供試したサンサンネットN-2000，タフベル3000 N，ワリフHS，パオパオ90 Rのいずれの資材においても，メアカタマゴバチは資材を通過し，コナガ卵に対して70％以上の寄生率が認められた．被覆資材を利用するべたがけはアブラナ科野菜の各種害虫に対して高い防除効果を示すが，コナガに対してやや劣るため，メアカタマゴバチを併用することにより，本種に対する効果を高めることができる．なお，露地でのメアカタマゴバチ利用については，今後検討が必要である．

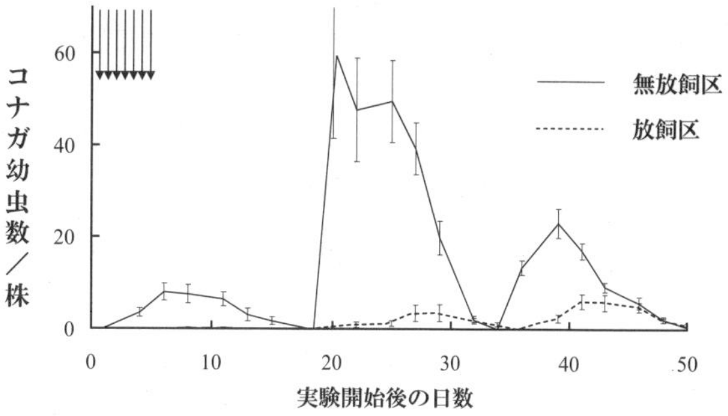

図5-14　施設におけるメアカタマゴバチ放飼によるコナガ密度抑制

（iii）使用上の留意点

メアカタマゴバチの産卵数は24℃前後で最大である．20～28℃の温度条件での産卵能力は高いが，32℃では低下するため，高温期の効果は低下するものと考えられる．本種を利用した防除を行う場合，本種に悪影響を及ぼす化学農薬などの使用を避ける必要がある．

同じトリコグラマ属の土着天敵ヨトウタマゴバチもメアカタマゴバチ同様にコナガに対して高い効果が認められたが，いずれの種も農薬登録されていない．生産現場で利用するためには，農薬登録と供給体制の確立が必要である．

（3）物理的防除法

a）黄色蛍光灯

（i）対象害虫および作用機作

黄色蛍光灯は終夜点灯することにより，ハスモンヨトウ，ヨトウガなどヤガ類をはじめとする夜行性害虫の行動を抑制し，作物の被害を軽減できる．1960年代に果樹の吸蛾類に対して実用化された技術であるが，1990年代に入って野菜，花卉のハスモンヨトウ，シロイチモジヨトウ，オオタバコガなどのヤガ類に応用され，とくに施設栽培のカーネーションで非常に大きな成功を収め，その後さまざまな作物において急速に普及しつつある．なお，終夜点灯は長日植物では開花，結実の促進，短日植物では逆に開花，結実の抑制を引き起こすが，11月～4月収穫のキャベツ栽培において害虫多発期の8～10月に処理する場合には，生育，収穫に対する悪影響は認められない．

図5-15　農業用パイプとジョイントを用いた露地用黄色灯支持器具

（ii）使用方法

水平面照度1 lx以上でヤガ類の行動が抑制されることがわかっており，圃場全面でこの照度を確保するために，20 Wであれば10 a当たり10～15灯，40 Wであれば7～10灯を，器具の陰を作らないために千鳥状に設置し，タイマーなどにより終夜点灯する．果樹は永年作物のため，支柱を設置しやすく，施設栽培の野菜，花卉類では設置のための支柱に不自由しないが，露地栽培の野菜，花卉類では耕耘などのために支柱の頻繁な設置，撤去を行う必要がある．農業用パイプとジョイントを用いた露地用黄色灯支持器具（図 5-15）を利用すれば，露地でも設置，撤去は容易であり，強風時にはすばやく折りたたんで畝間に置くことも可能で，実用的である．10 a 当たり資材費は，20 W の場合 11～17万円，40 W の場合 13～18万円である．

（iii） 使用上の留意点

モンシロチョウ，アブラムシ類など昼行性害虫に対する効果はなく，また，夜行性害虫でもハイマダラノメイガに対する効果は不安定で，べたがけに比べて汎用性は低い．黄色灯が有効でないこれらの害虫に対しては別途，防除が必要である．なお，最大の問題点は電源が得られない圃場では使用できないことであり，広く普及するためには，LED（発光ダイオード）と太陽電池を併用するなど，固定電源が不要な黄色灯の開発が望まれる．

（4） 化学的防除法

a） フルスルファミド粉剤の部分施用

（i） 対象病害および作用機作

フルスルファミド粉剤は，根こぶ病の防除薬剤として農薬登録されている．本剤は感染源である休眠胞子の発芽を抑制し，根こぶ病菌の第一次感染過程である根毛感染を抑制する．この粉剤をセル苗定植前の定植部周辺の土壌に混和させる植穴施用あるいは，同剤を畝の中央に条施用することにより，薬剤の施用量を減少させる方法である．

（ii） 使用方法

フルスルファミド粉剤を定植前に植穴施用（直径 15 cm × 深さ 15 cm の範囲の土壌に本剤を 30 kg/10 a 散布と同等の割合で混和）（図 5-16左），あるいは条施用（畝中央に幅20 cm × 深さ 20 cm の範囲に本剤を混和）（図 5-16右）を行う．これにより，慣行とほぼ同等の防除効果が得られ，単位圃場面積当たりの薬剤施用量を1/2～1/8程度まで削減することが可能である．

（iii） 使用上の留意点

フルスルファミド粉剤の防除効果は薬剤が土壌と十分に混じらないと得られないため，散布・混和時は土壌水分が多過ぎる時を避ける．なお，本施用方法は労力面の問題があるが，これを解決するための条施用装置を現在開発中である．

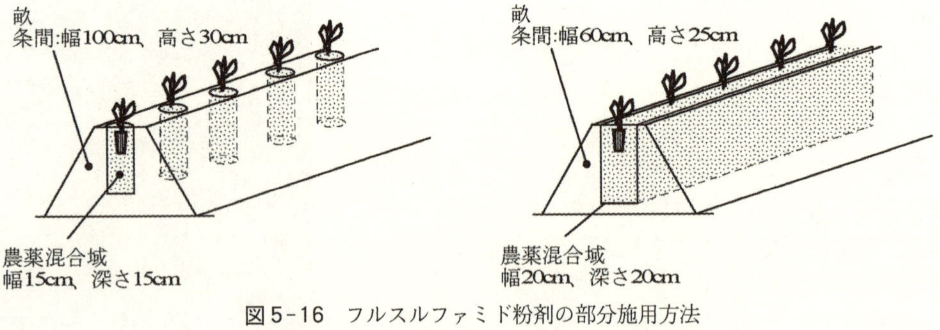

図 5-16　フルスルファミド粉剤の部分施用方法
左：植穴施用時の断面図，右：条施用時の断面図

3. IPMマニュアルの事例

1）実施可能なIPMマニュアルの事例

(1) 小規模産地キャベツにおけるIPMマニュアル（大阪府冬どり）

大阪府における栽培は8～9月に育苗し，10月から年内に収穫する栽培型であり，一部翌年の早春に収穫する栽培型もある．主に発生する害虫はハスモンヨトウ，ヨトウガ，オオタバコガ，イラクサギンウワバ，ハイマダラノメイガ，モンシロチョウ，コナガなどのチョウ目害虫であり，ニセダイコンアブラムシなどのアブラムシ類やその他の害虫の発生も見られる．病害では苗立枯病，根こぶ病，軟腐病，菌核病などが問題となる．防除は，害虫対策として育苗期に3回，定植時に1回，生育期～結球初期に5回（BT剤を含むと6回），病害対策として播種前に1回，定植前に1回，生育期～結球期に3回（銅剤を含むと4回），病害虫併せて計14回（BT剤，銅剤を含むと16回）薬剤が散布されている．

以上を踏まえたこのモデルの戦略の概要は次のとおりである：① 害虫はネット（育苗期のハウス開口部ネット被覆，定植後のべたがけ）を使用すると，ハスモンヨトウとコナガを除くほとんどの害虫を防除することが可能であり，将来的には両種の防除対策として黄色蛍光灯，ボーベリア・バッシアーナ剤，タマゴバチの利用も可能である．またハスモンヨトウに対しては幼虫発見後の薬剤散布により，不要な薬剤散布を削減できるが，労力面で問題があり，普及方法の検討が必要である．② 病害は夏の湛水水稲作付け後にキャベツを作付けする栽培体系で，菌核病や根こぶ病の防除が期待できる．この際，水稲作付け前に圃場をビニール被覆してキャベツ残渣の腐敗と根こぶ病菌の放出を促進し，さらに葉ダイコンなどのおとり植物を作付けすることで根こぶ病の防除効果を高めることもできる．また，セル育苗，非病原性エルビニア剤，石灰・転炉さいなどの利用により，苗立枯病，軟腐病，根こぶ病などの防除も期待できる．

作物・品種　キャベツ・松波
地域　大阪
栽培法・作型　露地栽培・冬どり

時期	作業・生育状況	対象病害虫	IPM 体系防除（薬剤防除回数）	慣行防除（薬剤防除回数）
5～8月	水田	菌核病	水稲作付け	水稲作付け
8月中旬	播種前	根こぶ病	セル育苗	ダゾメット粉粒剤（育苗圃）(1)
8月中旬～9月中旬	育苗期	ハイマダラノメイガ，ハスモンヨトウ，コナガ	ハウス開口部ネット被覆，エマメクチン安息香酸塩乳剤 (1)	PAP 乳剤 (1)，フルフェノクスロン乳剤 (1)，エマメクチン安息香酸塩乳剤 (1)
9月中旬	定植前	根こぶ病	フルスルファミド粉剤30 kg/10 a全面混和 (1)，石灰資材，転炉さい	フルスルファミド粉剤30 kg/10 a全面混和 (1)
		コナガ，（ハイマダラノメイガ，モンシロチョウ，アブラムシ類）	ベンフラカルブマイクロカプセル剤[1)] (1)	ベンフラカルブ粒剤[2)] (1)
9月中旬～10月下旬	生育期	軟腐病	非病原性エルビニア・カロトボーラ剤	オキソリニック酸水和剤 (1)
		べと病	銅水和剤	銅水和剤
		ハイマダラノメイガ，ハスモンヨトウ，コナガ，モンシロチョウ，オオタバコガ，ヨトウガ，アブラムシ類	べたがけ，スピノサド水和剤[3)]	スピノサド水和剤[3)]，チオジカルブ水和剤[4)] (1)，BT 水和剤[5)] カルタップ水溶剤[6)] (1)
11月上～中旬	結球初期	菌核病	イプロジオン水和剤 (1)	イプロジオン水和剤 (1)
		ヨトウガ，コナガ，モンシロチョウ，アブラムシ類	べたがけ	エトフェンプロックス乳剤 (1)，アセタミプリド水溶剤[7)] (1)
11月下旬～1月中旬	結球期	菌核病	ベノミル水和剤 (1)	ベノミル水和剤 (1)
薬剤防除合計回数			5	13
防除資材費合計			98,600円	29,700円

有機農産物で使用が認められている薬剤については，防除回数から除外した.
防除資材費は育苗圃10 m^2，本圃10 a を想定．ネットは5年間で減価償却して計上.
注：1) ベンフラカルブマイクロカプセル剤はキャベツのコナガに農薬登録されている.
2) ベンフラカルブ粒剤はキャベツのコナガ，アオムシ，アブラムシ類に農薬登録されている.
3) スピノサド水和剤はキャベツのハイマダラノメイガ，コナガ，アオムシ，ヨトウムシ，タマナギンウワバに農薬登録されている.
4) チオジカルブ水和剤はキャベツのタマナギンウワバ，アオムシ，ハスモンヨトウ，ヨトウムシに農薬登録されている.
5) BT 水和剤はアブラムシ類に農薬登録されていない.
6) カルタップ水溶剤はキャベツのコナガ，アオムシ，アブラムシ類に農薬登録されている.
7) アセタミプリド水溶剤はキャベツのコナガ，アオムシ，アブラムシ類に農薬登録されている.

（2）大規模産地キャベツにおけるIPMマニュアル（長野県夏秋どり）

長野県における栽培は，4月上旬から定植が始まり，10月上旬まで収穫が続く．中心は4月下旬以降に定植期を迎える作型で，9月下旬までが収穫の最盛期となる夏秋どりキャベツである．夏秋どりキャベツでは，主に発生する害虫はコナガ，モンシロチョウ，タマナギンウワバ，ヨトウガ，オオタバコガ，ダイコンアブラムシ，モモアカアブラムシ，ナモグリバエなどである．病害では，根こぶ病，黒腐病，バーティシリウム萎凋病，軟腐病などがあげられる．薬剤による防除は，成分回数で示すと害虫対策で育苗期に2回，生育期に5回（BT剤を含むと6回），結球始期〜結球期に7回（BT水和剤を含むと8回），病害対策で育苗期に2回，定植前に1回，生育期に2回（銅剤を含むと3回），結球始期〜結球期に5回（銅剤を含むと6回），病害虫併せて計24回（BT水和剤，銅剤を含むと28回）散布されている．

これらの現状に基づくIPMモデルを次のように組み立てた．

育苗期にハウス開口部を防虫ネットで被覆すると，ほとんどの害虫の侵入を抑制することが可能であり，将来的にはコナガ対策としてボーベリア・バッシアーナ剤の利用も可能である．

定植前に地域全体に性フェロモン剤を処理することで地域のコナガ発生密度を抑制することができ，薬剤による防除が容易になる．さらに，性フェロモン剤の種類を複合型交信攪乱剤に変更することで，コナガ，オオタバコガのみでなく，ヨトウガ，タマナギンウワバを含めた密度抑制が可能となる．ただし，3 ha以上の圃場面積で利用しないと効果が期待できないので，圃場のとりまとめが必要である．定植期に薬剤を土壌処理するとキャベツ生育初期の生長点の保護，各種害虫の長期密度抑制が可能となり，害虫の発育ステージがそろってくるので，その後の薬剤による防除が容易になる．

将来的には，コナガの発生初期にセイヨウコナガチビアメバチを放飼することで，地域のコナガの密度抑制も可能である．

病害については，現状では地上部病害に対するスケジュール的防除が主体である．将来的には，降雨などの気象要因を考慮した適期防除により，主に黒腐病，軟腐病などの細菌性病害に対して効率的防除が期待できる．さらに，軟腐病に対する非病原性エルビニア・カロトボーラ剤と現在開発中の黒腐病に対する拮抗微生物の活用により，化学合成農薬の削減が可能である．根こぶ病，バーティシリウム萎凋病などの土壌病害については，非寄主作物との輪作体系下で土壌中菌密度の増加を抑制するとともに，抵抗性品種の利用，葉ダイコンなどのおとり作物の作付けなどにより防除が可能となる．

作物・品種　キャベツ・彩里
地域　長野
栽培法・作型　露地栽培・夏秋どり

作業・生育状況	対象病害虫	IPM 体系防除（薬剤防除回数）	慣行防除（薬剤防除回数）
育苗期	べと病	オキサジキシル・TPN 水和剤 (2) ＊	オキサジキシル・TPN 水和剤 (2) ＊
	コナガ	エマメクチン安息香酸塩乳剤 (1) ハウス開口部ネット被覆	テフルベンズロン乳剤 (1)
	アブラムシ類	ハウス開口部ネット被覆	DDVP 乳剤 (1)
定植前	根こぶ病	葉ダイコン作付け，すき込み， 石灰窒素施用	フルスルファミド粉剤 (1)
	コナガ （タマナギンウワバ，ヨトウガ，オオタバコガ）	ダイアモルア剤，アルミゲルア・ダイアモルア剤またはアルミゲルア・ウワバルア・ダイアモルア・ビートアーミルア・リトルア剤処理 1)	
定植期	コナガ，モンシロチョウ， アブラムシ類	ベンフラカルブマイクロカプセル剤 セルトレイ灌注処理 2) (1)	
生育期	べと病	オキサジキシル・TPN 水和剤 (2) ＊	オキサジキシル・TPN 水和剤 (2) ＊
	軟腐病，黒腐病	塩基性硫酸銅水和剤	塩基性硫酸銅水和剤
	コナガ，モンシロチョウ	BT 水和剤 ピリダリルフロアブル (1)	BT 水和剤 フルフェノクスロン乳剤 (1) エマメクチン安息香酸塩乳剤 (1)
	モンシロチョウ， アブラムシ類		アセフェート水和剤 (1) DDVP 乳剤 (1)
	アブラムシ類	（アセタミプリド水溶剤 10,000 倍）	アセタミプリド水溶剤 (1)
結球始期	軟腐病，黒腐病	オキソリニック酸水和剤 3) (1) 塩基性硫酸銅水和剤	オキソリニック酸水和剤 3) (1) 塩基性硫酸銅水和剤
	菌核病	イプロジオン水和剤 (1)	イプロジオン水和剤 (1)
	コナガ，モンシロチョウ	BT 水和剤	エマメクチン安息香酸塩 (1) クロルフェナピルフロアブル (1)
	モンシロチョウ， アブラムシ類		アセフェート水和剤 (1)
	アブラムシ類	（アセタミプリド水溶剤 10,000 倍）	イミダクロプリドフロアブル (1)
結球期	軟腐病，黒腐病， 株腐病	オキソリニック酸水和剤 3) (1) バリダマイシン液剤 (1)	オキソリニック酸水和剤 3) (1) バリダマイシン液剤 (1)
	菌核病	イプロジオン水和剤 (1)	イプロジオン水和剤 (1)
	コナガ，モンシロチョウ，	スピノサド水和剤	BT 水和剤
	モンシロチョウ， アブラムシ類		DDVP 乳剤 (1) フェンバレレート・マラソン水和剤 (2) ＊
	アブラムシ類	（アセタミプリド水溶剤 10,000 倍）	
薬剤防除合計回数		12	24
防除資材費合計		45,700 円	54,800 円

有機農産物で使用が認められている薬剤については，防除回数から除外した．アセタミプリド水溶剤 10,000 倍については，アブラムシ類が発生したときのみ散布する．防除資材費は育苗圃 10 m^2，本圃 10 a を想定．ネットは 5 年間で減価償却して計上．

注：1) ダイアモルア剤とアルミゲルア・ダイアモルア剤はコナガ，オオタバコガに，アルミゲルア・ウワバルア・ダイアモルア・ビートアーミルア・リトルア剤はタマナギンウワバ，コナガ，オオタバコガ，ヨトウガ，ハスモンヨトウ，シロイチモジヨトウに農薬登録されている．

2) ベンプラカルブマイクロカプセルはキャベツのコナガに農薬登録されている．

3) オキソリニック酸水和剤はキャベツの軟腐病に農薬登録されている．

＊ 混合剤では，1 回の薬剤散布でも成分数を防除回数としてカウントした．

2）将来のIPMマニュアルの事例

(1) 小規模産地キャベツにおけるIPMマニュアル（大阪府冬どり）

作物・品種　キャベツ・松波

地域　大阪

栽培法・作型　露地栽培・冬どり

時期	作業・生育状況	対象病害虫	現在可能なIPM体系防除（薬剤防除回数）	将来のIPM体系防除（薬剤防除回数）
2月上旬	収穫後	根こぶ病		ビニール被覆
4月上旬	収穫後	根こぶ病		葉ダイコン栽培
5～8月	水田	菌核病	水稲作付け	湛水水稲作付け
8月中旬	播種前	根こぶ病，苗立枯病	セル育苗	セル育苗
8月中旬～9月中旬	育苗期	ハイマダラノメイガ，ハスモンヨトウ，コナガ	ハウス開口部ネット被覆 エマメクチン安息香酸塩乳剤 (1)	ハウス開口部ネット被覆 ボーベリア・バッシアーナ剤 ハスモンヨトウ幼虫発見後の薬剤散布
9月中旬	定植前	根こぶ病	フルスルファミド粉剤30 kg/10 a全面混和 (1)， 石灰資材，転炉さい	フルスルファミド粉剤15 kg/10 a作条処理， 石灰資材，転炉さい
		コナガ， (ハイマダラノメイガ，モンシロチョウ，アブラムシ類)	ベンフラカルブマイクロカプセル剤[1] (1)	
9月中旬～10月下旬	生育期	軟腐病	非病原性エルビニア・カロトボーラ剤	非病原性エルビニア・カロトボーラ剤
		べと病	銅水和剤	銅水和剤
		ハイマダラノメイガ，ハスモンヨトウ，コナガ，モンシロチョウ，ヨトウガ，アブラムシ類	べたがけ スピノサド水和剤[2]	べたがけ タマゴバチ 黄色蛍光灯
11月上～中旬	結球初期	菌核病	イプロジオン水和剤 (1)	イプロジオン水和剤 (1)
		ヨトウガ，コナガ，モンシロチョウ，アブラムシ類	べたがけ	べたがけ
11月下旬～1月中旬	結球期	菌核病	ベノミル水和剤 (1)	
薬剤防除合計回数			5	1

有機農産物で使用が認められている薬剤については，防除回数から除外した

注：1）ベンフラカルブマイクロカプセル剤はキャベツのコナガに農薬登録されている．

2）スピノサド水和剤はキャベツのハイマダラノメイガ，コナガ，アオムシ，ヨトウムシ，タマナギンウワバに農薬登録されている．

(2) 大規模産地キャベツにおけるIPMマニュアル(長野県夏秋どり)

作物・品種　キャベツ・彩里

地域　長野

栽培法・作型　露地栽培・夏秋どり

作業・生育状況	対象病害虫	現在可能なIPM防除(薬剤防除回数)	将来のIPM体系防除(薬剤防除回数)
育苗期	べと病	オキサジキシル・TPN水和剤 (2) *	オキサジキシル・TPN水和剤 (2) *
	コナガ	ハウス開口部ネット被覆 エマメクチン安息香酸塩乳剤 (1)	ハウス開口部ネット被覆 ボーベリア・バッシアーナ剤
	アブラムシ類	ハウス開口部ネット被覆	ハウス開口部ネット被覆
定植前	根こぶ病	葉ダイコン作付け，すき込み 石灰窒素施用	葉ダイコン作付け，すき込み 石灰窒素施用
	コナガ		セイヨウコナガチビアメバチ
定植前後	コナガ (タマナギンウワバ，ヨトウガ，オオタバコガ)	ダイアモルア剤，アルミゲルア・ダイアモルア剤またはアルミゲルア・ウワバルア・ダイアモルア・ビートアーミルア・リトルア剤処理	アルミゲルア・ウワバルア・ダイアモルア・ビートアーミルア・リトルア剤
定植期	コナガ，モンシロチョウ，アブラムシ類	ベンフラカルブマイクロカプセル剤 セルトレイ灌注処理[1] (1)	ベンフラカルブマイクロカプセル剤 セルトレイ灌注処理[1] (1)
生育期	べと病	オキサジキシル・TPN水和剤 (2) *	微生物殺菌剤
	軟腐病，黒腐病	塩基性硫酸銅水和剤	
	コナガ		セイヨウコナガチビアメバチ
	コナガ，モンシロチョウ	BT水和剤 ピリダリルフロアブル (1)	ピリダリルフロアブル (1) ボーベリア・バッシアーナ剤
	アブラムシ類	(アセタミプリド水溶剤10,000倍)	
結球始期	軟腐病，黒腐病	オキソリニック酸水和剤[2] (1) 塩基性硫酸銅水和剤	微生物殺菌剤
	菌核病	イプロジオン水和剤 (1)	イプロジオン水和剤 (1)
	コナガ		セイヨウコナガチビアメバチ
	コナガ，モンシロチョウ	BT水和剤	BT水和剤
	アブラムシ類	(アセタミプリド水溶剤10,000倍)	(アセタミプリド水溶剤10,000倍)
結球期	軟腐病，黒腐病，株腐病	オキソリニック酸水和剤[2] (1) バリダマイシン液剤 (1)	炭酸水素ナトリウム・銅水和剤[3]
	菌核病	イプロジオン水和剤 (1)	
	コナガ，モンシロチョウ	スピノサド水和剤	スピノサド水和剤
	アブラムシ類	(アセタミプリド水溶剤10,000倍)	(アセタミプリド水溶剤10,000倍)
薬剤防除合計回数		12	5

有機農産物で使用が認められている薬剤については，防除回数から除外した．アセタミプリド水溶剤10,000倍については，アブラムシ類が発生したときのみ散布する．

注：1) ベンプラカルブマイクロカプセルはキャベツのコナガに農薬登録されている．

2) オキソリニック酸水和剤はキャベツの軟腐病に農薬登録されている．

3) 炭酸水素ナトリウム・銅水和剤は野菜の軟腐病に農薬登録されている．

* 混合剤では，1回の薬剤散布でも成分数を防除回数としてカウントした．

Ⅵ．カンキツのIPMマニュアル

1．カンキツにおけるIPMの意義

カンキツ類はわが国の西南暖地を中心に広く栽培される代表的な果樹である．平成13年度の全国栽培面積は73,180 ha，収穫量は1,632,400 tであり，果樹全体に占める割合はそれぞれ29.9％，41.8％でいずれも第1位の座を占めている．カンキツの病害虫防除ではこれまでにイセリヤカイガラムシ，ミカントゲコナジラミ，ルビーロウムシやヤノネカイガラムシなどを対象とした生物的防除のめざましい成功例があるものの，他の病害虫に対しては，現在の高品質・安定生産を前提としたカンキツ栽培体系下では化学農薬に大きく依存した防除体系となっている．しかし，化学農薬の過度の使用は対象病害虫の薬剤抵抗性の発達を促進させるだけでなく，天敵生物を含む他生物への悪影響，環境汚染，生産者の健康，労力や生産コストの上昇などの諸問題が懸念されている．そこで，これまで未利用であった土着天敵類や防除対象種以外の昆虫相に影響の少ない光反射シートマルチなどの化学農薬代替技術を主体とした総合防除体系を構築して，より高次元の環境負荷低減を達成すると共に，カンキツ栽培における持続的農業の確立に貢献する．

2．IPMに組み込む個別技術

1）現在利用できる技術

（1）生物的防除法

a）土着天敵類の活用

（i）対象害虫および作用機作

カンキツ園に発生するハダニ類（図6-1）の土着天敵類として，ケシハネカクシ類，キアシクロヒメテントウ，ハダニアザミウマ，ハダニバエおよびカブリダニ類（図6-2）が知られている．地域に土着している天敵類を確認して，夏季（6月～9月）の防除に利用する．

（ii）使用方法

天敵類は野外の各種植物に発生するハダニ類を餌に増殖し，カンキツ園の周辺から飛来する．しかし，天敵の種構成や発生時期には地域性があるため，それらの実態を把握する必要がある．天敵類の発生調査方法には見取り法や樹内粘着トラップ法がある．

（iii）使用上の留意点

天敵類の活動を妨げないように，ミカンハダニ以外の害虫の防除に使用される殺虫剤を選択する必

図6-1　ミカンハダニの成虫（体長0.5 mm弱）と卵（直径約0.15 mm）

図6-2　カンキツ園で発生が見られる土着天敵カブリダニの一種

要がある．殺虫剤では合成ピレスロイド剤やIGR剤の使用時には天敵類への影響が強いことに留意する．一方，チャノキイロアザミウマ防除剤のイミダクロプリド，クロルフェナピルはカブリダニ類（主にミヤコカブリダニ）などの天敵に対してほとんど影響しない．

b）昆虫病原糸状菌（ボーベリア・ブロンニアティ）

（i）対象害虫および作用機作

本菌はゴマダラカミキリの成虫に感染して致死させる．本菌はカミキリムシ類以外にはほとんど病原性がないので，標的外の生物に与える影響は少ない．また，製剤（5 cm×50 cmの帯状）の不織布は天然素材であるため，カンキツ園内に放置しても自然分解し，環境負荷の原因とならない．

（ii）使用方法

本菌に感染したカミキリの死亡には約10日を要するので，産卵前に死亡させるためには羽化直後に感染するように，成虫羽化開始時期である6月中旬頃に製剤をカンキツの枝幹部に取り付ける．製剤の効果は約30日持続するので，1回の施用によりゴマダラカミキリの羽化期間全体をカバーすることができる．広域での施用が望ましいが，孤立園の場合は小面積でも効果がある．また，園内に均一に施用する必要はなく，幼虫食入樹を中心に10 a当たり50本を目安に施用する．

（iii）使用上の留意点

ナメクジは本製剤を好んで摂食するので，ナメクジの多い園では施用前にナメクジの防除を実施する．病死成虫は発見しにくいので，このことを効果不明の判断材料にしない．カンキツ病害防除で使用される殺菌剤散布が本製剤の効果を低減させることはない．

（2）物理的防除法

a）光反射シートマルチ

（i）対象害虫および作用機作

光反射シート（図6-3）は，飛来性害虫であるチャノキイロアザミウマに対して，飛翔行動を攪乱させることにより果実の加害を阻止することができる．同様に，飛来性害虫であるコアオハナムグリやケシキスイ類に対しても被害軽減効果がある．また，光反射シートは果樹カメムシ類による果実の吸汁害を低下させる事例が知られている．

図6-3　温州ミカン園における光反射シートマルチ

（ii）使用方法

マルチ資材は，白色で光反射率が高い（可視波長帯反射率で90％以上の）タイベックなどのシートを使用する．設置方法は，地表面の全面を覆うようにシートを敷き，風でめくれないように砂袋などを載せる．

（iii）使用上の留意点

カンキツ園内は，樹冠占有面積率が60％以下になるように樹間を確保する．また，樹内に反射光が通るように，樹内の込み入った枝を剪定して整える必要がある．また，園内の地面に凹凸が多いと，シートが風でめくれやすくなるだけでなく，降雨後に水たまりができ，そのなかに藻などが発生して反射率を低下させるので，マルチしようとする園内は凹凸がなくなるように整地する．同様な理由で，シート面上に摘果した幼果や落葉などを放置しないようにする．

2）将来利用可能な技術

（1）生物的防除法

a）バチルスズブチリス水和剤

（i）対象病害および作用機作

現在カンキツでは未登録であるが，トマト，ブドウなどの灰色かび病対策に登録のあるバチルスズブチリス水和剤（商品名：ボトキラー）をカンキツ灰色かび病防除に利用する．本剤は病原菌が侵入する前に散布することにより，植物体上に定着し，病原菌の活動を抑制する．病原菌との間に生息場所，栄養の競合関係が成立していると考えられている．その他，植物体上からも，拮抗性のあるバチルス属菌が見つかっており，これらを利用できる可能性もある．

（ii）使用方法

トマト，ブドウなどの灰色かび病対象では，希釈倍数が1,000倍で登録がとれている．同程度の希釈倍数で使用するのが適当であると考えられる．散布時期は，開花期である．花に十分にかかるように散布する．

（iii）使用上の留意点

カンキツ灰色かび病に対する化学殺菌剤の防除時期（開花盛期から落弁期）に散布した場合，十分な防除効果が得られなかった．灰色かび病菌は，まず，花弁に寄生する．この点と本剤の特徴を考慮した場合，化学殺菌剤の散布時期よりもやや早めが良いと考えられるが，効果を引き出す散布方法については今後の検討課題である．

b）拮抗微生物

（i）対象病害および作用機作

黒点病の発生が少ないカンキツ園の枯枝中から分離された黒点病に拮抗性を示す糸状菌（*Gliocladium* sp. SC-1株，*Simplicillium* sp. SE-1株など）を黒点病防除に利用する．作用機作は十分に明らかになっていないが，培地上では，拮抗性を示し，本菌の培養枝に黒点病菌を処理すると，黒点病の胞子角の形成を阻害した．黒点病菌の増殖を抑える効果があるものと考えられる．

（ii）使用方法

本菌を培養し，降雨前に十分量を樹全体に散布する．有効濃度はまだ明らかにはなっていない．

（iii）使用上の留意点

本菌の効果について現地試験をした結果，散布環境によって防除効果が異なった．安定した効果を引き出す散布方法が今後の検討課題である．

3．IPMマニュアルの事例

1）実施可能なIPMマニュアルの事例

（1） 事例1

九州北部地域の温州ミカンの慣行防除では年間14回程度の薬剤防除が行われている．このうち，ミカンハダニに対しては越冬期（12月下旬～1月上旬）と夏季の増殖初期（6月中下旬）にマシン油乳剤を各1回，夏季から秋季に2～3回の化学合成農薬が利用されている．また，チャノキイロアザミウマは，圃場周囲の寄主植物から6月～9月に5回程度飛来するため，寄生時に化学合成農薬が使用されている．ゴマダラカミキリに対して，成虫発生期の6月中下旬に化学合成農薬が使用されている．

以上を踏まえた病害虫防除戦略は以下のとおりになる．①ミカンハダニに対して，夏季（6月～9月）には土着天敵を利用し，6月のマシン油乳剤と7月の化学合成農薬を削減する．②チャノキイロアザミウマの寄生防止効果が高い光反射シートマルチを果実品質向上を兼ねて8月中旬から収穫まで設置すると，以降の化学合成農薬を削減できる．③ゴマダラカミキリに対して天敵糸状菌製剤を利用する．

作物・品種　カンキツ（温州ミカン）

地域　九州北部

栽培法・作型　露地栽培・普通温州

時期	作業・生育状況	対象病害虫	IPM 体系防除（薬剤防除回数）	慣行防除（薬剤防除回数）
4月中～下旬	展葉初期	そうか病	ジチアノンフロアブル (1)	ジチアノンフロアブル (1)
5月下旬	落弁後	そうか病，黒点病	イミベンコナゾール・マンゼブ水和剤 (2) ＊	イミベンコナゾール・マンゼブ水和剤 (2) ＊
		灰色かび病	イプロジオン水和剤 (1)	イプロジオン水和剤 (1)
6月中～下旬		そうか病，黒点病	イミベンコナゾール・マンゼブ水和剤 (2) ＊	イミベンコナゾール・マンゼブ水和剤 (2) ＊
		ミカンハダニ	土着天敵類	マシン油乳剤
		ミカンサビダニ，チャノキイロアザミウマ	クロルフェナピルフロアブル (1)	クロルフェナピルフロアブル (1)
		ゴマダラカミキリ	ボーベリア・ブロンニアティ剤	イミダクロプリドフロアブル (1)
7月上～中旬		黒点病	マンネブ水和剤 (1)	マンネブ水和剤 (1)
		チャノキイロアザミウマ	ジアフェンチウロン水和剤 (1)	ジアフェンチウロン水和剤 (1)
7月下旬		ミカンハダニ	土着天敵類	ミクベメクチン水和剤 (1)
8月下旬～9月上旬	光反射シートマルチの設置	黒点病	マンゼブ水和剤 (1)	マンゼブ水和剤 (1)
		チャノキイロアザミウマ	光反射シートマルチ	アセフェート水和剤 (1)
		ミカンハダニ，ミカンサビダニ	ビフェナゼートフロアブル (1)	ビフェナゼートフロアブル (1)
9月下旬～11月上旬		ミカンハダニ	フェノチオカルブ乳剤 (1)	フェノチオカルブ乳剤 (1)
		貯蔵病害	イミノクタジン酢酸塩液剤 (1)	イミノクタジン酢酸塩液剤 (1)
12月下旬～1月上旬		ミカンハダニ，ミカンサビダニ，カイガラムシ類	マシン油乳剤	マシン油乳剤
薬剤防除合計回数			13	16
防除資材費合計＊＊			35,488円（光反射シート経費を除く）	40,979円

＊ 混合剤では1回の散布でも成分数を防除回数としてカウントした．

＊＊ 光反射シートは果実品質向上の目的で栽培技術として現地に導入されることから，防除経費としては計上していない．

(2) 事例2

当地域では普通温州(青島温州)の栽培が中心である. 慣行防除では4月下旬から11月下旬の収獲までに, 延べ15回の薬剤防除が行われている. このうち, ミカンハダニに対しては越冬明け(4月中下旬)と夏季の増殖初期(6月上中旬)にマシン油乳剤を各1回, 夏季増殖盛期(7月)と秋季増殖期(9月)に各1~2回の化学合成農薬が利用されている. また, チャノキイロアザミウマは, 圃場周囲の寄主植物から6月~9月に5回程度飛来するため, 寄生時に化学合成農薬が使用されている.

以上を踏まえ, ミカンハダニの土着天敵が利用できる場合のモデル戦略は以下のとおりになる. ①ミカンハダニに対して, 夏季(6月~9月)には土着天敵を利用し, 6月のマシン油乳剤と7月の化学合成農薬を削減する. ② チャノキイロアザミウマの寄生防止効果が高い光反射シートマルチを果実品質向上を兼ねて8月中旬から収穫まで設置すると, 8月と9月の化学合成農薬を削減できる.

作物・品種　カンキツ(温州ミカン)
地域　東海(静岡県三ケ日町)
栽培法・作型　露地栽培・普通温州

時期	作業・生育状況	対象病害虫	IPM体系防除(薬剤防除回数)	慣行防除*(薬剤防除回数)
4月中~下旬	発芽	そうか病	イミベンコナゾール水和剤(1)	イミベンコナゾール水和剤(1)
		ミカンハダニ	マシン油乳剤	マシン油乳剤
5月下旬	花弁落下初期	灰色かび病	クレソキシムメチル水和剤(1)	クレソキシムメチル水和剤(1)
6月上~中旬		黒点病	マンネブ水和剤(1)	マンネブ水和剤(1)
		ミカンハダニ	土着天敵類	マシン油乳剤
		チャノキイロアザミウマ	イミダクロプリドフロアブル(1)	イミダクロプリドフロアブル(1)
7月上~中旬		黒点病	マンゼブ水和剤(1)	マンゼブ水和剤(1)
		チャノキイロアザミウマ	ジアフェンチウロン水和剤(1)	ジアフェンチウロン水和剤(1)
7月下旬		ミカンハダニ	土着天敵類	ビフェナゼートフロアブル(1)
		チャノキイロアザミウマ	クロルフェナピルフロアブル(1)	クロルフェナピルフロアブル(1)
8月中~下旬	光反射シートマルチの設置	黒点病	マンゼブ水和剤(1)	マンゼブ水和剤(1)
		チャノキイロアザミウマ	光反射シートマルチ	アセタミプリド水溶剤(1)
9月中旬		ミカンハダニ	エトキサゾールフロアブル(1)	エトキサゾールフロアブル(1)
		チャノキイロアザミウマ	光反射シートマルチ	アセフェート水和剤(1)
10月中旬		ミカンハダニ	アセキノシルフロアブル(1)	アセキノシルフロアブル(1)
11月上旬		貯蔵病害	イミノクタジン酢酸塩液剤(1)	イミノクタジン酢酸塩液剤(1)
薬剤防除合計回数			11	14
防除資材費合計**			33,422円(光反射シート経費を除く)	40,105円

* 慣行防除は, 三ヶ日地区の防除暦による.
** 光反射シートは果実品質向上の目的で栽培技術として現地に導入されることから, 防除経費としては計上していない.

2）将来のIPMマニュアルの事例

（1）事例1

温州ミカンの露地栽培では，黒点病に対して落弁後（5月下旬）から8月に4回の化学合成農薬が，灰色かび病には落弁後（5月下旬）に1回の薬剤が使用されている．将来，これらの病害に対するBT剤や拮抗作用を有する微生物利用の研究が行われており，近い将来には実用化が期待される．拮抗微生物製剤を化学農薬に置き換える事例を示す．

作物・品種　カンキツ（温州ミカン）
地域　九州北部
栽培法・作型　露地栽培・普通温州

時期	作業・生育状況	対象病害虫	IPM体系防除（薬剤防除回数）	将来のIPM体系防除（薬剤防除回数）
4月中～下旬	展葉初期	そうか病	ジチアノンフロアブル (1)	ジチアノンフロアブル (1)
5月下旬	落弁後	そうか病，黒点病	イミベンコナゾール・マンゼブ水和剤 (2)＊	イミベンコナゾール・マンゼブ水和剤 (2)＊
		灰色かび病	イプロジオン水和剤 (1)	バチルスズブチルス剤
6月中～下旬		黒点病，そうか病	イミベンコナゾール・マンゼブ水和剤 (2)＊	イミベンコナゾール・マンゼブ水和剤 (2)＊
		ミカンハダニ	土着天敵類	土着天敵類
		ミカンサビダニ，チャノキイロアザミウマ	クロルフェナピルフロアブル (1)	クロルフェナピルフロアブル (1)
		ゴマダラカミキリ	ボーベリア・ブロンニアティ剤	ボーベリア・ブロンニアティ剤
7月上～中旬		黒点病	マンネブ水和剤 (1)	黒点病に対する拮抗微生物
		チャノキイロアザミウマ	ジアフェンチウロン水和剤 (1)	ジアフェンチウロン水和剤 (1)
7月下旬		ミカンハダニ	土着天敵類	土着天敵類
8月下旬～9月上旬	光反射シートマルチの設置	黒点病	マンゼブ水和剤 (1)	マンゼブ水和剤 (1)
		チャノキイロアザミウマ	光反射シートマルチ	光反射シートマルチ
		ミカンサビダニ	ビフェナゼートフロアブル (1)	ビフェナゼートフロアブル (1)
9月下旬～11月上旬		ミカンハダニ	フェノチオカルブ乳剤 (1)	フェノチオカルブ乳剤 (1)
		貯蔵病害	イミノクタジン酢酸塩液剤 (1)	イミノクタジン酢酸塩液剤 (1)
12月下旬～1月上旬		ミカンハダニ，ミカンサビダニ，カイガラムシ類	マシン油乳剤	マシン油乳剤
薬剤防除合計回数			13	11

＊ 混合剤では1回の散布でも成分数を防除回数としてカウントした．

(2) 事例 2

温州ミカンの露地栽培では，黒点病に対して梅雨前（6月）から8月に3回の化学合成農薬が，灰色かび病には開花期（5月）に1回の薬剤が使用されている．将来，これらの病害に対するBT剤や拮抗作用を有する微生物利用の研究が行われており，近い将来には実用化が期待される．拮抗微生物製剤を化学農薬に置き換える事例を示す．

作物・品種　カンキツ（温州ミカン）
地域　東海（静岡県三ケ日町）
栽培法・作型　露地栽培・普通温州

時期	作業・生育状況	対象病害虫	IPM体系防除（薬剤防除回数）	将来のIPM体系防除（薬剤防除回数）
4月中～下旬	発芽	そうか病	イミベンコナゾール水和剤 (1)	イミベンコナゾール水和剤 (1)
		ミカンハダニ	マシン油乳剤	マシン油乳剤
5月下旬	花弁落下初期	灰色かび病	クレソキシムメチル水和剤 (1)	バチルスズブチリス剤
6月上～中旬		黒点病	マンネブ水和剤 (1)	マンネブ水和剤 (1)
		ミカンハダニ	土着天敵類	土着天敵類
		チャノキイロアザミウマ	イミダクロプリドフロアブル (1)	イミダクロプリドフロアブル (1)
7月上～中旬		黒点病	マンゼブ水和剤 (1)	黒点病に対する拮抗微生物
		チャノキイロアザミウマ	ジアフェンチウロン水和剤 (1)	ジアフェンチウロン水和剤 (1)
7月下旬		ミカンハダニ	土着天敵類	土着天敵類
		チャノキイロアザミウマ	クロルフェナピルフロアブル (1)	クロルフェナピルフロアブル (1)
8月中～下旬	光反射シートマルチの設置	黒点病	マンゼブ水和剤 (1)	マンゼブ水和剤 (1)
		チャノキイロアザミウマ	光反射シートマルチ	光反射シートマルチ
9月中旬		ミカンハダニ	エトキサゾールフロアブル	エトキサゾールフロアブル
		チャノキイロアザミウマ	光反射シートマルチ (1)	光反射シートマルチ (1)
10月中旬		ミカンハダニ	アセキノシルフロアブル (1)	アセキノシルフロアブル (1)
11月上旬		貯蔵病害	イミノクタジン酢酸塩液剤 (1)	イミノクタジン酢酸塩液剤 (1)
薬剤防除合計回数			11	9

Ⅶ. ナシのIPMマニュアル

1. ナシにおけるIPMの意義

わが国におけるニホンナシの生産量は近年39万トン前後で推移しており，カンキツ類，リンゴに次ぐ主要な果樹となっている．「幸水」，「豊水」，「二十世紀」が主要品種であり，平成13年度ナシ総生産量に占める各品種の割合はそれぞれ34％，28％，17％にのぼる．果樹では一般に，果実の糖度や肉質などの内部品質のみならず，果形の美しさや果皮傷害のないことなどの外観によっても商品価値が大きく左右される．特にナシは果樹のなかでも病害虫の被害を受けやすく，この傾向が顕著である．ナシに発生する病害虫の種類は極めて多く，ウイルス5種，細菌4種，糸状菌43種，線虫3種（以上日本植物病名目録），昆虫類200種，ダニ類15種（以上農林有害動物・昆虫名鑑）が記録されている．このうち，恒常的に発生し，果実に損傷を起こす病害として黒星病，黒斑病，輪紋病などが重要である．また，害虫ではシンクイムシ類，ハマキムシ類，コナカイガラムシ類，ダニ類，アブラムシ類などが重要であり，さらに果樹カメムシ類や果実吸蛾類の発生にも注意が必要である．

このように多種の病害虫に対処するため，ニホンナシの栽培では成分回数で40回内外の農薬散布が実施されており，化学農薬に大きく依存した防除体系となっている．しかし，化学農薬の多用は害虫の薬剤抵抗性や薬剤耐性菌の発達，天敵を一掃することによるリサージェンスの発生などの問題を引き起こし，さらには生産者の安全確保という面でも問題を生じている．また最近は，安全で安心な農作物に対する消費者の関心が一段と高まっている．こうした状況のもと，非農薬的防除技術を化学的防除技術と組み合わせ，化学農薬使用回数の半減を目指した防除体系の確立が急務となっている．

2. IPMに組み込む個別技術

1）現在利用できる技術

（1）病害抵抗性品種

（i）対象病害および作用機作

黒斑病と黒星病が主要な対象である．黒斑病に抵抗性の品種として「新世紀」，「菊水」，「長十郎」，「幸水」などがある．一方，「二十世紀」，「君塚早生」などは罹病性である．黒斑病罹病性が優性であること，および主要な罹病性品種のすべてがヘテロであることから，1遺伝子の変異によって抵抗性系統が獲得できると期待されている．現在までに，ガンマー線照射による突然変異を利用した黒斑病抵抗性品種の作出が試みられ，「二十世紀」から「ゴールド二十世紀」，「おさ二十世紀」から「おさゴールド」，「新水」から「寿新水」の各品種が育成されている．

黒星病に対しては「巾着」が高度抵抗性，「晩三吉」が抵抗性，「幸水」など大部分のニホンナシ品種が罹病性または高度罹病性である．現在，「巾着」の後継系統の利用などにより，本病に対する抵抗性品種の育成が進められている．

（ii）使用方法

栽培体系に合わせた品種を選定し，植え替え更新または高接ぎを行う．

（iii）使用上の留意点

抵抗性品種は対象病害に対する防除効果が高いので，防除コストの削減に貢献できる．ただし，薬剤の使用回数を極端に減らすと，黒星病やうどんこ病など他の病害の発生が多くなるので注意する．「ゴールド二十世紀」は苗木1本当たり2,000円前後で販売されている．

（2） 耕種的防除法

a）落葉処理

（i）対象病害および作用機作

黒星病が対象である．黒星病の第一次伝染源は落葉上に形成される子のう胞子と，りん片病斑（新梢の伸長にともない新梢基部病斑となる）上に形成される分生子である．そのため，罹病した落葉を冬季（12月～2月）に園内から取り除き，黒星病菌の越冬量を減少させる．

（ii）使用方法

落葉を背負い式動力送風機や熊手で集めて，焼却したり園外に搬出する．あるいは，ハンマーナイフモアなどで細かく砕き，トラクターで園内土壌中に埋め込む．

b）病斑枝および病芽の処理

（i）対象病害および作用機作

輪紋病と黒斑病が対象である．枝上のいぼ病斑は輪紋病の，枝病斑および病芽は黒斑病の伝染源となる．そのため，輪紋病においては，枝幹上のいぼ病斑内およびその周囲の枯死病斑上における胞子分散を防ぐ．黒斑病においては，枝病斑における胞子飛散を防ぎ，病芽を取り除くことで黒斑病菌の越冬量を減少させる．

（ii）使用方法

剪定時に病斑のある枝を切除したり，病斑部の削り取りや塗布剤による封じ込め，並びに病芽の除去を行う．

（iii）使用上の留意点

塗布剤はチオファネートメチル塗布剤（約1,900円/ kg）を使用する．1本で40 a程度に使用できる（約500円/ 10 a）．

c）粗皮削り

（i）対象害虫および作用機作

ハダニ類，コナカイガラムシ類，ナシヒメシンクイなどが対象である．越冬場所となる粗皮を削り取り，越冬場所をなくすことで越冬量を減少させる．

（ii）使用方法

粗皮削り用鋏などを使用して，枝幹の粗皮を冬季に削る．クワコナカイガラムシは特に剪定切り口周辺の粗皮下に卵のうで越冬しているので重点的に行う．

（iii）使用上の留意点

粗皮削り用鋏（3,150円など）を準備する必要がある．

（3） 性フェロモン剤

（i）対象害虫および作用機作

シンクイムシ類とハマキムシ類が対象である．合成性フェロモン剤をナシ園に設置し，交信攪乱作用により対象害虫の繁殖を抑制する．詳細については付録Dを参照されたい．

（ii）使用方法

シンクイムシ類とハマキムシ類の性フェロモン成分をともに含有する交信攪乱剤として，コンフューザーP（モモハモグリガの性フェロモン成分も含まれる）とコンフューザーNが実用化されている（図7-1）．これらは，シンクイムシ類とハマキムシ類の同時防除に利用できる．コンフューザーPの場合，200 g製剤で10 a当たり150～180本を，4月下旬～5月中旬に設置する．2～3 m間隔で均一に配置するとよい．コンフューザーNでは10 a当たり150～200本を一括設置する．なお，性フェロモン剤を連年設置して対象害虫の密度が減少している地域では，5月上旬に100本，7月中旬に100本などのように分割設置して効果の持続期間を延ばすことも有効である．有袋栽培などでシンクイムシ類の被害が問題とならない地域では，ハマキムシ類を対象とするハマキコン-Nを使用することも可

図7-1　合成性フェロモン剤
左：コンフューザーP，右：コンフューザーN

能である．10 a当たり100～150本を4月下旬～5月中旬に設置する．交信攪乱剤を設置する高さは目通り～180 cm程度であり，棚面につけてもよい．園の周縁部や，傾斜地園の上部には多めに設置するとより効果的である．交信攪乱法は害虫密度が低くなるほど，また設置面積が広いほど効果が高まるという特徴がある．

(iii) 使用上の留意点

交信攪乱効果は発生予察用フェロモントラップを設置して調べることができる．交信攪乱が生じていれば，誘引阻害作用によりトラップには捕獲されないことが期待される（表7-1）．発生予察用トラップとして粘着トラップが実用化されているので，それを用いて交信攪乱剤の効果が持続しているかどうかを監視することが望ましい．

コンフューザーNは10 a当たり150本として約7,400円（平成14年11月現在のJA全農鳥取標準小売価格より），設置時間は45分程度である．また，ハマキコン-Nの場合，10 a当たり150本として約5,500円（平成14年11月現在のJA全農鳥取標準小売価格より），設置時間は45分程度である．

表7-1　ハマキコン-Nによる誘引阻害効果

害虫名	性フェロモントラップ誘殺総数		誘引阻害効果（%）
	交信攪乱園（殺虫剤削減園）	慣行防除園	交信攪乱園
チャノコカクモンハマキ	1	370	99.7
チャハマキ	0	30	100.0

(4) 物理的防除法

a) 捕殺

(i) 対象害虫および作用機作

コナカイガラムシ類（卵のう・幼虫・成虫），チョウ目害虫（卵塊・幼虫・蛹），カミキリムシ（幼虫・成虫）など，多種類の害虫を対象とする．発生初期に防除することにより害虫密度を低下させるとともに，その後の増殖を遅らせることができる．

(ii) 使用方法

素手，ピンセット，剪定鋏などで対象の害虫をつぶしたり取り除く．クワコナカイガラムシは卵のう内の卵で越冬するため，冬季に卵のうを除去する．クワゴマダラヒトリ，アメリカシロヒトリ，モンクロシャチホコなどのチョウ目害虫は若齢幼虫期に集合し，齢期が進むにつれて分散していくので，幼虫初期に集団ごと処分する．ゴマダラカミキリでは成虫を見つけたら捕獲して殺す．また，虫糞が排出されている場合には針金で坑道内の幼虫を突き刺すなどの方法も有効である．この他の害虫についても，発見したらこまめに対応する．

(iii) 使用上の留意点

イラガ類，ドクガ類の幼虫は毒素によりかぶれや痛痒を生じさせるので，素手で捕殺しない．

b) 果実袋

(i) 対象病害虫および作用機作

各種病害，果樹カメムシ類，果実吸蛾類，シンクイムシ類を対象とする．果実を袋で包むことにより，対象病害虫の果実への付着や直接加害を防ぐ．

(ii) 使用方法

果実に果実袋をかぶせ封をする．

(iii) 使用上の留意点

果実に袋をかぶせる際，果実を傷つけないこと，果実袋の口を閉じる場合なるべく隙間を作らないようにすること（隙間からコナカイガラムシ類などが侵入する），果実の肥大にあわせて大型の袋に更新すること（果実の肥大にともない果実と袋が密着すると果樹カメムシ類が袋の外から吸汁する）などに注意が必要である．「二十世紀」栽培では，小袋（トリカ H01-S）と大袋（トリカ撥水 H55-L）を設置する．10 a 当たり 12,000 果として，価格は約 55,400 円である（平成 15 年販売価格より）．また，小袋 100 枚当たり 15 分，大袋 100 枚当たり 25 分を要するとして，10 a 当たり 50 時間が必要である．1 時間の労賃を 1,400 円（鳥取県経営指導の手引きより）とすると，10 a 当たり 70,000 円のコストになる．

c) 誘殺バンド

(i) 対象害虫および作用機作

ハダニ類やコナカイガラムシ類が対象である．越冬場所を求めて移動した対象害虫がバンド内に誘い込まれる．これを処分することにより越冬密度を削減する．

(ii) 使用方法

クラフト紙などで作製した誘殺バンドを 9 月下旬までに主枝や亜主枝の中央部に巻き付ける．この誘殺バンドを冬季（2 月下旬まで）に取り外して焼却する．

(iii) 使用上の留意点

誘殺バンドは市販されていないので，不要になった飼料袋や米袋を再利用する．誘殺バンドの巻き付けに要する時間は 10 a 当たり 30 分程度である．

d) 防虫ネット

(i) 対象害虫および作用機作

果樹カメムシ類，果実吸蛾類，シンクイムシ類などを対象とする．網内への害虫の侵入を防止することにより被害を防ぐ．

(ii) 使用方法

果実吸蛾類で 6 mm，カメムシ類で 4 mm，シンクイムシ類で 2 mm の目合いが必要である．

(iii) 使用上の留意点

一般に，網目を小さくすると多種の害虫に効果があるが，光の透過率の減少による果実品質への影響が考えられるので注意が必要である．網の支柱や，網をたぐるためのローラー部などの設備投資が必要であり，また網の更新費用が必要である．網は材質により耐用年数が異なるが，設置時に 10 a 当たり約 275,000 円のコストがかかる．

e) 黄色蛍光灯（防蛾灯）

(i) 対象害虫および作用機作

果実吸蛾類，果樹カメムシ類を対象とし，終夜点灯することにより夜行性害虫の行動を抑制する．波長 580〜610 nm の黄色蛍光灯は特にこれらの害虫に対して忌避効果が高い．果実吸蛾類では複眼の明適応化により行動が抑制される.

(ii) 使用方法

環形黄色蛍光灯（図7-2）を棚下90 cmに10 a当たり12灯設置する. 7月中・下旬から収穫が終わる期間, 日没30分前に点灯し, 果実が結実している棚面で1 lx以上の照度を確保することが必要である.

(iii) 使用上の留意点

果樹カメムシ類のうちクサギカメムシには効果が低い傾向がある. 環形黄色蛍光灯の経費は10 a当たり約49,700円である.

図7-2　環形黄色蛍光灯

(5) 化学的防除法

a) マシン油乳剤

(i) 対象害虫および作用機作

ハダニ類, サビダニ類, カイガラムシ類を主な対象とする. 炭化水素を主成分とし, 虫体を被覆する作用がある. 害虫は気門が閉鎖され窒息死する. 物理的な殺虫作用であるため, 抵抗性が発達しにくいと考えられている.

(ii) 使用方法

マシン油乳剤（マシン油成分量が95 %）や高度精製マシン油乳剤（97 %, 98 %）が市販されている. ナシの冬季散布ではいずれの製剤も使用できる. 落葉期の11月～12月, あるいは芽が動き出すまでの2月～3月中旬に散布する.

(iii) 使用上の留意点

製剤に表示された希釈倍数にしたがって希釈し, 十分量を散布することが重要である. マシン油乳剤は虫体を被覆することにより効果を発現するので, 散布ムラができないようていねいに散布する必要がある. 2日以内に降雨が予想されるときは散布を避ける. また, 石灰硫黄合剤やボルドー液などのアルカリ性薬剤, および銅剤との混用は避ける. 経費は10 a当たり約2,500円である.

2) 将来利用可能な技術

(1) 生物的防除法

果樹の病害虫に農薬登録（平成15年10月現在）されている生物農薬を表7-2に示した. 対象病害虫はハダニ類, 昆虫類, 糸状菌などの多岐にわたる. 果樹の多くは露地栽培されており, こうした開放系では天敵類の放飼効果がまだ十分に明らかになっていない. 今後, こうした天敵資材については最適な接種・放飼方法を確立するためにさらに検討を加える必要がある. また, アブラムシ類に対する寄生蜂など, 現在未登録の天敵資材についても今後その防除効果を明らかにしていく必要がある. 一方, ナシ園に発生する土着天敵類の活用も重要であり, その定着・保護を図るべきである. 保護に関しては, 選択性殺虫剤の使用や, ナシ樹周辺にカバープランツ（被覆植物）を草生させたり園周辺の防風樹を天敵の生息場所として利用するなどが考えられる. さらに, 天敵の定着に関しては, 植物由来の情報化学物質を利用して天敵昆虫の行動を制御することなどが今後の検討課題と考えられる.

表7-2　果樹に登録のある生物農薬（平成15年10月8日現在）

天敵製剤	チリカブリダニ剤	スパイデックス	果樹類（施設栽培）	ハダニ類
		カブリダニ PP	オウトウ（施設栽培）	ナミハダニ
	ミヤコカブリダニ剤	スパイカル	果樹類（施設栽培）	ハダニ類
微生物製剤	パスツーリアペネトランス水和剤	パストリア水和剤	イチジク	ネコブセンチュウ
	ボーベリア・ブロンニアティ剤	バイオリサ・カミキリ	果樹類	カミキリムシ類
線虫製剤	スタイナーネマ・カーポカプサエ剤	バイオセーフ	イチジク	キボシカミキリ（幼虫）
	スタイナーネマ・グラセライ剤	バイオトピア	ブルーベリー	ヒメコガネ幼虫
殺菌剤	アグロバクテリウム・ラジオバクター剤	バクテローズ	果樹類	根頭がんしゅ病
	バチルスズブチリス水和剤	ボトキラー水和剤	ブドウ	灰色かび病
		インプレッション水和剤	ブドウ	
BT製剤	BT水和剤	エスマルク DF	果樹類	ハマキムシ類 シャクトリムシ類
	BT水和剤	ガードジェット水和剤	果樹類	ハマキムシ類
			リンゴ	ヒメシロモンドクガ
			カキ	イラガ類 カキノヘタムシガ
	BT水和剤	クオークフロアブル	果樹類	ハマキムシ類
	BT水和剤	ゼンターリ顆粒水和剤	果樹類	ハマキムシ類
	BT水和剤	ダイポール水和剤	リンゴ	ヒメシロモンドクガ アメリカシロヒトリ ハマキムシ類
			カキ	カキノヘタムシガ イラガ類
	BT水和剤	チューリサイド水和剤	カキ	イラガ類 カキノヘタムシガ
			リンゴ	アメリカシロヒトリ ハマキムシ類 ヒメシロモンドクガ
	BT水和剤	デルフィン顆粒水和剤	果樹類	ハマキムシ類 ケムシ類
			リンゴ	ハマキムシ類 シャクトリムシ類
			ナシ	ケムシ類
			ブルーベリー	イラガ類
	BT水和剤	トアロー水和剤 CT	果樹類	ハマキムシ類
			リンゴ	ヒメシロモンドクガ
	BT水和剤	バイオマックス DF	果樹類	ハマキムシ類 シャクトリムシ類
	BT水和剤	バシレックス水和剤	リンゴ	ヒメシロモンドクガ アメリカシロヒトリ ハマキムシ類
			カキ	カキノヘタムシガ イラガ類
	BT水和剤	ファイブスター顆粒水和剤	果樹類	ハマキムシ類 ケムシ類
			リンゴ	ハマキムシ類 シャクトリムシ類
			ナシ	ケムシ類

注）太線枠で囲った生物農薬がナシで使用できる

3．IPMマニュアルの事例

1）実施可能なIPMマニュアルの事例

ナシの病害では果実に病斑を発生させる黒斑病，黒星病，輪紋病が主要である．このうち「二十世紀」では黒斑病，「幸水」では黒星病が特に重要である．果樹の病害では発病を発見したときにはすでに蔓延が進み，防除しても手遅れとなるため，予防的な防除を中心に置く必要がある．害虫では果実を加害するシンクイムシ類とハマキムシ類が最も重要であり，地域によってはコナカイガラムシ類が発生して問題となる．また，アブラムシ類やハダニ類は繁殖力が高く，短期間で高密度に達して葉や果実品質に悪影響を及ぼす．

以上を踏まえ，これらの病害虫に対する防除戦略の概略は以下のようになる．病害に関しては，耕種的防除法による第一次伝染源の除去を図るとともに，耐病性品種が育成されている「二十世紀」ではその導入を促進する．また，化学農薬の効果が持続していると推定される期間内での追加使用は避け，散布間隔を可能な限り広げることにより散布回数の削減を図る．害虫に関しては，最重要害虫であるシンクイムシ類とハマキムシ類に対して性フェロモン剤による交信攪乱法を導入する．他の主要害虫に対してはマシン油乳剤などによる越冬期の密度低減や物理的防除（防虫ネットや捕殺など）・耕種的防除（除草など）を実施するとともに，土着天敵類の保護（選択性殺虫剤の使用や被覆植物の活用など）を図って効率的に防除する．

（1）事例1

作物・品種　ナシ・二十世紀

地域　中国

栽培法・作型　露地栽培

時期	作業・ 生育状況	対象病害虫	IPM体系防除＊ （薬剤防除回数）	慣行防除＊＊ （薬剤防除回数）
1〜2月	休眠期	黒斑病，黒星病， 赤星病， シンクイムシ類	被害芽・枝の切り取り，赤星病中間寄主樹の伐採および粗皮削り	被害芽・枝の切り取り，赤星病中間寄主樹の伐採および粗皮削り
3月下旬	発芽期	黒斑病，黒星病		石灰硫黄合剤（1）
4月上旬	りん片脱落直前	黒斑病，黒星病	ジチアノン水和剤（1）	ジチアノン水和剤（1）
		ハマキムシ類， シンクイムシ類	CYAP水和剤（1）	CYAP水和剤（1）
	開花始め	黒斑病，黒星病， 赤星病		ジチアノン・有機銅水和剤（2）＊＊＊
4月中旬	開花始め	黒斑病，黒星病， 赤星病	ジラム・チウラム水和剤（2）＊＊＊	ジラム・チウラム水和剤（2）＊＊＊
	人工交配 終了後	黒斑病，黒星病， 赤星病		フルアジナム水和剤（1）
4月下旬	落花期	黒斑病，黒星病， 赤星病	有機銅水和剤（1），EBI水和剤（1）	有機銅水和剤（1），EBI水和剤（1）
		ハマキムシ類， シンクイムシ類	チオジカルブ水和剤（1），トートリルア剤（交信攪乱剤）	チオジカルブ水和剤（1）
5月上旬	小袋かけ直前	黒斑病，黒星病		イミノクタジンアルベシル酸塩水和剤（1）
	小袋かけ中	黒斑病，黒星病		シプロジニル水和剤（1）
		コナカイガラムシ類， カメムシ類		DMTP水和剤（1）

5月中旬	小袋かけ中 摘果期	黒斑病，黒星病	有機銅水和剤 (1)	有機銅水和剤 (1), ポリオキシン水和剤 (1)
		コナカイガラムシ類	ブプロフェジン水和剤 (1)	ブプロフェジン水和剤 (1)
	小袋かけ中	黒斑病，うどんこ病		イミノクタジン酢酸塩・ ポリオキシン水和剤 (2) ***
5月下旬	果実肥大期	黒斑病，黒星病, うどんこ病	イミノクタジンアルベシル酸塩水和剤 (1)	ジチアノン・有機銅水和剤 (2) ***
		ハダニ類, ニセナシサビダニ, アブラムシ類	酸化フェンブタスズ水和剤 (1), ピメトロジン水和剤 (1)	フェニソブロモレート乳剤 (1)
6月上旬	大袋かけ前	黒斑病		ジラム・チウラム水和剤 (2) ***, ポリオキシン水和剤 (1)
		ハマキムシ類, シンクイムシ類, コナカイガラムシ類, ナシチビガ		ブプロフェジン水和剤 (1)
6月中旬	果実肥大期	黒斑病，輪紋病, 黒星病	キャプタン・ホセチル水和剤 (2) ***	プロピネブ水和剤 (1), チオファネートメチル水和剤 (1)
		ハダニ類, ニセナシサビダニ	ミルベメクチン水和剤 (1)	ミルベメクチン水和剤 (1)
6月下旬 ～7月上旬	大袋かけ後	黒斑病，輪紋病, 黒星病	キャプタン・有機銅水和剤 (2) ***	プロピネブ水和剤 (1), キャプタン・ホセチル水和剤 (2) ***
		コナカイガラムシ類, シンクイムシ類, ハマキムシ類, アブラムシ類	アセタミプリド水溶剤 (1)	DMTP 水和剤 (1), MEP 乳剤 (1)
7月中旬	新梢発育停止期 果実肥大期	黒斑病，輪紋病	キャプタン・ホセチル水和剤 (2) ***	キャプタン・ホセチル水和剤 (2) ***
		コナカイガラムシ類, ハダニ類	エトキサゾール水和剤 (1)	クロルピリホス水和剤 (1)
7月下旬	果実肥大期	輪紋病，うどんこ病	アゾキシストロビン水和剤 (1)	アゾキシストロビン水和剤 (1)
		ハダニ類	テフルベンズロン乳剤 (1)	エトキサゾール水和剤 (1)
8月上旬	果実肥大期	黒斑病		キャプタン・有機銅水和剤 (2) ***
8月中旬	果実肥大期	黒斑病		有機銅水和剤 (1)
8月下旬	収穫前	黒斑病	有機銅水和剤 (1)	有機銅水和剤 (1)
		コナカイガラムシ類, カメムシ類, ハマキムシ類, シンクイムシ類, ナシグンバイ, ナシチビガ		DDVP 乳剤 (1)
9月上旬	収穫前	黒斑病，黒星病, うどんこ病	クレソキシムメチル水和剤 (1)	クレソキシムメチル水和剤 (1)
9月中旬	収穫中	コナカイガラムシ類, ハダニ類	バンド誘殺	バンド誘殺
9月下旬	収穫直後	黒斑病，黒星病		プロピネブ水和剤 (1)
		シンクイムシ類, ハマキムシ類, コナカイガラムシ類, ナシグンバイ, ナシチビガ		ダイアジノン水和剤 (1)
11月上 ～中旬	落葉60％終了時	ハダニ類		エチオン・マシン油 (1)
薬剤防除合計回数			25	48
防除資材費合計			59，539円	86，101円

*黒斑病抵抗性品種「ゴールド二十世紀」または「おさゴールド」
**「二十世紀」
*** 混合剤では1回の散布でも成分数を防除回数としてカウントした.

（2） 事例2

作物・品種　ナシ・幸水

地域　関東

栽培法・作型　露地栽培

時期	作業・ 生育状況	対象病害虫	IPM体系防除 （薬剤防除回数）	慣行防除 （薬剤防除回数）
1～2月	休眠期	黒星病，赤星病， シンクイムシ類， ハダニ類	誘引ひも・落葉の除去，被害芽・枝の切り取り，赤星病中間寄生樹の伐採， 粗皮削り，マシン油乳剤	誘引ひも・落葉の除去，被害芽・枝の切り取り，赤星病中間寄生樹の伐採， 粗皮削り
3月下旬	萌芽期	黒星病，赤星病	ジチアノン水和剤 (1)	ジチアノン水和剤 (1)
4月上旬	りん片脱落直前	黒星病，赤星病	イミベンコナゾール水和剤 (1)， ジラム・チウラム水和剤 (2) ＊	イミベンコナゾール水和剤 (1)， ジラム・チウラム水和剤 (2) ＊
4月中旬	開花始め	黒星病，赤星病		ジラム・チウラム水和剤 (2) ＊
4月下旬	落花期	黒星病，赤星病	ジフェノコナゾール水和剤 (1)， ジラム・チウラム水和剤 (2) ＊	ジフェノコナゾール水和剤 (1)， ジラム・チウラム水和剤 (2) ＊
		アブラムシ類， シンクイムシ類 コナカイガラムシ類	チアクロプリド水和剤 (1)	チアクロプリド水和剤 (1)
5月上旬	新梢発育開始期	黒星病，赤星病		イミノクタジンアルベシル酸塩水和剤 (1)
		アブラムシ類， ハマキムシ類	ｵﾘﾌﾙｱ・ﾄｰﾄﾘﾙｱ・ﾋﾞｰﾁﾌﾙｱ剤 防虫ネット	マラソン・NAC水和剤 (2) ＊
5月中旬	果実肥大期	黒星病	ジラム・チウラム水和剤 (2) ＊	ジラム・チウラム水和剤 (2) ＊
		アブラムシ類	イミダクロプリド水和剤 (1)	イミダクロプリド水和剤 (1)
5月下旬	果実肥大期	黒星病，輪紋病	キャプタン・ベノミル水和剤 (2) ＊	キャプタン・ベノミル水和剤 (2) ＊
		ハダニ類		酸化フェンブタスズ水和剤 (1)
6月上旬	果実肥大期	黒星病，輪紋病	イミノクタジンアルベシル酸塩水和剤 (1)	イミノクタジンアルベシル酸塩水和剤 (1)
		ハマキムシ類， コナカイガラムシ類， アブラムシ類	ダイアジノン水和剤 (1)	ダイアジノン水和剤 (1)
6月中旬	果実肥大期	黒星病，輪紋病	キャプタン・有機銅水和剤 (2) ＊	キャプタン・有機銅水和剤 (2) ＊
		アブラムシ類， シンクイムシ類， ハマキムシ類		CYAP水和剤 (1)
6月下旬	果実肥大期	黒星病，輪紋病	クレソキシムメチル水和剤 (1)	イミノクタジンアルベシル酸塩水和剤 (1)
		シンクイムシ類， コナカイガラムシ類， アブラムシ類	DMTP水和剤 (1)	DMTP水和剤 (1)
7月上旬	新梢発育停止期	黒星病，輪紋病	ヘキサコナゾール水和剤 (1)	ヘキサコナゾール水和剤 (1)
		ハダニ類	エトキサゾール水和剤 (1)	エトキサゾール水和剤 (1)
7月中旬	果実肥大期	黒星病，輪紋病	イミノクタジンアルベシル酸塩水和剤 (1)	イミノクタジンアルベシル酸塩水和剤 (1)
		シンクイムシ類， ハマキムシ類， ハダニ類	ビフェントリン水和剤 (1)， ｵﾘﾌﾙｱ・ﾄｰﾄﾘﾙｱ・ﾋﾞｰﾁﾌﾙｱ剤， 黄色蛍光灯（防蛾灯）	ビフェントリン水和剤 (1)
		シンクイムシ類， ハマキムシ類	ｵﾘﾌﾙｱ・ﾄｰﾄﾘﾙｱ・ﾋﾞｰﾁﾌﾙｱ剤， 黄色蛍光灯（防蛾灯）	

7月下旬	果実肥大期	黒星病，輪紋病	クレソキシムメチル水和剤 (1)	クレソキシムメチル水和剤 (1)
		ハダニ類	ミルベメクチン乳剤 (1)	ミルベメクチン乳剤 (1)
8月上旬	果実肥大期	シンクイムシ類，ナシチビガ	トラロメトリン乳剤 (1)	トラロメトリン乳剤 (1)
8月中旬	果実肥大期	シンクイムシ類，ハマキムシ類，カメムシ類		フェンプロパトリン水和剤 (1)
9月上旬	収穫前	うどんこ病		ポリオキシン水和剤 (1)
9月中旬	収穫後	黒星病	キャプタン・有機銅水和剤 (2) ＊	キャプタン・有機銅水和剤 (2) ＊
		シンクイムシ類，コナカイガラムシ類，ナシグンバイ，ナシチビガ	MEP 水和剤 (1)	MEP 水和剤 (1)
10月中旬	収穫後	黒星病	キャプタン・有機銅水和剤 (2) ＊	キャプタン・有機銅水和剤 (2) ＊
		ハダニ類		フェニソブロモレート乳剤 (1)
薬剤防除合計回数			31	41
防除資材費合計			74,318円	76,976円

殺菌剤については梅本ら (2003，日植病報69：124-131) に基づき茨城県農業総合センター園芸研究所で検討された．
防虫ネットおよび黄色蛍光灯 (防蛾灯) の経費は含まれていない．
＊ 混合剤では1回の散布でも成分数を防除回数としてカウントした．

2） 将来の IPM マニュアルの事例

ナシの IPM 防除における殺虫剤の削減についてはメニューが比較的豊富であり，今後5年間を予想しても，天敵類のさらなる活用法などが加わると思われる．一方，病害に関しては近い将来に実用化が期待される画期的な IPM メニューは望めず，当面は現行の防除戦略を継続する必要がある．

（1） 事例1

作物・品種　ナシ・二十世紀

地域　中国

栽培法・作型　露地栽培

時期	作業・ 生育状況	対象病害虫	現在可能なIPM体系防除＊ （薬剤防除回数）	将来のIPM体系防除＊ （薬剤防除回数）
1～2月	休眠期	黒斑病，黒星病， 赤星病， シンクイムシ類	被害芽･枝の切り取り，赤星病中間寄生樹の伐採および粗皮削り	被害芽･枝の切り取り，赤星病中間寄生樹の伐採および粗皮削り
4月上旬	りん片脱落直前	黒斑病，黒星病	ジチアノン水和剤（1）	ジチアノン水和剤（1）
		ハマキムシ類， シンクイムシ類	CYAP水和剤（1）	CYAP水和剤（1）
4月中旬	開花始め	黒斑病，黒星病， 赤星病	ジラム・チウラム水和剤（2）＊＊	ジラム・チウラム水和剤（2）＊＊
4月下旬	落花期	黒斑病，黒星病， 赤星病	有機銅水和剤（1），EBI水和剤（1）	有機銅水和剤（1），EBI水和剤（1）
		ハマキムシ類， シンクイムシ類	チオジカルブ水和剤（1）， トートリルア剤（交信攪乱剤）	チオジカルブ水和剤（1）， トートリルア剤
5月中旬	小袋かけ中 摘果期	黒斑病，黒星病	有機銅水和剤（1）	有機銅水和剤（1）
		コナカイガラムシ類	ブプロフェジン水和剤（1）	ブプロフェジン水和剤（1）
5月下旬	果実肥大期	黒斑病，黒星病， うどんこ病	イミノクタジンアルベシル酸塩水和剤（1）	イミノクタジンアルベシル酸塩水和剤（1）
		ハダニ類， ニセナシサビダニ， アブラムシ類	酸化フェンブタスズ水和剤（1）， ピメトロジン水和剤（1）	
6月上旬	大袋かけ前	ハダニ類		ミルベメクチン乳剤（1）
6月中旬	果実肥大期	黒斑病，輪紋病， 黒星病	キャプタン・ホセチル水和剤（2）＊＊	キャプタン・ホセチル水和剤（2）＊＊
		ハダニ類， ニセナシサビダニ	ミルベメクチン水和剤（1）	
6月下旬 ～ 7月上旬	大袋かけ後	黒斑病，輪紋病， 黒星病	キャプタン・有機銅水和剤（2）＊＊	キャプタン・有機銅水和剤（2）＊＊
		コナカイガラムシ類， シンクイムシ類， ハマキムシ類， アブラムシ類	アセタミプリド水溶剤（1）	アセタミプリド水溶剤（1）
7月中旬	新梢発育停止期 果実肥大期	黒斑病，輪紋病	キャプタン・ホセチル水和剤（2）＊＊	キャプタン・ホセチル水和剤（2）＊＊
		コナカイガラムシ類， ハダニ類	エトキサゾール水和剤（1）	
7月下旬	果実肥大期	輪紋病，うどんこ病	アゾキシストロビン水和剤（1）	アゾキシストロビン水和剤（1）
		ナシホソガ， ハダニ類	テフルベンズロン乳剤（1）	BT水和剤
8月下旬	収穫前	黒斑病	有機銅水和剤（1）	有機銅水和剤（1）
9月上旬	収穫前	黒斑病，黒星病， うどんこ病	クレソキシムメチル水和剤（1）	クレソキシムメチル水和剤（1）
9月中旬	収穫中	コナカイガラムシ類， ハダニ類	バンド誘殺	バンド誘殺
11月上～中旬	落葉60％終了時	ハダニ類		マシン油乳剤
薬剤防除合計回数			25	21

＊黒斑病抵抗性品種「ゴールド二十世紀」または「おさゴールド」

＊＊ 混合剤では1回の散布でも成分数を防除回数としてカウントした．

(2) 事例2

作物・品種　ナシ・幸水

地域　関東

栽培法・作型　露地栽培

時期	作業・生育状況	対象病害虫	現在可能なIPM体系防除〔薬剤防除回数〕	将来のIPM体系防除〔薬剤防除回数〕
1～2月	休眠期	黒星病，赤星病，シンクイムシ類，ハダニ類	誘引ひも・落葉の除去，被害芽・枝の切り取り，赤星病中間寄生樹の伐採，粗皮削り，マシン油乳剤	誘引ひも・落葉の除去，被害芽・枝の切り取り，赤星病中間寄生樹の伐採，粗皮削り，マシン油乳剤
3月下旬	萌芽期	黒星病，赤星病	ジチアノン水和剤 (1)	
4月上旬	りん片脱落直前	黒星病，赤星病	イミベンコナゾール水和剤 (1)，ジラム・チウラム水和剤 (2) ＊	
4月下旬	落花期	黒星病，赤星病	ジフェノコナゾール水和剤 (1)，ジラム・チウラム水和剤 (2) ＊	ジフェノコナゾール水和剤 (1)，ジラム・チウラム水和剤 (2) ＊
		アブラムシ類，シンクイムシ類，コナカイガラムシ類	チアクロプリド水和剤 (1)	チアクロプリド水和剤 (1)
5月上旬	新梢発育開始期	黒星病，赤星病		
		アブラムシ類，ハマキムシ類	ｵﾘﾌﾙｱ・ﾄｰﾄﾘﾙｱ・ﾋﾟｰﾁﾌﾙｱ剤 防虫ネット	ｵﾘﾌﾙｱ・ﾄｰﾄﾘﾙｱ・ﾋﾟｰﾁﾌﾙｱ剤 防虫ネット
5月中旬	果実肥大期	黒星病	ジラム・チウラム水和剤 (2) ＊	ジラム・チウラム水和剤 (2) ＊
		アブラムシ類	イミダクロプリド水和剤 (1)	イミダクロプリド水和剤 (1)
5月下旬	果実肥大期	黒星病，輪紋病	キャプタン・ベノミル水和剤 (2) ＊	キャプタン・ベノミル水和剤 (2) ＊
		ハダニ類		
6月上旬	果実肥大期	黒星病，輪紋病	ｲﾐﾉｸﾀｼﾞﾝｱﾙﾍﾞｼﾙ酸塩水和剤 (1)	ｲﾐﾉｸﾀｼﾞﾝｱﾙﾍﾞｼﾙ酸塩水和剤 (1)
		ハマキムシ類，コナカイガラムシ類，アブラムシ類	ダイアジノン水和剤 (1)	
6月中旬	果実肥大期	黒星病，輪紋病	キャプタン・有機銅水和剤 (2) ＊	
		アブラムシ類，シンクイムシ類，ハマキムシ類		
6月下旬	果実肥大期	黒星病，輪紋病	クレソキシムメチル水和剤 (1)	クレソキシムメチル水和剤 (1)
		シンクイムシ類，コナカイガラムシ類，アブラムシ類	DMTP水和剤 (1)	DMTP水和剤 (1)
7月上旬	新梢発育停止期	黒星病，輪紋病	ヘキサコナゾール水和剤 (1)	ヘキサコナゾール水和剤 (1)
		ハダニ類	エトキサゾール水和剤 (1)	
7月中旬	果実肥大期	黒星病，輪紋病	ｲﾐﾉｸﾀｼﾞﾝｱﾙﾍﾞｼﾙ酸塩水和剤 (1)	ｲﾐﾉｸﾀｼﾞﾝｱﾙﾍﾞｼﾙ酸塩水和剤 (1)
		シンクイムシ類，ハマキムシ類，ハダニ類	ビフェントリン水和剤 (1)，ｵﾘﾌﾙｱ・ﾄｰﾄﾘﾙｱ・ﾋﾟｰﾁﾌﾙｱ剤，黄色蛍光灯（防蛾灯）	ｵﾘﾌﾙｱ・ﾄｰﾄﾘﾙｱ・ﾋﾟｰﾁﾌﾙｱ剤，黄色蛍光灯（防蛾灯）
		シンクイムシ類，ハマキムシ類	ｵﾘﾌﾙｱ・ﾄｰﾄﾘﾙｱ・ﾋﾟｰﾁﾌﾙｱ剤，黄色蛍光灯（防蛾灯）	
7月下旬	果実肥大期	黒星病，輪紋病	クレソキシムメチル水和剤 (1)	
		ハダニ類	ミルベメクチン乳剤 (1)	エトキサゾール水和剤 (1)
8月上旬	果実肥大期	シンクイムシ類，ナシチビガ	トラロメトリン乳剤 (1)	
9月中旬	収穫後	黒星病	キャプタン・有機銅水和剤 (2) ＊	
		シンクイムシ類，コナカイガラムシ類，ナシグンバイ，ナシチビガ	MEP水和剤 (1)	
10月中旬	収穫後	黒星病	キャプタン・有機銅水和剤 (2) ＊	キャプタン・有機銅水和剤 (2) ＊
		ハダニ類		
薬剤防除合計回数			31	17

＊ 混合剤では1回の散布でも成分数を防除回数としてカウントした．

Ⅷ．茶のIPMマニュアル

1．茶におけるIPMの意義

茶は我々が最も多く飲む飲料である．平成15年の一番茶の全国の主産県の摘採面積は約33,300 haである．平成14年度の荒茶生産量は79,100 tで，内訳は一番茶が38,300 t，二番茶26,100 t，三番茶5,380 t，四番茶1,320 t，冬春秋番茶7,940 tとなっている．茶は常緑の永年性作物で，そこに発生する病害虫の種類は非常に多い．病害の種類はおよそ50種類で，そのうち主要な病害は，炭疽病，もち病，輪斑病，赤焼け病などである．害虫は100種をこえるが，そのうち主要な害虫は，クワシロカイガラムシ，チャハマキ，チャノコカクモンハマキ，チャノホソガ，ヨモギエダシャク，チャノミドリヒメヨコバイ，チャノキイロアザミウマ，ナガチャコガネ，カンザワハダニなどである．そのため，茶園における病害虫防除では薬剤の散布回数および散布量とも多く，特に，株の内部や土壌中に生息する害虫には非常に多量の薬剤が散布されて，環境に与える負荷も懸念されている．最近，残留農薬や無登録農薬の問題で，消費者の農産物の安全性に対する関心が非常に高まっている．このため，農薬については安全性や環境への負荷を軽減するため一層の使用量の削減が求められている．さらに，近年，茶の機能性が再確認され，健康食品として安全・安心に対する消費者のニーズが増大している．そこで，病害虫の高精度発生予察技術の開発，土着天敵等の利用による生物的防除，送風式捕虫機などによる物理的防除，整剪枝などによる耕種的防除などの化学合成農薬を使用しない防除を組み合わせ，各技術間の相乗効果や補完関係を解明し，最も適切な総合防除技術の体系化が急務となっている．

2．IPMに組み込む個別技術

1）現在利用できる技術

（1）病害虫抵抗性品種

（i）対象病害虫および作用機作

我が国で栽培されている茶品種は，ほとんどが「やぶきた」である．「やぶきた」は，良質・多収な優良品種であるが，病害虫には弱い．このことが，茶園への化学合成農薬散布量の増加の一因となっている．このため，病害虫に強い品種を作付けすることにより，薬剤散布量の削減を図ることが出来る．病害抵抗性の育成は，その検定法の開発により急速に進み，選抜過程で炭疽病，輪斑病など重要病害に対する抵抗性が導入されるようになった．その結果，「やぶきた」より高い病害抵抗性を持った品種が多く育成されている（表8-1）．虫害については，クワシロカイガラムシやカンザワハダニに抵抗性を持った品種がみつかっている（表8-1）．クワシロカイガラムシ抵抗性品種の寄生阻害要因の一つとして，枝条の硬さが関係しているという報告があるが，抵抗性要因の解析は，今後の検討課題として残されている．

表8-1　これまで育成された主な抵抗性品種

品種名	病害抵抗性	虫害抵抗性
かなやみどり	輪斑病・炭疽病	カンザワハダニ
おくゆたか	炭疽病	
おくひかり	輪斑病・炭疽病	
めいりょく		カンザワハダニ
しゅんめい	輪斑病	
みねかおり	炭疽病	クワシロカイガラムシ
みなみかおり	輪斑病・炭疽病	カンザワハダニ
ふうしゅん	輪斑病	
みなみさやか	輪斑病・炭疽病	クワシロカイガラムシ
べにふうき	輪斑病・炭疽病	
さやまかおり		クワシロカイガラムシ
はるみどり	炭疽病	クワシロカイガラムシ
そうふう	輪斑病・炭疽病	

（ii）使用方法

抵抗性品種を植え付けることにより，病害虫の被害が低減され薬剤防除回数が少なくなる．

（iii）使用上の留意点

現在では，「やぶきた」が市場で圧倒的に普及しており，抵抗性品種の普及は進んでいない状況にある．

（2） 耕種的防除法

a） 深整枝

（i） 対象病害および作用機作

二番茶摘採後に，二番茶摘採面から5 cm程深く整剪枝を行うことにより，炭疽病の伝染源となる罹病葉を物理的に除去する．

（ii） 使用方法

深整枝後も発病葉が残った場合，梅雨末期の強い降雨により効果が低下することがあるので，予防策として二番茶萌芽始めに薬剤を散布するか，降雨状況を見て，三番茶での防除を行う．また，一番茶芽で炭疽病が発生した場合も効果は低下するので三番茶で同じ対策を立てる（図8-1）．

図8-1　二番茶後の深整枝

（iii） 使用上の留意点

深整枝後，干ばつにあうと，翌年の一番茶の収量が減少する恐れがあるので，天候の推移に注意する．

（3） 生物的防除法

a） 顆粒病ウィルス

（i） 対象害虫および作用機作

顆粒病ウイルス（GV）は，バキュロウイルスの仲間で，これまでに129種類のチョウ目昆虫から発見されている．GVは棒状の二本鎖DNAウイルスで，顆粒体と称するウイルス包埋体を産生する．顆粒体は卵型の形態をとり，その大きさは0.1～0.3×0.3～0.5 μm（短径×長径）で，1個のウイルス粒子が包埋されている（図8-2）．一般に，GVは宿主特異性が高く，属を越えた昆虫種には感染しない．リンゴコカクモンハマキ顆粒病ウイルス（AdorGV）とチャハマキ顆粒病ウイルス（HomaGV）は，それぞれ1972年および1975年に病死虫より分離され，これらウイルスの混合剤が「ハマキ天敵」の商品名で農薬登録され，チャノコカクモンハマキおよびチャハマキの防除剤として利用可能となった．チャノコカクモンハマキあるいはチャハマキがGVに感染すると，感染末期に感染幼虫の体色は黄白色となり，血液は乳白色となる（図8-3）．感染幼虫は，健全幼虫と同じように終齢まで発育し，感染後20～25日目に死亡する．AdorGVは，チャノコカクモンハマキの他にリンゴコカクモンハマキ

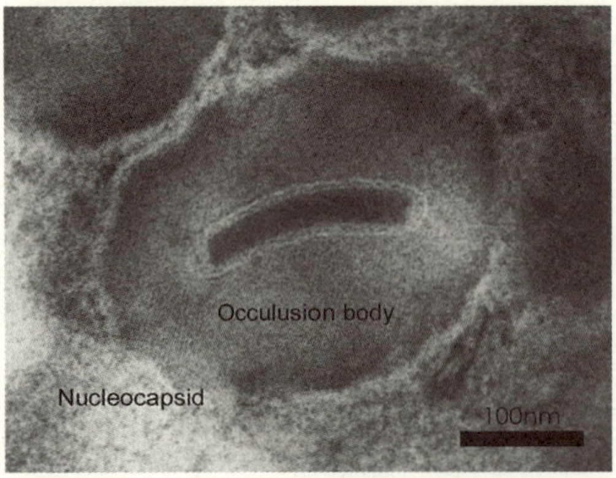

図8-2　顆粒病ウイルスの透過型電子顕微鏡写真

図8-3　顆粒病ウイルスに感染したチャノコカクモンハマキ幼虫

とウスコカクモンハマキに対して病原性があり，また，HomaGV は，チャハマキと属の異なるチビカクモンハマキに病原性があることが明らかとなった．

（ii） 使用方法

ウイルスの利用法には，① 永続的導入法：導入するウイルスが存在しない地域へ一回導入し，ウイルス病を定着させて害虫個体群密度を制御する方法，② 接種的導入法：一時的にウイルスを定着させ，少なくとも害虫一世代以上を制御する方法，③ 大量導入法：1 シーズンに複数回，化学合成農薬と同様な方法でウイルスを導入する方法がある．「ハマキ天敵」は接種的導入法に適している．接種的導入法では1回の導入で害虫1世代以上を制御できるため，害虫を殺すまでに時間がかかることは，大量導入法の場合ほど問題ではない．むしろ，ウイルスの再生産による一時的な流行が期待されるため，ある程度伝播率や生残性が高い剤が望まれる．また，生産コストが高いことは，化学合成農薬を複数回施用することを仮定すると相殺され，大量導入法の場合ほど問題とはならない．同様に，適用害虫種が限定されることも，その害虫が主要害虫の場合はそれほど問題とはならないと考えられる．これらのことを考慮すると，「ハマキ天敵」は，接種的導入法の理想的な資材であるといえる．

（iii） 使用上の留意点

GV に対する感受性は若齢幼虫ほど高いため，若齢幼虫期の散布が望ましい．また，茶園に散布されたウイルスは紫外線などにより不活化し，7〜10日で病原性をほとんど失うが，茶園内に残った罹病虫体が伝染源となるため，次世代以後も発病が見られ，1回の散布で年間を通して発生を抑制できる．しかし，翌年へのウイルスの持ち越しは少ないため，毎年散布が必要である．具体的には，一番茶摘採後の第一世代の幼虫ふ化期の散布が望ましく，この時期の気温を考えると発蛾最盛日から10日後頃が散布適期である．本剤の10 a 当たりの価格は200 l 散布の場合，3,500円，400 l 散布の場合，7,000円である．

b） ケナガカブリダニの保護利用

（i） 対象害虫および作用機作

地域によっては，慣行防除を行っている茶園においても，薬剤抵抗性を持ったケナガカブリダニが高密度に生息し，カンザワハダニの密度を抑制している．樹冠内部は，摘採面に薬剤を散布しても影響が少ないので，抵抗性が低い系統でも多くのケナガカブリダニが生き残り，カンザワハダニが増加しないこともある．

（ii） 使用方法

圃場に生息するケナガカブリダニを保護して利用する．

（iii） 使用上の留意点

できるだけケナガカブリダニに影響の少ない農薬を使用する．ただ，クワシロカイガラムシの防除は，樹冠内部に薬剤が到達するので，散布薬剤，散布時期を考慮して，なるべくケナガカブリダニに影響しないよう心がける．ケナガカブリダニの薬剤抵抗性の程度は地域により異なるので，使用する薬剤の選択に注意が必要である．

c） BT 剤

（i） 対象害虫および作用機作

BT 剤は，バチルス・チューリンゲスという細菌がその菌体内に生成する結晶毒素を有効成分とする殺虫剤である．対象病害虫は，チャノコカクモンハマキ，チャハマキ，チャノホソガ，ヨモギエダシャクなどである．結晶毒素タンパク質が害虫の中腸で可溶化された後，タンパク質分解酵素により殺虫活性を持つタンパク質が生成される．そのタンパク質が中腸の上皮細胞膜に結合して上皮細胞を破壊する．その結果，害虫は餌の摂取，消化吸収ができなくなり，餓死したり，弱体した後他の微生物，ウイルスが侵入して病死する．

(ii) 使用方法

チャノコカクモンハマキ，チャハマキに対しては，発生のばらつきの少ない第1世代幼虫期に散布すると効果が高い．その場合，付着量が少ないと効果は低いので葉の両面に薬液が充分付着するように注意する．チャノホソガに対しては，若齢幼虫は葉の内部にいるので防除効果は低い．中齢以降の幼虫は葉の表皮上から食害するので，防除効果が高い．ヨモギエダシャクに対しては，若齢幼虫期で効果が高いが，齢期が進むと効果が低下し，被害を抑えられなくなるので注意が必要である．

(iii) 使用上の留意点

BT剤は残効性が短いので防除適期を逃すと，防除効果が低くなる．

本剤の10 a当たりの価格は，400 *l* 散布で4,400～7,000円である．

(4) 性フェロモン剤

a) 交信攪乱法

(i) 対象害虫および作用機作

合成性フェロモン剤を，圃場に多量に設置することにより，雌雄間の性フェロモンによる交信を攪乱して交尾率を減少させ，次世代の加害幼虫の密度を制御する．ハマキガ類（チャノコカクモンハマキ，チャハマキ）に対する交信攪乱剤としてトートリルア剤：商品名ハマキコン-Nが市販されている．この製剤は，天然組成に近い複数のフェロモン成分が配合されているので，安定した交信攪乱効果が発揮される．

図8-4　交信攪乱剤の設置

(ii) 使用方法

使用する場合は，第1世代成虫が発生する前に，10 a当たり250本設置する．剤は，できるだけ広い面積で使用することが望ましい．性フェロモン成分は空気より重いので，設置位置は茶株面の摘採の邪魔にならない程度のなるべく地上より高い位置とする．直射日光が当たると成分が変質する恐れがあるので，葉層下の枝に取り付ける（図8-4）．

(iii) 使用上の留意点

傾斜地，風の強い場所等，本剤の濃度を維持することが困難な地域では使用しても効果が期待できない．外袋を開封したまま放置すると有効成分が揮散するので，密封したまま冷暗所に保存し，必ず使用直前に開封して使い切らなければいけない．性フェロモン剤の使用で完全に交尾をなくすことはできないので，予察情報で多発が予想される場合，殺虫剤を使用する．以前から使用されている単一フェロモン成分のみの交信攪乱剤（テトラデセニルアセタート剤：商品名ハマキコン-L）は近年感受性の低下がみられ，交信攪乱効果が得られない地域があるので注意が必要である．この剤の設置は手作業で行うので，10 a当たり25分程度かかる．処理茶園の周辺部では風向きによりフェロモン濃度が薄くなるところが生じたり，無処理茶園からの雌成虫の飛び込みにより防除効果が劣ることがあるので，取り付け密度を高くする必要がある．本剤の10 a当たりの価格は約9,000円である．

(5) 発生予察

a) 簡易モニター法

(i) 対象病害および作用機作

見かけ上健全な茶の古葉に潜在している輪斑病菌の量を，室内で分生子角を形成させることにより把握できる．このことにより，新葉での輪斑病の発生予測が可能となり，的確な防除が実施できる．

（ii）使用方法

病斑のない越冬葉，一番茶残葉の病斑がない古葉30枚を採取し，室内で20日間風乾した後，濡れたティシューペーパーを底に敷いたプラスチック容器に入れ密閉する．9日後に，輪斑病菌の分生子角の形成量で汚染量を推定する．これにより，一番茶と二番茶での発生の予測が可能となる（図8-5）．

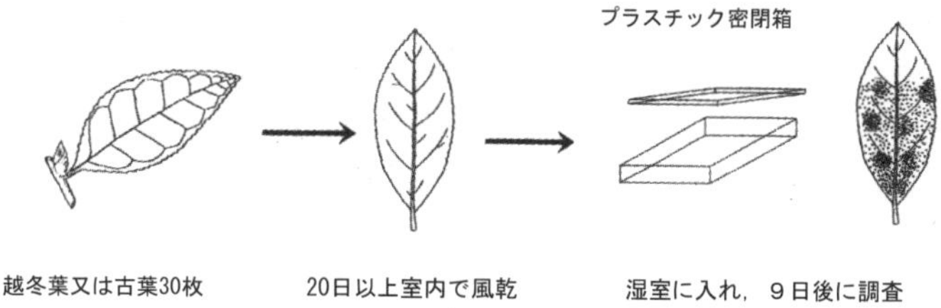

図8-5　輪斑病潜在菌の簡易モニター方法

（iii）使用上の留意点

一番茶での発生を予測するためには4月上旬の萌芽前の越冬葉を，二番茶での発生を予測するためには5月下旬から6月上旬の一番茶残葉の病斑がない古葉を採取するとよい．乾燥剤による急激な乾燥を行うと分生子角形成程度が低下するので，注意が必要である．

b）有効積算温度による発生予測

（i）対象害虫および作用機作

クワシロカイガラムシが発育を開始する最低温度（発育零点）以上の，発育に必要な有効積算温度を利用して，その年のクワシロカイガラムシの発生時期を予測する．クワシロカイガラムシは，ふ化幼虫の時は，まだ体がろう物質に覆われていないので，薬剤が浸透しやすい．この時期を過ぎると防除効果が低くなる．

（ii）使用方法

発育零点を10.5℃，有効積算温度の起算日を1月1日として，有効積算温度が280日度に達した翌日に茶枝を採集し，実体顕微鏡を用いて50％ふ化卵塊率を調査すれば，防除適期（50％ふ化卵塊率が60～80％の時期）を把握できる．または，茶株内に粘着トラップを設置し，捕獲したふ化幼虫数が最大になった1～5日後が防除適期となる．

（iii）使用上の留意点

各茶園の立地条件によって防除適期は異なるので，個々の圃場で調査が必要である．

c）電撃型自動計数フェロモントラップ

（i）対象害虫および作用機作

チャノコカクモンハマキ，チャハマキ，チャノホソガの性フェロモンによる害虫の発生動向の調査を自動的に行うために，電気で殺虫すると同時に自動計数する害虫発生予察装置が開発されている（図8-6）．従来，トラップの維持管理や誘殺虫の計数などに多大な経費と労力を要するので，経費の削減と省力化が求められていた．この装置はフェロモンに誘引され内部に入った虫を電撃で殺傷すると同時に自動計数できる．

（ii）使用方法

誘引源であるルアーを交換する以外の保守管理をしなくとも，年間を通じて自動計数することができる．また，トラップの誘殺データは通信回線や無線を利用してパソコン上にいつでも取り出し，種々のソフトを

図8-6　電撃型自動計数フェロモントラップ（捕虫部）

用いてデータを加工できる.

（iii）使用上の留意点

本トラップは商用電源のほか，太陽電池電源でも稼動できる．トラップ部には多重の安全ガードを備え安定的に作動する．本体内蔵のプリンターで過去30日分の誘殺データが印字可能である．チャノコカクモンハマキにおける計数精度は±５%以内である.

2） 将来利用可能な技術

（1）生物的防除法

a）昆虫ポックスウィルス

（i）対象害虫および作用機作

昆虫ポックスウイルス（EPV）は，ポックスウイルス科に属するウイルスである．EPVは二本鎖DNAウイルスで，図8-7に示したように楕円体と称するウイルス包埋体を産生する．EPVはチョウ目，コウチュウ目，バッタ目の61種の昆虫から分離されている．EPVは，ウイルスの形態，宿主域，ゲノムサイズにより，A, B, Cの3属に分割されている．チャハマキから分離されたEPV（HomaEPV）は，Bグループに属している．HomaEPVは宿主範囲が広く，チャハマキの他に，チャノコカクモンハマキ，ウスコカクモンハマキ，チビコカクモンハマキ，リンゴコカクモンハマキ，ミダレカクモンハマキに感染性を有している．HomaEPVに感染した幼虫は，幼虫期間が延長し，健全幼虫が蛹化した後も生き続けることがあるが，この様な特徴は，ウイルスの世代間の伝播に重要であると考えられている.

図8-7　チャハマキ昆虫ポックスウイルス楕円体の走査型電子顕微鏡写真

（ii）使用方法

HomaEPVもハマキ天敵と同様に接種的防除法の資材として利用するのが好ましい．具体的には，一番茶摘採後の第一世代の幼虫ふ化期の散布が望ましく，この時期の気温を考慮すると，発蛾最盛日から10日後頃が散布適期である.

（iii）使用上の留意点

ハマキ天敵よりも世代間の伝播効率が高い一方，前述したように，感染から致死までの期間が長いことから，この間の食害は免れない．したがって，第一世代の発生量が多い場合には，被害軽減のため化学合成農薬を散布する必要がある．将来，農薬登録される可能性がある.

b）ケナガカブリダニの大量放飼

（i）対象害虫および作用機作

土着ケナガカブリダニの密度の低い地域では大量増殖して圃場に放飼すると，カンザワハダニの密度を抑制することができる.

（ii）使用方法

放飼量は10 a当たり5,000頭で効果が得られる．一番茶期の放飼では効果が得られないため，放飼時期は梅雨

図8-8　ケナガカブリダニの放飼
上段：おがくず製剤　下段：放飼の様子

期の6月上旬が最適である．放飼方法はA4版の紙を利用して折り紙細工で箱を作り簡易に行うことができる（図8-8）．

（iii）使用上の留意点

大量増殖したケナガカブリダニの利用は農薬登録が必要となるため，今後の登録が望まれる．

（2）性フェロモン剤

a）大量誘殺法

（i）対象害虫および作用機作

ナガチャコガネの性フェロモンを圃場に設置することにより大量の雄成虫を誘引し，殺虫剤により致死させる．その結果，大部分の雄成虫がいなくなれば雌成虫が交尾する機会が少なくなるため，次世代の虫の密度低下が期待される．

（ii）使用方法

性フェロモンと殺虫剤を含浸したテックス板を，適当な間隔で茶園に設置する．フェロモンと殺虫剤の残効期間が長いので，1回の設置で追加交換は必要でない．作用の特徴としては，性フェロモンでナガチャコガネ雄成虫を誘引し，殺虫剤を含浸させたテックス板に接触させることによって殺虫作用を示す．

（iii）使用上の留意点

合成された性フェロモンの誘引性能についてはある程度評価されているが，野外雌の放出する性フェロモンの誘引性能に比べると劣る．その原因としては，合成性フェロモンの純度が関与していると考えられている．

（3）物理的防除法

a）送風式捕虫機

（i）対象害虫および作用機作

チャノミドリヒメヨコバイ，チャノキイロアザミウマ，カンザワハダニ，ヨモギエダシャクなどの害虫が寄生している茶樹の摘採面に強制風あるいは水滴を含んだ強制風を吹き付けて害虫を吹き飛ばし，吹き飛ばされた害虫を回収袋で捕獲あるいは圧死させる．特に，強制風に少量の水を含ませたウォーターアシストにより害虫への衝撃力が大きくなり，防除効果も高くなる．本機は，害虫を吹き飛ばす送風部，ウォーターアシスト部，ならびに吹き飛ばされた害虫を捕獲・圧死させるトラップ部から構成されている．風の強さは吹き出し口から30 cmのところで風速19 m/sとする．

（ii）使用方法

この機械により，摘採面に生息するチャノミドリヒメヨコバイ，チャノキイロアザミウマ，カンザワハダニなどのダニ類，ヨモギエダシャク幼虫を回収袋で捕獲できる．カンザワハダニ雌成虫の除去率は82％で，10 a当たりの作業時間は27分である．また，移動性の高いチャノミドリヒメヨコバイ，チャノキイロアザミウマについても瞬間的には70～80％捕獲可能である．

（iii）使用上の留意点

農薬のような残効性が期待出来ず，処理前の樹冠内部への逃げ込みおよび処理後の周辺からの飛び込みによる害虫密度の回復が予想される．そのため，処理時期や処理回数を検討する必要がある．

（4）発生予察

a）性フェロモン剤

（i）対象害虫

ナガチャコガネ成虫の防除適期を把握するため，性フェロモンによる発生予察の開発が進められている．

（ii）使用方法

トラップは，湿式のコガネコール用誘引器を使用し，風通しの良い場所に設置する．有効成分を含

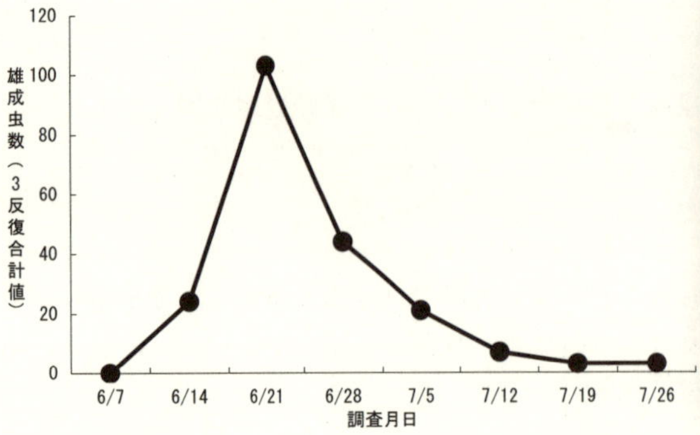

図8-9　性フェロモンによるナガチャコガネ雄成虫誘殺結果

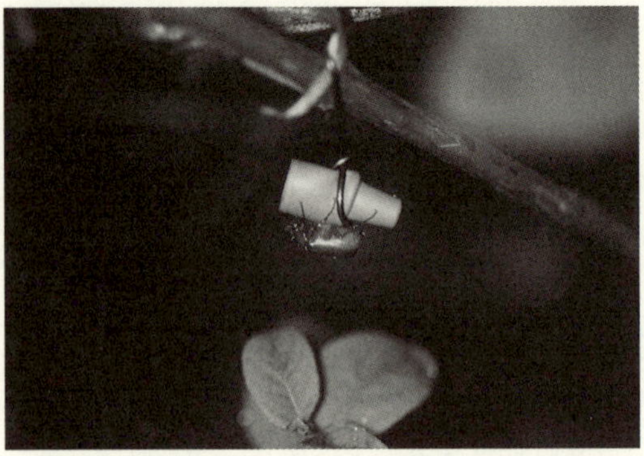

図8-10　ナガチャコガネの性フェロモン剤に対する雄成虫の反応

浸させたゴムキャップを針金でトラップの衝突板中央部の所定位置に固定する．誘因効果は長期に持続するので途中交換は必要ない．バケツの中に中性洗剤溶液を入れておく．高温乾燥時には水が蒸発して減少することにより，捕獲効率が低下したり，虫が腐敗するので，水の交換と補充に気をつける．捕獲数の調査は成虫の発生時期（静岡県で5月下旬～7月上旬）に毎日行うことが望ましい（図8-9，8-10）．

（iii）使用上の留意点

捕獲数の調査間隔をあけると発生のピークが不明瞭になったり，鳥などによる捕食で結果に誤差が生じることがあるので注意が必要である．

3．IPMマニュアルの事例

1） 実施可能なIPMマニュアルの事例

（1） 平坦地域茶園（静岡県南部）

静岡県南部を代表とする平坦地域茶園は，一般に一番茶と二番茶および秋冬番茶が収穫される．一番茶の収穫は4月下旬から5月中旬頃までで，5月上旬が収穫最盛期となる．一番茶収穫後約50日前後で二番茶の収穫期を迎える．二番茶は6月中旬から7月上旬にかけ収穫され，収穫最盛期は6月下旬頃である．その後，三番茶が7月上旬から7月下旬にかけ生育するが，近年三番茶の価格低迷と翌年一番茶の高品質化への期待から三番茶の収穫はほとんど実施されず，そのまま管理育成され，9月下旬から10月上旬にかけ秋芽とともに，秋冬番茶として収穫される．

茶は露地栽培が基本であることから，収穫対象の茶芽の生育や病害虫の発生は気温，降水量，日射量などの気象要因に左右され，年によって茶芽の生育に早晩があり，病害虫については発生時期や発生量が異なってくる．一般に平坦地域茶園では中山間地域茶園にくらべ，害虫の発生は多く，病害の発生が少ない傾向にある．害虫ではチャハマキあるいはチャノコカクモンハマキのハマキムシ類が年4回発生し，第2，第3世代で発生が多い．新芽を加害するチャノミドリヒメヨコバイやチャノキイロアザミウマは二番茶生育期以降恒常的に発生し被害も大きい．また近年クワシロカイガラムシの発生が多く，防除適期の幅が狭いため防除を困難としている．一方，カンザワハダニは近年土着天敵のケナガカブリダニによって多発することは少なくなり，早春期の越冬虫防除を省略する場合があるが，そのような茶園では一番茶収穫後にチャノナガサビダニが多発する事例が多い．病害では主として炭疽病，輪斑病，新梢枯死症が防除対象となる．炭疽病は二番茶以降の新芽生育期の天候が不順の場合に平坦地域茶園でも多発することがあるが，二番茶では発病前に収穫されるため被害はほとんどなく，三番茶以降の防除に重点がおかれている．輪斑病は二番茶摘採後に発生し，多発した場合その後の新芽の生育を阻害する．新梢枯死症は輪斑病の一症状で，二番茶摘採後に発生する輪斑病が伝染源となり，収穫されない三番茶枝梢に発生する．

以上を踏まえ，平坦地域茶園での病害虫管理の戦略として，① ハマキムシ類に対してはトートリルア剤（ハマキコン-N）と顆粒病ウイルス剤により恒常的な密度抑制を図るとともに，発生が多い第3世代幼虫期にはBT剤を併用し防除する．② クワシロカイガラムシの防除は化学農薬によるが，有効積算温度法や粘着トラップ法による予察を行い，第1世代を適期に防除し次世代以降の発生を抑制するとともに，第1世代発生期の他害虫を対象とした化学農薬の削減，IGR剤の使用により天敵相への影響を減らす．③ カンザワハダニは土着天敵のケナガカブリダニにより密度抑制されている現状から，発生期の他害虫防除にはケナガカブリダニに影響が少ないIGR剤を使用し保護する．④ 炭疽病，輪斑病，新梢枯死症の病害対策として，二番茶収穫後の深刈り剪枝により被害部および伝染源を一掃する．なお，このIPM防除体系を実施した場合，年によっては一番茶収穫後にチャノナガサビダニ，秋季にカンザワハダニが多発することがあるので，その場合は化学農薬により防除する必要がある．

作物・品種　茶

地域　平坦地域（静岡県）

栽培法・作型　普通煎茶用栽培・一番茶，二番茶および秋冬番茶摘採茶園

時期	作業・生育状況	対象病害虫	IPM 体系防除（薬剤防除回数）	慣行防除（薬剤防除回数）
3月上旬	萌芽前	カンザワハダニ		エトキサゾール水和剤 (1)
3月下旬	萌芽前	チャノコカクモンハマキ，チャハマキ	トートリルア剤	
4月上旬	一番茶芽生育期	コミカンアブラムシ		ピリミホスメチル乳剤 (1)
5月上旬	一番茶摘採			
5月中旬	一番茶摘採後	チャノコカクモンハマキ，チャハマキ	顆粒病ウイルス	エマメクチン安息香酸塩乳剤 (1)
		カンザワハダニ	土着ケナガカブリダニ	ミルベメクチン乳剤 (1)
		(チャノナガサビダニ)	クロルフェナピル水和剤 (1) **	クロルフェナピル水和剤 (1) **
5月下旬		クワシロカイガラムシ	フェンピロキシメート・ブプロフェジン水和剤 (2) *	フェンピロキシメート・ブプロフェジン水和剤 (2) *
6月上旬	二番茶芽生育期	炭疽病		TPN 水和剤 (1)
		チャノキイロアザミウマ，チャノミドリヒメヨコバイ，チャノホソガ	フルフェノクスロン乳剤 (1)	クロチアニジン水溶剤 (1)
6月下旬	二番茶摘採			
6月下旬	二番茶摘採直後	輪斑病		アゾキシストロビン水和剤 (1)
7月上旬	二番茶摘採後	炭疽病	深刈り剪枝	
		チャノコカクモンハマキ，チャハマキ		テブフェノジド水和剤 (1)
7月中～下旬	三番茶芽萌芽期	炭疽病，新梢枯死症		フルアジナム水和剤 (1)
		チャノキイロアザミウマ，チャノミドリヒメヨコバイ	アセフェート水和剤 (1)	アセフェート水和剤 (1)
7月下旬	三番茶芽生育期	クワシロカイガラムシ		DMTP 乳剤 (1)
7月下旬～8月上旬	三番茶芽生育期	炭疽病		フェンブコナゾール水和剤 (1)
		チャノキイロアザミウマ，チャノミドリヒメヨコバイ，チャノホソガ	アセタミプリド水溶剤 (1)	アセタミプリド水溶剤 (1)
8月中旬		チャノコカクモンハマキ，チャハマキ，ヨモギエダシャク	BT 剤	クロマフェノジド水和剤 (1)
		(カンザワハダニ)	ミルベメクチン乳剤 (1) **	
8月下旬	秋芽生育期	炭疽病	銅水和剤	銅水和剤
		チャノキイロアザミウマ，チャノミドリヒメヨコバイ，チャノホソガ	ジアフェンチウロン水和剤 (1)	ジアフェンチウロン水和剤 (1)
9月下旬	秋冬番茶摘採			
10月上旬	秋整枝後	カンザワハダニ，チャノコカクモンハマキ，チャハマキ		プロフェノホス乳剤 (1)
11月上旬		ナガチャコガネ	MEP 乳剤 (1)	MEP 乳剤 (1)
薬剤防除合計回数			9	20
防除資材費合計（労賃含まず）			42,555円	68,100円

＊混合剤では1回の散布でも成分数を防除回数としてカウントした．

＊＊ 対象害虫の多発がみられた場合に使用する．

茶園規模は10 a を想定．防除資材費算出にあたり薬液散布量はクワシロカイガラムシ 1000 l/10 a，ナガチャコガネ 5 l/m^2，他は 400 l/10 a とした．

（2） 中山間地茶園（三重県）

一番茶，二番茶および秋番茶の年間3回の摘採（収穫）が行われる．新芽は4月上旬から生育を始め，一番茶の摘採は5月上旬から中旬に行われる．二番茶の新芽は6月上旬から生育を始め，摘採は7月上旬に行われる．二番茶収穫後に生育する三番茶は摘採せず，9月上旬から生育する秋芽を9月下旬に摘採し秋番茶を製茶する．秋番茶の摘採後，10月上～下旬に秋整枝を行い，年間の作業を終える．三番茶芽が翌年の一番茶芽の親葉となるため病害虫による被害から守らなければならない．防除を除いた管理作業としては，施肥（年間8回），摘採（年間3回），整枝（年間4回）があり，IPM技術の体系化には，これらの作業と競合しないよう配慮が必要となる．

茶を加害する主要病害虫はカンザワハダニ，チャノホソガ，チャノキイロアザミウマ，チャノミドリヒメヨコバイ，チャノコカクモンハマキ，炭疽病があげられる．また，クワシロカイガラムシも近年発生が多く，難防除害虫である．ヨモギエダシャク，ウスミドリカスミカメムシ（ツマグロアオカスミカメムシ）なども発生するが，年または地域により発生程度が異なるため重点防除の対象にはなっていない場合が多い．

したがって，チャノホソガ，チャノキイロアザミウマ，チャノミドリヒメヨコバイなどの新芽を加害する害虫に対しては一番茶芽を除き，各新芽生育初期に必ず防除を行う．一番茶芽はチャノキイロアザミウマ，チャノミドリヒメヨコバイの発生は少ないため，チャノホソガだけを対象とした防除が行われる．カンザワハダニは一番茶生育期，一番茶摘採後および三番茶芽生育期に防除が行われる．チャノコカクモンハマキは一番茶摘採後（カンザワハダニと同時防除），三番茶芽生育期（ヨモギエダシャクと同時防除）に防除が行われる．地域により防除回数は異なるが，年間9回（12～13剤）の防除が行われている．

以上を踏まえ，中山間地茶園での病害虫管理の戦略として，① 一番茶芽萌芽前：チャノホソガ発生予察用性フェロモントラップ（電撃型自動計数装置を利用）の設置および交信攪乱用フェロモン製剤の設置を3月に終える．② 一番茶芽生育期：フェロモントラップ調査の結果からチャノホソガ越冬世代成虫の羽化ピークが新芽萌芽期より早いときは防除を省略する．③ 一番茶摘採後：交信攪乱用フェロモン製剤の設置によりチャノコカクモンハマキ防除は省略する．④ 二番茶芽生育期：チャノホソガ，チャノキイロアザミウマ，チャノミドリヒメヨコバイの防除を化学合成農薬で行う．⑤ 二番茶摘採後：耕種的防除として深整枝を行う．⑥ 三番茶芽生育期：この時期の葉は翌年の一番茶の親葉となるので，チャノホソガ，チャノキイロアザミウマ，チャノミドリヒメヨコバイを対象に化学合成農薬で防除を行う．ヨモギエダシャクが多発したときは，発生初期にBT水和剤で防除を行う．⑦ 秋芽生育期：チャノホソガ，チャノキイロアザミウマ，チャノミドリヒメヨコバイを対象に化学合成農薬で防除を行う．⑧ 11月から12月：カンザワハダニ越冬密度を低下させるため，マシン油乳剤で防除を行う．このとき，越冬量の多いうね南側の裾部を重点に散布すると効果的である．

この体系により化学合成農薬による延べ防除剤数を慣行の14剤から7剤に削減することができる．薬剤費などは防除回数の減少により低減されるが，電撃型フェロモントラップ装置の減価償却費などが必要になるため，慣行と比べコスト高となる．

作物・品種　茶・やぶきた

地域　中山間地域

栽培法・作型　普通煎茶・一番茶，二番茶および秋番茶

時期	作業・ 生育状況	対象病害虫	IPM 体系防除 (薬剤防除回数)	慣行防除 (薬剤防除回数)
3月	萌芽前	チャノコカクモンハマキ， チャハマキ	トートリルア剤	
	フェロモントラップ設置	チャノホソガ	チャノホソガ用フェロモントラップ	
4月上旬	一番茶芽生育期	カンザワハダニ		エトキサゾール水和剤 (1)
		チャノホソガ		テフルベンズロン乳剤 (1)
5月上 ～中旬	一番茶摘採			
5月中旬	一番茶摘採後	チャノコカクモンハマキ		ピラクロホス乳剤 (1)
		カンザワハダニ	(ビフェナゼート水和剤) (1)	ビフェナゼート水和剤 (1)
5月下旬	二番茶芽生育期	炭疽病		ジフェノコナゾール水和剤 (1)
		クワシロカイガラムシ	ブプロフェジン水和剤 (1)	ブプロフェジン水和剤 (1)
		チャノキイロアザミウマ， チャノミドリヒメヨコバイ， チャノホソガ	アセタミプリド水溶剤 (1)	アセタミプリド水溶剤 (1)
6月下旬	二番茶摘採			
7月上旬	二番茶摘採後	炭疽病	深刈り整剪枝	
7月下旬	三番茶芽生育初期	クワシロカイガラムシ		DMTP 乳剤 (1)
		チャノキイロアザミウマ	スピノサド水和剤	アセフェート水和剤 (1)
8月上旬	三番茶芽生育期	炭疽病		銅水和剤
		チャノキイロアザミウマ， チャノミドリヒメヨコバイ， チャノホソガ	フェンピロキシメート水和剤 (1)	チアクロプリド水和剤 (1)
8月中旬		カンザワハダニ	ミルベメクチン乳剤 (1)	ミルベメクチン乳剤 (1)
		ヨモギエダシャク	BT 剤	テブフェノジド水和剤 (1)
8月下旬		チャノキイロアザミウマ， チャノミドリヒメヨコバイ， チャノホソガ	フルフェノクスロン乳剤 (1)	ハルフェンプロックス乳剤 (1)
10月上旬	秋冬番茶摘採			
10月下旬		カンザワハダニ		フェンピロキシメート 水和剤 (1)
11月上旬		カンザワハダニ	マシン油乳剤	
薬剤防除合計回数			6	14
防除資材費合計（労賃含まず）			58,500円	39,900円

防除資材費には電撃型フェロモントラップ自動計数装置の減価償却費を含む.

2）将来のIPMマニュアルの事例

現在，茶の主力品種である「やぶきた」は品質が高く，収益性も優れているため，全国の茶園面積の約80％で栽培されている．しかし「やぶきた」は多くの病害虫に対し抵抗性が低い傾向にあるため，IPMを推進していく上では問題が多い．今後は耐病虫性が高く，品質，収益性で「やぶきた」と同等以上の品種の育成と普及がIPM体系を確立する上で重要である．また個別のIPM技術ではナガチャコガネの性フェロモン剤や微生物農薬の開発，カンザワハダニの天敵であるケナガカブリダニの大量増殖技術の開発，BT剤の効力増強，土着天敵の保護技術の開発などが必要になるであろう．これら技術が開発，実用化されるまでには，まだ歳月を要するため，当面，茶のIPM体系には大きな変化はないと考えられるが，希望も含め将来のIPM体系を提示したい．

(1) 平坦地茶園（静岡県南部）

作物・品種　茶

地域　平坦地域（静岡県）

栽培法・作型　普通煎茶用栽培・一番茶，二番茶および秋冬番茶摘採茶園

時期	作業・ 生育状況	対象病害虫	IPM 体系防除 (薬剤防除回数)	将来の IPM 体系 (薬剤防除回数)
3月上旬	萌芽前	カンザワハダニ		
3月下旬	萌芽前	チャノコカクモンハマキ, チャハマキ	トートリルア剤	トートリルア剤
4月上旬	一番茶芽生育期	コミカンアブラムシ		
5月上旬	一番茶摘採			
5月中旬	一番茶摘採後	チャノコカクモンハマキ, チャハマキ	顆粒病ウイルス	顆粒病ウイルス
		カンザワハダニ	土着ケナガカブリダニ	土着ケナガカブリダニ
		(チャノナガサビダニ)	クロルフェナピル水和剤 (1) *	クロルフェナピル水和剤 (1) *
		ナガチャコガネ		ナガチャコガネ性フェロモン剤
5月下旬		クワシロカイガラムシ	フェンピロキシメート・ブプロフェジン水和剤 (2) **	フェンピロキシメート・ブプロフェジン水和剤 (2) **
6月上旬	二番茶芽生育期	炭疽病		抵抗性品種
		チャノキイロアザミウマ, チャノミドリヒメヨコバイ, チャノホソガ	フルフェノクスロン乳剤 (1)	クロチアニジン水溶剤 (1)
6月下旬	二番茶摘採			
6月下旬	二番茶摘採直後	輪斑病		抵抗性品種
7月上旬	二番茶摘採後	炭疽病	深刈り剪枝	抵抗性品種・深刈り剪枝
		チャノコカクモンハマキ, チャハマキ		
7月中 ～下旬	三番茶芽萌芽期	炭疽病, 新梢枯死症		抵抗性品種
		チャノキイロアザミウマ, チャノミドリヒメヨコバイ	アセフェート水和剤 (1)	アセフェート水和剤 (1)
7月下旬		クワシロカイガラムシ		
7月下旬 ～ 8月上旬	三番茶芽生育期	炭疽病		抵抗性品種
		チャノキイロアザミウマ, チャノミドリヒメヨコバイ, チャノホソガ	アセタミプリド水溶剤 (1)	アセタミプリド水溶剤 (1)
8月中旬		チャノコカクモンハマキ, チャハマキ, ヨモギエダシャク	BT 剤	BT 剤
		(カンザワハダニ)	ミルベメクチン乳剤 (1) *	ケナガカブリダニ放飼*
8月下旬	秋芽生育期	炭疽病	銅水和剤	抵抗性品種
		チャノキイロアザミウマ, チャノミドリヒメヨコバイ, チャノホソガ	ジアフェンチウロン水和剤 (1)	ジアフェンチウロン水和剤 (1)
9月下旬	秋冬番茶摘採			
10月上旬	秋整枝後	カンザワハダニ, チャノコカクモンハマキ, チャハマキ		
11月上旬		ナガチャコガネ	MEP 乳剤 (1)	
薬剤防除合計回数			8	7

* 対象害虫の多発がみられた場合に使用する.

** 混合剤では1回の散布でも成分数を防除回数としてカウントした.

(2) 中山間地域茶園（三重県）

作物・品種　茶・やぶきた

地域　中山間地域

栽培法・作型　普通煎茶・一番茶，二番茶および秋番茶摘採

時期	作業・ 生育状況	対象病害虫	現在可能な IPM 体系防除 (薬剤防除回数)	将来の IPM 体系 (薬剤防除回数)
3月	萌芽前	チャノコカクモンハマキ， チャハマキ	トートリルア剤	トートリルア剤
	フェロモントラップ設置	チャノホソガ	チャノホソガ用フェロモントラップ	チャノホソガ用フェロモントラップ
5月上～中旬	一番茶摘採			
5月中旬	一番茶摘採後	チャノコカクモンハマキ		
		カンザワハダニ	ビフェナゼート水和剤 (1)	
5月下旬	二番茶芽生育期	炭疽病		
		クワシロカイガラムシ	ブプロフェジン水和剤 (1)	ブプロフェジン水和剤 (1)
		チャノキイロアザミウマ， チャノミドリヒメヨコバイ， チャノホソガ	アセタミプリド水溶剤 (1)	アセタミプリド水溶剤 (1)
		カンザワハダニ		ケナガカブリダニ放飼＊
6月下旬	二番茶摘採			
7月上旬	二番茶摘採後	炭疽病	深刈り整剪枝	深刈り整剪枝
7月下旬	三番茶芽生育初期	チャノキイロアザミウマ	スピノサド水和剤	スピノサド水和剤
8月上旬	三番茶芽生育期	炭疽病		
		チャノキイロアザミウマ， チャノミドリヒメヨコバイ， チャノホソガ	フェンピロキシメート水和剤 (1)	チアクロプリド水和剤 (1)
8月中旬		カンザワハダニ	ミルベメクチン乳剤 (1)	
		ヨモギエダシャク	BT 剤	BT 剤
8月下旬		チャノキイロアザミウマ， チャノミドリヒメヨコバイ， チャノホソガ	フルフェノクスロン乳剤 (1)	フルフェノクスロン乳剤 (1)
10月上旬	秋冬番茶摘採			
11月上旬		カンザワハダニ	マシン油乳剤	マシン油乳剤
薬剤防除合計回数			6	4

＊土着ケナガカブリダニの密度が低い地域では放飼が必要である．

Ⅸ．イネ（東日本）のIPMマニュアル

1．イネ（東日本）におけるIPMの意義

日本のふるさとの原風景を形作ってきた水稲栽培は年々減少しているが，栽培面積（全国で2003年度167万ha）は他の作物とは比較にならない規模をもつ．米の主産地を多く抱える東日本にはその約70％が集中している．近年は米価の下落傾向に歯止めがかからず農家の高齢化が深刻化する一方で，農村の再生をかけた様々な取組みが続けられている．消費者に喜ばれる米作りと農村環境の保全を一体にした減農薬栽培の導入はその代表例である．水稲は病害虫防除の省力化と農薬使用量削減が最も進んだ作物の一つである反面，農薬を基幹防除手段としそのスケジュール散布に強く依存してきた側面をもっている．社会的要請と農家の関心が重なりをみせている今日こそ，防除のあり方を再検討する好機といえる．他の作物を圧倒する栽培規模をもつ水稲における減農薬栽培の実現は，環境負荷軽減において比類のない効果をもつと期待されている．

東日本で発生する病害虫は，過去に一度でも被害が報告された事例を含めれば膨大な種数になるが，近年防除の対象とされている種は比較的限られている．病害ではいもち病，紋枯病，稲こうじ病，ばか苗病，苗立枯病，もみ枯細菌病，縞葉枯病などであり，地域によっては白葉枯病，ごま葉枯病，黄化萎縮病，褐色菌核病対策が必要となるケースもある．発生面積，防除面積，発生注意報・警報の発表回数のいずれにおいても，いもち病の重要度が突出している．虫害では斑点米カメムシ類が最も重要であり，寒地ではアカヒゲホソミドリカスミカメ，アカスジカスミカメ，オオトゲシラホシカメムシ，トゲシラホシカメムシが，南部ではクモヘリカメムシ，ホソハリカメムシが主要種である．このほかに，イネミズゾウムシ，イネドロオイムシ，イネヒメハモグリバエ，イチモンジセセリ，フタオビコヤガ，ニカメイガ，コバネイナゴ，ツマグロヨコバイ，ヒメトビウンカ，セジロウンカ，イネハモグリバエ，イネゾウムシ，イネクロカメムシ，イネシンガレセンチュウなどが問題となる．

水稲は発生予察に基づく病害虫防除が効果的な作物である．均一な栽培条件が広大な面積におよび，立地条件による病害虫の発生しやすさについても経験的情報が蓄積されているので，比較的限られた地点数で実施される発生調査によって防除の要否や防除適期を判断することが可能となる．これはとりわけ移動性の高い害虫や気象条件に強く依存する病害虫にあてはまる．したがって，水稲におけるIPM推進の柱の一つは，省力性と高精度を兼備した実用性の高い発生予察技術の開発，および信頼できる要防除水準の策定である．しかし，兼業化と高齢化が進んだ地域では病害虫の発生調査や適期防除が困難になっており，軽作業性と時間的な非制約性を満たす技術が求められている．もう一つの柱は農薬代替技術の確立であり，目処のついた技術の実用化を促進するとともに，新技術開発のために基盤的研究の一層の推進が欠かせない．なお，IPMに組み込むことができる個別技術については東日本と西日本に共通する技術が少なくないので，イネ（西日本）のIPMマニュアルも参考にしていただきたい．

2．IPMに組み込む個別技術

1）現在利用できる技術

（1）病害虫抵抗性品種

a）イネ縞葉枯病抵抗性品種

（i）対象病害虫および作用機作

ヒメトビウンカが媒介するイネ縞葉枯病は1980年代に関東地方を中心に大流行した水稲のウイルス病である．1990年代に入ってからは発生面積が減少の一途をたどっているが，関東では被害が問題

となる地域が今も残っている．西日本では保毒虫率の高いヒメトビウンカの海外飛来が縞葉枯病の流行の引き金になったと判断されるケースがあるが，東日本では土着のヒメトビウンカの密度増加がイネ縞葉枯病の多発を招いている．関東地方において1980 年代には最大の減収要因であったイネ縞葉枯病の沈静化に大きく貢献したのが，1981年に導入された「むさしこがね」に代表される真性抵抗性品種である．しかし，この品種は食味が劣り収益性が低いため，良食味の抵抗性品種作出が進められた．これまでに育成された抵抗性品種はいずれも，パキスタンのイネ品種 Modan に由来するイネ縞葉枯ウイルス抵抗性遺伝子 *Stvb-i* が交配によって導入されている．イネ縞葉枯病抵抗性を付与した品種には「朝の光」，「月の光」，「祭り晴」，「あさひの夢」，「こいごころ」，「ゴロピカリ」，「彩のかがやき」，「彩のきらびやか」，「ミルキープリンセス」などがある．

（ii） 使用上の留意点

現存の抵抗性品種はイネ縞葉枯ウイルスには抵抗性であるが，その媒介昆虫であるヒメトビウンカに対しては抵抗性がない．そのため，ヒメトビウンカの保毒率が高い場合，あるいはヒメトビウンカ第一世代成虫の密度が高い場合には抵抗性品種の作付け率が低いとイネ縞葉枯病の流行を抑えることが困難である．過去の縞葉枯病の流行は，栽培時期の早期化あるいはムギ類の作付け率が高まった時期に起こっている．とりわけヒメトビウンカの好適な寄主植物であるムギ類の栽培が増加するとヒメトビウンカの越冬世代密度が増加するので注意が必要である．また，直播水稲では早期感染が起こり激しい被害が出た例が知られている．縞葉枯病抵抗性遺伝子をもつ極良食味の高収益品種はまだ少なく，他の病気や害虫に対する抵抗性の程度は品種間で異なるので，品種の選択に当たっては地域で発生する病害虫を考慮する必要がある．

b） いもち病抵抗性同質遺伝子系統

発生の年次変動が大きく，冷夏の年には甚大な被害をもたらすいもち病は東日本における最も重要な病害である．いもち病抵抗性品種の育種は古くから行われ，圃場抵抗性と真性抵抗性の利用が進められてきた．しかし，圃場抵抗性はそれに関与する遺伝子が多いために不良形質を伴わずに抵抗性形質だけを導入することが困難であり，良食味と強い圃場抵抗性を兼備した品種はほとんど育成されてこなかった．また，主働遺伝子に支配された新たな真性抵抗性を導入した品種も，それを侵すいもち病菌の新レースの増加によって感受性化を繰り返してきた．同一品種への様々な真性抵抗性遺伝子の集積は，集積されたすべての遺伝子を侵すスーパーレースが出現する危険性が考慮され実現していない．これらの育種法に代わり，いもち病に対する真性抵抗性だけが異なる同質遺伝子系統を複数育成し，マルチライン（多系品種）として混植する方法が開発された．マルチラインは「日本晴」などで最初に育成され，「ササニシキ BL」が1995年に初めて普及に移された．「ササニシキ BL」は4系統から成り，殺菌剤の散布回数削減が可能となった．「コシヒカリ」「あきたこまち」「ひとめぼれ」「キヌヒカリ」「ヒノヒカリ」など，良食味で知られる多くの主要品種でマルチラインがすでに育成済みか育成中である．マルチラインの作用機作，使用上の留意点など詳しい説明については付録Fを参照されたい．

（2） 耕種的防除法

a） 斑点米カメムシ類の発生源管理

（i） 対象害虫および作用機作

斑点米の原因となるカメムシ類の種類数は多いが，東日本で発生する重要種は，アカヒゲホソミドリカスミカメ（図 9-1），アカスジカスミカメ，クモヘリカメムシ（図 9-2），ホソハリカメムシの4種であり，ついでトゲシラホシカメムシ，オオトゲシラホシカメムシ，シラホシカメムシ，イネカメムシなどが問題となる．重要な4種はいずれも，出穂期～登熟期の水田に飛来する前は出穂したイネ科植物の多い群落に生息している．斑点米カメムシの発生源となる畦畔，農道，休耕地，雑草地，河川敷，牧草地などを適切に管理することで，水田に飛来侵入するカメムシの密度を抑制することができ

図9-1　米主産地における最重要斑点米カメムシ，アカヒゲホソミドリカスミカメ（体長約6 mm，平江雅宏氏原図）

図9-2　関東地方における最も重要な斑点米カメムシであるクモヘリカメムシ（体長約16 mm）

る．イネ科植物が出穂しないように適期に除草を行うか，カメムシの発生源とならないカバープランツ（被覆作物）を植えることによって発生源におけるカメムシ密度を抑制する．

（ii）使用方法

畦畔や休耕地の除草を水稲の出穂時期より2週間以上前に実施する．出穂期が近づいてから除草すると水田に侵入するカメムシを増加させる場合がある．刈り取りによって除草を行う場合には根際から刈り取って雑草の再生を遅らせる．イタリアンライグラスなどのイネ科牧草は出穂前に収穫する．このほかに，畦畔や雑草地をカメムシ類の寄主植物とならないカバープランツや景観植物で覆う方法が試みられている．

（iii）使用上の留意点

発生源の除草は斑点米カメムシ対策として広く推奨されているが，適期の除草がなされない場合，あるいは刈り取りが不十分であるとカメムシ類の発生を助長する場合があるので注意する．カバープランツによる発生源管理では維持管理に手がかからない植物を選定することが実用性のポイントであり，センチピートグラスなどが有望視されている．

（3）物理的防除法

a）温湯浸漬法による種子消毒

（i）対象病害虫および作用機作

種子温湯浸漬法は，発芽率を損なわない範囲内で種子を高温処理して殺菌する方法であり，ムギ類では古くから使われていた方法である．この物理的殺菌法が水稲の種子消毒に応用され実用化されている．ばか苗病，苗立枯細菌病，もみ枯細菌病，褐条病，いもち病，イネシンガレセンチュウなどの種子伝染性病害虫の発生を抑制することができる．

（ii）使用方法

発病抑制効果は一般に処理温度が高く処理時間が長いほど高まる反面，籾の発芽率は低下する．十分な発病抑制効果を期待できる処理条件は病害の種類によって異なり，苗立枯細菌病に対しては58℃5分間の処理でも効果が高いが，ばか苗病に対してはこの処理条件ではほとんど効果がなく63℃5分間以上の処理が必要である．一方，籾の発芽率に対する処理の影響も品種によって異なり，ササニシキやヒメノモチなどでは高温処理の影響を受けやすいことが知られている．したがって，種子消毒の対象となる病害の種類と作付け品種に応じて処理条件を選択する必要がある．品種を問わず90％以上の発芽率が確保でき，多くの主要病害に対して殺菌剤と同等以上の効果が期待される条件として，東日本では60～62℃で10分間，60℃で15分間，あるいは63℃で5分間が奨励されている．一定時間浸漬後は速やかに流水で冷やす必要がある．

（iii）使用上の留意点

温湯浸漬には乾燥籾あるいは塩水選開始後1時間以内の籾を用いる．一度水に漬けたあと時間がたった種子や古い籾など，発芽率が劣る種子は温湯浸漬によって発芽率が著しく低下する．浸漬温度が高すぎたり浸漬時間が長すぎると発芽率が極端に低下する品種があるので処理条件を厳密に守ることが大切である．湯温の低下を防ぐために，浴比（湯量と種子量の比）を10：1以上にし，熱伝導率の低いポリ容器などを用い蓋をすると効果的である．標準的な処理条件ではシンガレセンチュウに対する効果が劣る．温湯浸漬法による種子消毒に関する詳しい説明についてはイネ（西日本）のIPMマニュアルと付録Gを参照されたい．

（4）化学的防除法

a）要防除水準に基づく防除

（i）対象病害虫および作用機作

東日本に発生する主要害虫，イネミズゾウムシ（図9-3），イネクビボソハムシ（イネドロオイムシ），イネヒメハモグリバエ，イチモンジセセリ（イネツトムシ），ニカメイガ，斑点米カメムシ類，セジロウンカ，ツマグロヨコバイ，イナゴ類などについて，害虫密度あるいはそれに代わる発生量の指標を用いた要防除水準が各都道県で設定されている．要防除水準は，害虫発生量と減収あるいは品質低下の関係を調査した結果に基づいて，防除に要するコストを上回る防除効果が見込まれる基準に設定されており，多くの害虫では無防除の場合に予想される減収率3-5％，斑点米カメムシ類については精玄米の斑点米混入率0.1％に対応している．害虫によっては水稲の作期，移植時期，調査時期，栽培品種，許容できる減収率，防除手段別に詳しい要防除水準が設定されている．要防除水準に基づいて防除の要否を判断することによって化学農薬の使用回数を削減することができるばかりでなく，殺虫剤に対する抵抗性発達のリスクも軽減できる．とくにみかけの被害がめだつわりに実害が少ない食葉性害虫に対する過剰防除を抑制する上で有効である．

図9-3　東日本で発生面積が最大の害虫イネミズゾウムシ（体長約3 mm，城所 隆氏原図）

病害は環境条件次第で病勢が急速に拡大する傾向があり，かつ病徴が出てからでは防除が間に合わないケースが多いために，信頼できる要防除水準の設定は困難視されている．病勢の進展が比較的遅い紋枯病については発病株率に基づく要防除水準が設定されており，穂いもちについても上位葉の発病株率を用いた圃場単位の防除の目安が一部の県で設定されている．いもち病については将来利用可能な技術も参考にされたい．

参考例として，新潟県における水稲病害虫の要防除水準を表9-1に示した．

（ii）使用方法

害虫密度あるいはそれに代わる指標の調査方法については種別に決められている．圃場単位の調査では，セジロウンカ，ツマグロヨコバイ，イナゴ類，斑点米カメムシ類については捕虫網によるすくい取り，イネミズゾウムシとイネクビボソハムシ（イネドロオイムシ）では成虫または卵塊の見取り調査，ニカメイガでは被害茎のある株率の調査が基本である．水田中央部の密度が低い害虫については，

表9-1　新潟県における水稲病害虫の要防除水準に基づく防除法

病害虫名	調査時期	防除のめやす	防除時期	調査規模
紋枯病 （圃場単位， 地域単位）	①7月10日頃	発病株率 8％以上・・・2回散布 〃　8％以下・・・②で調査	穂ばらみ期・ 穂揃い期	100株 /圃場 20圃場 /地域
	②7月20日頃	発病株率10％以上・・・1回散布 〃　10％以下・・・③で調査	出穂期直前～ 出穂期	
	③7月末～8月初旬	発病株率20％以上・・・1回散布 〃　20％以下・・・防除不要	出穂期～ 穂揃い期	
イネドロオイムシ （圃場単位）	越冬成虫侵入盛期 （5月下旬）	成虫数（100株当たり） 10頭以下・・・防除不要 30頭以上・・・必ず防除	茎葉散布の場合 幼虫加害初期 （6月上～中旬）	100株/圃場
	産卵盛期 （5月下旬～ 6月下旬	卵塊数（30株当たり） 25卵塊以下・・・防除不要 90卵塊以上・・・必ず防除		30株/圃場
		［留意点］ ・中間量の場合は地域の発生程度を考慮し判断する		
イネミズゾウムシ （圃場単位）	移植2週間後頃	被害程度（畦畔から1m） 平均食害指数2以下・・・防除不要 3以上・・・防除必要	粒剤の水面施用 成虫密度盛期 （5月第6～ 6月第2半）	100株/圃場
		成虫数（畦畔から1m） 15頭以上・・・防除必要		50株/圃場
		［留意点］ ・中間量の場合は地域の発生特徴を考慮し判断する ・田植え後の気温が低温の年は調査時期を遅くする		
ニカメイチュウ （地域単位）	前年の 10月下旬～11月	刈り株の被害茎発生株率 60％以下・・・防除不要	粉，液剤の場合 発蛾最盛期の 15～20日後	40圃場/地域 40株/圃場
	6月20日頃	葉鞘変色茎発生株率 20％以下・・・防除不要		40圃場/地域 25株/圃場
	5月～6月10日	性フェロモントラップ誘殺数 800頭以下・・・防除不要		10トラップ/地域
ニカメイチュウ （圃場単位）	6月20日頃	葉鞘変色茎発生株率 50％以下・・・防除不要		25株/圃場
セジロウンカ （地域単位）	7月下旬	20回振りすくいとり虫数 50頭以下　・・・防除不要 300頭以上・・・防除必要	調査後直ちに	
	8月上旬	20回振りすくいとり虫数 100頭以下　・・・防除不要 300頭以上・・・防除必要	8月15日頃まで	
		［留意点］ ・中間量の場合は成虫比率を調査し，防除所等の指導を受ける ・防除適期は成虫飛来直後または羽化盛期の15～20日後 ・飛来情報に注意する		
ツマグロヨコバイ （地域単位）	第1世代成虫期 （7月中～下旬）	20回振りすくいとり虫数 成虫5頭以上・・・防除必要	8月上旬	
	第2世代成虫期 （7月下～8月上旬）	20回振りすくいとり虫数 成・幼虫100頭以上・・・防除必要	8月中旬	
イナゴ （圃場単位）	6月下旬～7月上旬	20回振りすくいとり虫数 （畦畔際のイネ株） 100頭以上・・・防除必要	7月上～中旬	

調査が容易でかつ調査効率が高い畦畔際の株が調査対象とされている．地域を対象とした調査ではフェロモントラップも利用できる．個人で調査することが困難な場合には組織的な調査体制の確立が望まれる．

（iii） 使用上の留意点

病害虫の発生調査時期と要防除水準は平年の気象条件を前提としているので，異常気象に見舞われた年には適用できないケースがある．調査前の気象条件が平年と著しく異なる年には複数回の調査を実施するか，あるいは発生予察情報に基づいて調査時期を調整することが望まれる．また，調査後に異常気象が出現した場合には，とりわけ病害については要防除水準以下の発生であっても防除の要否を再検討する必要がある．

近年とりわけ大きな問題となっている斑点米カメムシ類については出穂期頃の調査が基準となっている場合が多いが，要防除水準が極めて低いために精度の高い密度推定が困難であり，さらに登熟期の気象条件などによって調査後の発生量や加害量が変動しやすい．したがって，出穂期の調査だけでは適切な要防除の判断が困難なケースが多い．このような理由から，東日本の代表的斑点米カメムシであるアカヒゲホソミドリカスミカメ（イネホソミドリカスミカメ）については要防除水準を設定していない県もある．継続的な発生調査を実施することが困難な場合には，要防除水準を目安として用い，発生予察情報，調査後の気象条件などを考慮して防除の必要性を判断したい．東日本では海外飛来性のイネウンカ類とコブノメイガが被害をもたらす頻度は低く，飛来直後に対応しなくても防除は間に合うので，発生予察情報に基づいて密度調査の要否を判断できる．害虫密度の調査で特に注意を要するのはイネミズゾウムシである．本種の成虫は水中に潜る性質があり，風や降雨があるとその割合が高くなるので密度を過小推定しやすい．

害虫の水田内における増殖は気象条件のほかにも多くの要因に影響される．また，害虫の密度は同じでも水稲の生育段階や施肥条件によって被害は異なり，農家によって許容できる被害程度にも差がある．設定されている要防除水準は防除要否の目安であることを踏まえ，防除が必要と判断された場合には防除適期を外さないことが重要である．

b） 長期残効性育苗箱施薬

（i） 対象病害虫および作用機作

粒剤の育苗箱施用は田植機の普及にあわせて省力的な防除法として開発され，有機リン系，カーバーメイト系，ネライストキシン系の殺虫剤が長年にわたり使われてきた．1992年に農薬登録されたイミダクロプリド剤は殺虫スペクトラムの広さと残効性に卓越しており，海外飛来性イネウンカ類の多発生に悩まされていた西日本で最初に普及した．この剤を皮切りに浸透移行性にすぐれた育苗箱施用の長期残効性殺虫剤の開発が進み，さらに1997年からいもち病に対して長期残効性を示す育苗箱施用剤が次々に登録された．以後，防除の省力化と農薬の飛散防止のために東日本でも長期残効性の育苗箱施用剤が急速に普及している．長期残効性施用剤には，従来の水面施用剤と有効成分は同じであるが成分含量を増やし溶出速度を制御することで残効性を高めた薬剤も含まれる．

育苗箱施用剤として登録された長期残効性殺虫剤には，昆虫の神経伝達系に作用するネオニコチノイド系のイミダクロプリド剤，ジノテフラン剤，チアメトキサム剤，チアクロプリド剤，クロチアニジン剤やフェニルピラゾール系のフィプロニル剤などがある．これらの殺虫剤はいずれもイネミズゾウムシ，イネクビボソハムシ（イネドロオイムシ），ウンカ類に対して登録があり，薬剤によってはツマグロヨコバイ，イネウンカ類，イナゴ類，イネヒメハモグリバエ，イネアザミウマ，イチモンジセセリ，フタオビコヤガ，コブノメイガ，イナゴ類が適用害虫に含まれる．育苗箱施用の長期残効性いもち剤にはプロベナゾール剤，カルプロパミド剤，ジクロシメット剤，トリシクラゾール剤，ピロキロン剤などがあり，いもち病菌の稲体侵入阻害，二次感染抑制，稲体への誘導抵抗性付与（抗菌性物質の産生と蓄積），のいずれかまたは複数の効果によっていもち病の感染を予防する．薬剤によっては，いもち病以外に紋枯病，白葉枯病，もみ枯細菌などにも有効である．長期残効性の殺虫剤と殺菌剤はそれぞれ単剤として，あるいは両者を組み合わせた長期残効性の殺虫殺菌剤，残効性には劣るがより安価な殺虫剤と長期残効性殺菌剤を組み合わせた殺虫殺菌剤として多種類が登録されており，使用目的に応じて選択できる．また，長期残効性育苗箱施用剤を適切に使用すると防除回数を大幅に削減できる．

（ii） 使用方法

使用方法，使用量，使用時期については各農薬の使用基準に従う．播種後の育苗箱に散粒器具などを用いて散布する方法（図9-4）のほかに，大規模農家や育苗プラント用に床土あるいは覆土に混和が可能な専用製剤も開発され，一層の省力化が実現している．

図9-4　散布粒機による育苗箱施薬
（城所 隆氏原図）

（iii） 使用上の留意点

安定した効果を得るためには育苗箱に均一に散布することがポイントである．軟弱な徒長苗に施用したり，移植後に田面が露出すると薬害が生ずることがある．長期残効性殺虫剤はいずれも殺虫スペクトラムが広いが，薬剤により残効期間や対象害虫が異なり，水産動物に対する影響にも差があるので使用場面に応じて剤を選択する．

省力性にすぐれた長期残効性育苗箱施用剤の普及率はすでに多くの地域で高まっているが，水田初中期害虫に対しては万能ではないこと，発生予察に基づかない予防的防除であるために過剰防除になりやすく，薬剤抵抗性の発達を助長しやすいことに注意が必要である．すでに一部の地域で，フィプロニル剤に対してイネクビボソハムシ（イネドロオイムシ），カルプロパミド剤に対していもち病の抵抗性系統が出現している．過剰防除を避けるために，長期残効性育苗箱施用剤が広域に使われた結果イネミズゾウムシ，イネクビボソハムシ，イナゴ類などの主要な土着害虫の密度が十分に低下した場合には，育苗箱施用を隔年実施したり一時中断することが試みられている．

c） 殺虫剤の水田周縁部施用

（i） 対象害虫および作用機作

外から水田に侵入する移動性の低い害虫の水田内における密度に偏りがあり，とりわけ侵入期には周辺部だけに集中している．おもに歩行によって侵入する北日本のイネミズゾウムシ，コバネイナゴ（図9-5），コバネヒョウタンナガカメムシやシラホシカメムシ類などの斑点米カメムシでこの傾向が顕著である．このような害虫に対しては，水田の周縁部だけを防除する，いわゆる額縁防除によって水田全面防除とほぼ同等の防除効果が得られる．殺虫剤使用量の削減効果は大区画の水田ほど大きく，30 a水田では約80％の削減率を実現できる．

図9-5　コバネイナゴ（体長：雄28～34 mm，雌約40 mm，城所 隆氏原図）

（ii） 使用方法

イネミズゾウムシとコバネイナゴに対しては長期残効性育苗箱施用剤を処理した苗を畦畔に沿って8条移植する．斑点米カメムシ類に対しては畦畔際に茎葉散布剤あるいは粒剤を施用する.

（iii） 使用上の留意点

コバネイナゴに対しては周縁部2条に育苗箱処理した苗を移植するだけでも高い効果が得られている．水田に飛来侵入するカスミカメムシ類やホソハリカメムシが主要な斑点米カメムシとなっている場合にも額縁防除が斑点米発生抑制に有効であるデータが得られている地域があるが，アカヒゲホソミドリカスミカメの水田内での分布は周縁部に集中しない例が多いので本種に対しては安定した高い防除効果は期待できない.

2） 将来利用可能な技術

（1） 抵抗性品種

a） ツマグロヨコバイ抵抗性品種

（i） 対象害虫および作用機作

ツマグロヨコバイは萎縮病や黄萎病の媒介昆虫であるとともに，東日本では多発生により吸汁害をもたらす害虫として知られている（図9-6）．萎縮病の大流行を契機に1970年頃から本種に対する抵抗性品種の育成が開始され，インドネシア，台湾，フィリピン，インド原産のインド稲に由来する抵抗性遺伝子をそれぞれ導入した，「愛知42号・49号」，「中間母本農2号（関東PL3号）」，「関東 PL6号」，「中間母本農5号（西海 PL2号）」・「中間母本農6号（奥羽 PL1号）」などが次々に育成された．これらの品種や中間母本はツマグロヨコバイ抵抗性遺伝子 *Grh1*，*Grh2*，*Grh3*，*Grh4* のうちいずれか一つあるいは2つが導入されている．抵抗性遺伝子 *Grh1* を持つ品種として「彩の夢」，「むさしの1号・2号」，*Grh3* をもつ「大地の風」などが育成され，さらに抵抗性遺伝子を連続戻し交配した同質遺伝子系統がコシヒカリで作出されている．キヌヒカリでは抵抗性遺伝子が異なる4つの同質遺伝子系統の育成が進んでおり，このうち *Grh2* と *Grh4* を導入した同質遺伝子系統は圃場試験においてツマグロヨコバイの発生を強く抑制し，室内選抜試験の結果からそれを加害できるバイオタイプが発達しにくいと考えられており，有望視されている.

図9-6　ツマグロヨコバイ
（体長：雄約4.5 mm，雌5.5 mm，平江雅宏氏原図）

（ii） 使用方法

ツマグロヨコバイ抵抗性品種には縞葉枯病抵抗性を兼ね備えた品種もあるが，その他の害虫に対しては効果がないので必要に応じて他の防除対策を組み合わせて使用する．たとえばニカメイチュウやイチモンジセセリなどのチョウ目害虫の発生が問題となる地域では，長期残効性箱施用剤のフィプロニル剤と組み合わせる方法がある.

（iii） 使用上の留意点

ツマグロヨコバイの品種加害性には地域間差があることが知られているので，栽培予定地域のツマグロヨコバイ個体群の品種加害性について事前に調査し，適切な品種を選定する．抵抗性品種を加害できるバイオタイプが発達する可能性があるので，そのモニタリングが必要である.

（2） 物理的防除法

a） 酸性電解水の温湯処理による種子伝染性病害の防除

（i） 対象病害虫および作用機作

酸性電解水に殺菌作用があることが認められているが，常温では安定した水稲種子の消毒効果が得られない．しかし，種子を浸漬した酸性電解水を温湯で加温することによって消毒効果を高め，市販の種子消毒剤と同程度の消毒効果を得ることができる．この方法で，いもち病・ばか苗病・苗立枯細菌病・褐条病の苗での発病を抑制できる．イネシンガレセンチュウに対しても種子消毒剤と同等の効果が得られる．

（ii）使用方法

酸性電解水（pH 2.2，有効塩素濃度 80 ppm）を入れた容器に水稲種子を浸漬し，容器を密閉する．この容器を 40 ℃に保った温湯中に入れて 24 時間静置する．浸漬時の浴比（種子量に対する湯量の割合）を重量ベースで 10～20 倍とする．

（iii）使用上の留意点

もみ枯細菌病では十分な消毒効果が期待できない．酸性電解水の温湯処理により苗立数は平均約 6 ％低下するが，実用上は問題ない．酸性電解水の大量製造が可能な装置がすでに市販されている．コストの削減およびもみ枯細菌病に効果のある条件の解明がこの方法の実用化に必要である．

（3）発生予察

a）葉いもち

（i）使用方法

実測気象観測データとイネの生育パラメータをもとに葉いもちの病勢進展を予測するコンピュータソフトウエアを用い，事前に設定した発病許容水準以下に病勢を抑制できる茎葉散布剤の散布時期を予測する．このソフトウェアには，葉いもちの病勢進展を推定できるモデル，BLASTL に農薬散布の影響を評価するモデルが組み込まれている．それに従って散布を行うと，多発生年でもスケジュール散布と同じ散布回数でより高い防除効果が得られ，少発生年の場合には散布回数の削減あるいは散布の省略が可能となる．発病許容水準は事前に本ソフトウエアで推定した過去の年次における病勢進展をもとにユーザーが事前に決定しておく（図 9-7）．

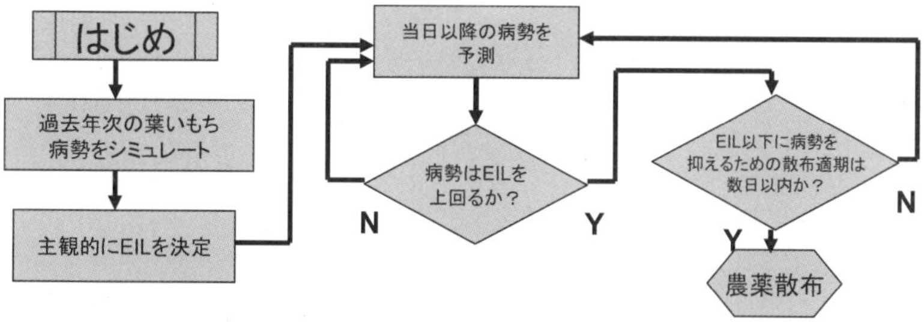

図 9-7　葉いもち農薬散布要否意思決定のアルゴリズム
左側で EIL（発病許容水準）を事前に決定したら，その後は中央および右側の部分で農薬散布の意思決定を行う．

（ii）使用上の留意点

茎葉散布剤で葉いもちを防除する体系（スケジュール的に 1～2 回の散布）を採用している栽培において将来利用可能と考えられる．本技術を導入することにより，少発生が予想される場合には散布回数を削減し，場合によっては散布を省略できる．AMeDAS データあるいは予測地点付近の気象観測データがほぼリアルタイムで入手できるシステムとしておく必要がある．「発病許容水準」の設定に当たり，栽培者が受け入れられるリスクの大きさについて明確にしておく必要がある．葉いもちが多発しやすい条件下ではこの技術を用いても減農薬とならないが，最も効果的で効率的な防除が実施可能になると考えられる．多数の事例で実証されている訳ではないので，普及には今後の実証試験が必要である．

b）穂いもち

（i）使用方法

穂いもちに対する防除は，穂ばらみ末期と穂揃期に基幹防除として殺菌剤を散布し，さらに多発年には傾穂期に追加散布する防除法が普及しているが，イネの上位葉に形成された葉いもち病斑密度と穂揃期の降雨確率予報によって防除の要否と防除回数を決定するシステムを導入することにより，出穂期間中の気象条件に応じて散布回数の1回削減あるいは散布の省略が可能となる．インターネット等で閲覧できる「降水確率予報」を利用し，止葉・次葉に病斑が認められ，出穂直前期の降水確率が30%を上回る予報があれば出穂直前期に1回目の薬剤散布を行う．止葉・次葉に病斑がほとんど認められない場合には，出穂直前期の散布を省略し，穂揃期に降水確率が30%を越える予報がある場合に限り穂揃期に散布を行う．

（ii）使用上の留意点

茎葉散布剤で穂いもちをスケジュール的に防除する体系（出穂直前と穂揃期の2回散布）を採用している栽培において将来利用可能と考えられる．多数の事例で実証されている訳ではないので，普及には今後の実証試験が必要である．

3．IPMマニュアルの事例

東日本における具体的な水稲のIPM体系は農家や地域の条件に応じて多様になるが，基本戦略を要約すると次の通りとなる．まず種子伝染性病害虫に対しては農薬による種子消毒を温湯浸漬法などの物理的防除法に変更する．移植後の病害虫防除は，発生予察情報と圃場観察によって要防除水準と防除適期に基づく化学的防除の適正化をはかる．しかし，水田初・中期の病害虫発生頻度が高く，圃場観察や臨機防除が困難な場合には，育苗箱施用剤を活用する．斑点米カメムシによる加害防止が困難なケースでは色彩選別機によって斑点米を除去する代替策がある．以上をベースとして，地域特有の病害虫対策を組み込むことになる．

1）実施可能なIPMマニュアルの事例

(1) 事例1

作物・品種　水稲・コシヒカリ

地域　関東地方太平洋側

栽培法・作型　非主業的農家による早期栽培

時期	作業・生育状況	対象病害虫	IPM体系防除（薬剤防除回数）	慣行防除（薬剤防除回数）
4月	種子消毒・播種前	種子伝染性病害	温湯浸漬による種子消毒	オキソリニック酸・プロクロラズ水和剤 (2) ＊吹付け処理
		イネシンガレセンチュウ		MEP乳剤 (1)
4月	床土消毒・育苗期	立枯性病害	ヒドロキシイソキサゾール・メタラキシル粉剤 (2) ＊，TPN粉剤 (1)	ヒドロキシイソキサゾール・メタラキシル粉剤 (2) ＊，TPN粉剤 (1)
5月	箱施薬・移植前	いもち病 (葉)，イネミズゾウムシ，イネドロオイムシ	イミダクロプリド・カルプロパミド箱粒剤 (2) ＊	イミダクロプリド・カルプロパミド箱粒剤 (2) ＊
8月上旬	出穂期	いもち病 (穂)，斑点米カメムシ類	MPP・EDDP粉剤 (2) ＊	MPP・EDDP粉剤 (2) ＊
8月上～中旬	出穂期～乳熟期	ウンカ・ヨコバイ類	防除要否判定 (0－1)	通常無防除 (0－1)
薬剤防除合計回数			7～8	10～11
防除素材費合計（10 a当たり）			5,918円	5,398円

温湯種子浸漬の資材費は温湯処理機の耐用年数8年，使用量300 a/年として減価償却費を計算.

＊ 混合剤では1回の散布でも成分数を防除回数としてカウントした.

（2） 事例 2

作物・品種　水稲・コシヒカリ

地域　関東地方太平洋側

栽培法・作型　主業的農家による早期栽培

時期	作業・生育状況	対象病害虫	IPM 体系防除 (薬剤防除回数)	慣行防除 (薬剤防除回数)
4月	種子消毒・播種前	種子伝染性病害	温湯浸漬による種子消毒	オキソリニック酸・ プロクロラズ水和剤 (2) ＊
		イネシンガレセンチュウ		MEP 乳剤 (1)
4月	床土消毒・育苗期	立枯性病害	ヒドロキシイソキサゾール・ メタラキシル粉剤 (2) ＊ TPN 粉剤 (1)	ヒドロキシイソキサゾール・ メタラキシル粉剤 (2) ＊ TPN 粉剤 (1)
5月	箱施薬・移植前	いもち病 (葉), イネミズゾウムシ, イネドロオイムシ		イミダクロプリド・ カルプロパミド箱粒剤 (2) ＊
	移植後	イネミズゾウムシ, イネドロオイムシ	防除要否判定 (0－1)	
6月下旬～ 7月上旬	最高分げつ前	いもち病 (葉)	防除要否判定 (0－1)	
8月上旬	出穂期	いもち病 (穂), 斑点米カメムシ類		MPP・EDDP 粉剤 (2) ＊
8月上旬	出穂期	いもち病 (穂)	防除要否判定 (0－1)	
8月上～ 中旬	出穂期～糊熟期	斑点米カメムシ類	防除要否判定 (0－1)	
8月上～ 中旬	出穂期～乳熟期	ウンカ・ヨコバイ類	防除要否判定 (0－1)	通常無防除 (0－1)
薬剤防除合計回数			3～8	10～11
防除素材費合計（10 a 当たり）			2,442円	5,398円

温湯種子浸漬の資材費は温湯処理機の耐用年数8年，使用量300 a/年として減価償却費を計算.

＊ 混合剤では1回の散布でも成分数を防除回数としてカウントした.

(3) 事例3

作物・品種　水稲・コシヒカリ

地域　北陸

栽培法・作型　主業的農家による普通期栽培

時期	作業・生育状況	対象病害虫	IPM体系防除 (薬剤防除回数)	慣行防除 (薬剤防除回数)
4月	播種前	種子伝染性病害	温湯浸漬による種子消毒	銅・フルジオキソニル・ペフラゾエート水和剤(3)＊
4月	育苗期	立枯性病害	ヒドロキシイソキサゾール・メタラキシル粉剤(2)＊	ヒドロキシイソキサゾール・メタラキシル粉剤(2)＊, TPN粉剤(1)
5月	初期生育期	イネミズゾウムシ, イネドロオイムシ	防除要否判定(0－1)	カルタップ塩酸塩粒剤床土混和(1)
6月下旬	最高分げつ期	ニカメイチュウ	防除要否判定(0－1)	通常無防除(0－1)
6月中旬	分げつ後期	いもち病(葉)	プロベナゾール粒剤(1)	プロベナゾール粒剤(1)
7月中旬	減数分裂期	いもち病(穂)	イソプロチオラン粒剤(1)	イソプロチオラン粒剤(1)
8月上旬	出穂期	紋枯病	防除要否判定(0－1)	バリダマイシンA剤(1)
8月上旬	出穂期	いもち病(穂)	カスガマイシン・フサライド剤(2)＊	カスガマイシン・フサライド剤(2)＊
8月上旬	出穂期	斑点米カメムシ類	MEP粉剤(1)	MEP粉剤(1)
8月上～中旬	出穂期～乳熟期	ウンカ・ヨコバイ類	防除要否判定(0－1)	通常無防除(0－1)
薬剤防除合計回数			7～11	13～15
防除資材費(10a当たり)			6,806円	8,025円

種子温湯浸漬の資材費は0として計算.

＊ 混合剤では1回の散布でも成分数を防除回数としてカウントした.

2）将来のIPMマニュアルの事例

近い将来に東日本水稲のIPMに組み込む個別技術として最も期待されているのはいもち病に対して抵抗性を示す良食味米の遺伝子同質系統であり，すでに一部地域では利用が開始され殺菌剤の使用量削減に大きく貢献している.

（1）事例1

作物・品種　水稲・コシヒカリIL

地域　北陸

栽培法・作型　主業的農家による普通期栽培

時期	作業・生育状況	対象病害虫	IPM体系防除 （薬剤防除回数）	慣行防除 （薬剤防除回数）
4月	播種前	種子伝染性病害	温湯浸漬による種子消毒	銅・フルジオキソニル・ペフラゾエート水和剤 (3) ＊
4月	育苗期	立枯性病害	ヒドロキシイソキサゾール・メタラキシル粉剤 (2) ＊	ヒドロキシイソキサゾール・メタラキシル粉剤 (2) ＊，TPN粉剤 (1)
5月	初期生育期	イネミズゾウムシ・イネドロオイムシ	防除要否判定 (0－1)	カルタップ塩酸塩粒剤床土混和 (1)
6月下旬	最高分げつ期	ニカメイチュウ	防除要否判定 (0－1)	通常無防除 (0－1)
6月中旬	分げつ後期	いもち病（葉）	無防除（コシヒカリIL）	プロベナゾール粒剤 (1)
7月中旬	減数分裂期	いもち病（穂）	無防除（コシヒカリIL）	イソプロチオラン粒剤 (1)
8月上旬	出穂期	紋枯病	防除要否判定 (0－1)	バリダマイシンA剤 (1)
8月上旬	出穂期	いもち病（穂）	カスガマイシン・フサライド剤 (2) ＊	カスガマイシン・フサライド剤 (2) ＊
8月上旬	出穂期	斑点米カメムシ類	MEP粉剤 (1)	MEP粉剤 (1)
8月上～中旬	出穂期～乳熟期	ウンカ・ヨコバイ類	防除要否判定 (0－1)	通常無防除 (0－1)
薬剤防除合計回数			5～9	13～15
防除資材費（10 a当たり）			1,609円	8,025円

種子温湯浸漬の資材費は0として計算.

＊ 混合剤では1回の散布でも成分数を防除回数としてカウントした.

X．イネ（西日本）のIPMマニュアル

1．イネ（西日本）におけるIPMの意義

西日本地域の稲作では，他の地域と比較して病害虫の種類が多くかつ海外から飛来するものもあり，発生の年次変動が大きいのが特徴である．特に，いもち病，紋枯病，もみ枯細菌病，ウンカ類，コブノメイガなどに対する防除が重要となっている．近年，水稲作で使用される農薬では，選択性が高く低薬量で効果を発揮する薬剤の開発が進み，果樹や野菜などの園芸作物に比較すると農薬使用回数は少なくなっている．しかしながら，現行の防除体系では予防的に散布する混合剤が広く普及しており，結果として過剰防除に陥りやすい側面を持ち米生産費を押し上げて農家経営を圧迫している．また，消費者からは農薬使用に伴う安全・健康面についての問題も提起されており，有機農産物や減農薬栽培米への社会的関心が年々高まっている．このため，発生予察技術の高精度化を図るとともに，抵抗性増強資材，生物防除剤，天敵等を活用することによって主要病害虫を総合的に制御することにより，環境と調和のとれた持続的農業生産をめざす技術の開発が望まれている．なお，IPMに組み込み可能な個別技術については，東日本と西日本に共通するものが少なくないので，イネ（東日本）のIPMマニュアルもあわせて参照願いたい．

2．IPMに組み込む個別技術

1）現在利用できる技術

（1）病害抵抗性品種

a）いもち病抵抗性品種

（i）対象病害および作用機作

図10-1　激発状態のいもち病（葉いもち，穂いもち）

いもち病（図10-1）は，低温や寡照条件下で大発生することから，稲作期間が高温条件下で推移する西日本地域における被害は軽微であると考えられがちである．しかし，近年の良食味ではあるがいもち病抵抗性の劣る品種の栽培面積増加，稲作期間の温暖化，防除体制の弱体化などにともない多発傾向が続いている．いもち病抵抗性は，イネの重要な育種目標として取り組まれ，多くの抵抗性品種が育成されてきた．いもち病抵抗性は，品種の保有している真性抵抗性遺伝子といもち病菌レースとの相互関係から発病の有無が決まる真性抵抗性，発病はするものの病勢進展を抑制する圃場抵抗性とに類別される．西日本地域で最も作付の多い「ヒノヒカリ」は，いもち病真性抵抗性遺伝子*Pia*と*Pii*を保有し，「ひとめぼれ」「夢つくし」などは*Pii*を保有していることが判明している．このように，西日本地域の主要栽培品種は，真性抵抗性遺伝子*Pia*と*Pii*のいずれか，あるいは両方を保有している品種が多いが「コシヒカリ」はいずれも保有していない．これに対して，西日本地域には*Pia*と*Pii*保有品種を侵すことの出来るいもち病菌レース007が広範に分布しており，レース007の寡占化が進んでいることが明らかとなっている．このような栽培品種といもち病菌レースの関係から，「ヒノヒカリ」に代表される主要栽培品種は真性抵抗性遺伝子を保有しているものの，実質的な防除効果は認められない現状にある．

西日本地域各県の奨励品種を用い圃場抵抗性の検定を行った結果，「トヨニシキ」「キヨニシキ」「チ

ヨニシキ」などが強い圃場抵抗性を示し,「どんとこい」「キヌヒカリ」も比較的発病が少なかった．しかし，栽培面積の多い「ヒノヒカリ」や「コシヒカリ」などの主要品種は圃場抵抗性弱と判定され，近年育成された「かりの舞」「夢つくし」をはじめとする良食味品種の多くは，さらに圃場抵抗性が低いランクにあることが明らかとなった.

（ii） 使用方法

西日本地域にはいもち病菌レース007が優先している現状から，レース007に非親和性の真性抵抗性遺伝子を保有する品種を栽培すると，強力な抵抗性が発揮され発病しない.「どんとこい」「キヌヒカリ」は良食味品種であり,「ヒノヒカリ」や「コシヒカリ」に比べるといもち病圃場抵抗性が優るようであることから，いもち病発生リスクの低い地域での利用が考えられる．ただし，これら品種の圃場抵抗性のレベルは充分ではない.

（iii） 使用上の留意点

西日本地域各県の主な奨励品種にはレース007に非親和性の品種が含まれないことから，品種選択には充分な知識と栽培データが必要である．いもち病真性抵抗性が発揮される場合にはいもち病の発生が大きく抑制されることから，生産したコメを直接販売するなどの流通形態を取り良食味品種にこだわらない場合には，極めて効果的な防除技術と考えられる．しかしながら，真性抵抗性品種を効果的に利用していくためには，栽培地域におけるいもち病菌レースの動態を正確に把握しておく必要があり，レース分布が変動した場合には品種抵抗性がまったく発揮されないことに留意しなければならない．圃場抵抗性強品種を作付けした場合には，発病が抑制され薬剤防除の削減が可能となるが，気象や肥培条件などによっては発病が激しくなる場合があることから，種子消毒などの防除基本技術を遵守するとともに，肥培管理に留意し過剰な施肥を行わないようにする必要がある.

（2） 耕種的防除法

a） シリカゲル育苗

（i） 対象病害虫および作用機作

ケイ酸は作物にとって必須元素ではないとされているが，作物の生育と収量，病虫害抵抗性，水分ストレス耐性，冷害抵抗性などに対して重要な役割を果たしていると考えられている．特にイネはケイ酸植物ともよばれ，生育期間中に10 a当たり100～120 kgと多量のケイ酸を吸収することが知られ，ケイ酸は健全な生育に欠かせない元素である．わが国では，イネの生育に与えるケイ酸の役割が古くから研究され，土壌改良資材としてケイカルなどのケイ酸資材を本田に施用すると，イネの生育が健全になり冷害や倒伏が軽減されることが知られてきた．さらに，ケイ酸が宿主の病虫害抵抗性を増強して葉いもちや穂いもち，ニカメイガの発生を抑制することが報告されている．しかしながら，近年ではケイ酸資材の施用量減少，稲わらの還元量の不足，農業用水からの供給量の低下によりイネ体のケイ酸含有率が低下傾向にあることが明らかにされ，イネ体質への影響が懸念されている．いもち病多発傾向の一要因として，イネ体ケイ酸含有率の低下との関連も指摘されている．このような背景から，環境保全型病害虫防除技術の一つとしてケイ酸の有効性が再認識され，新たな視点からケイ酸資材の活用法が検討されてきた.

従来からケイカルなどのケイ酸資材を土壌改良資材として本田へ施用することが奨励され一定の効果を上げてきたが，その効果は穏やかなものであることから，近年では施用量が減少してきた経緯がある．一方，ケイ酸をイネに効率的に吸収させる方法として育苗箱への施用が考えられたが，従来のケイカルなどの資材はアルカリ性が強いことから育苗箱への施用は不適当であった．新たなケイ酸質肥料として弱酸性のシリカゲル（二酸化ケイ素ゲル）の肥料登録が行われ，育苗箱への施用技術も開発された．現在，このケイ酸質肥料は「イネルギー」の商品名で販売されている.「イネルギー」は，ケイ酸ナトリウムに硫酸などの無機酸を加えて反応させ，得られた白色のゲル状ケイ酸を水洗し，不純物を除去した後加熱乾燥して製品化しているほぼ純粋な二酸化ケイ素である．肥料としての保証成分量は，可溶性ケイ酸を80％含むことになっているが，実際には99％以上と他の成分をほとんど含まない高成分のケイ酸質肥料である．その特性として水に対する溶解速度が速く，一定濃度に達すると平衡濃度に達することから長期間にわたって無駄が無く効率的に利用される．さらにpHが4.5〜5.5の弱酸性を示し，育苗培土のpHを上昇させることがなくムレ苗や濃度障害の心配がなく安心して利用することができる．ケイ酸の作用により苗質の強化が図られ，発根力に優れて移植後の活着がスムーズに進む．光合成が促進され，乾物生産量の増加・もみ生産効率の向上により収量および食味の向上が図られることが明らかになっている．また，イネの病虫害抵抗性を増強し，育苗箱内でのいもち病発生や本田初期に問題となるニカメイガ，イネミズゾウムシの発生を抑制する効果が明らかにされている．シリカゲルは既に生活に欠かせない資材となっており，乾燥剤や吸着剤，ビールのろ過助剤や粉末食品の流動性改良剤のような食品添加物にも利用され，動植物に対する毒性がなく安全性の高い物質である．ケイ酸の示す多面的な作用には未解明部分も残されているが，環境保全型農業の推進に欠かせない資材として，注目されている．

いもち病は種子伝染性病害であることから，本田の第一次伝染源となる育苗箱内での苗いもちの発病抑制が防除の重要なポイントとなる．シリカゲルの育苗箱施用は，育苗箱内での二次伝染も含めて苗いもちの発生を顕著に抑制することから，極めて有効な資材であることが明らかにされた．ケイ酸施用によるいもち病抵抗性増強効果については，イネ体の窒素含有率の低下，イネ体組織が物理的に強化されることによる表皮への菌糸侵入抑制と侵入後の菌糸伸展抑制などいくつかの要因が報告されているが，未解明部分も多く残されている．また，ケイ酸の紋枯病に対する発病抑制効果も認められているが，その適用場面や使用方法についてはさらに検討を要する．

害虫に対しては，1940〜1950年代にかけての一連の研究により，ケイ酸資材施用区のイネでニカメイガの摂食阻害，体型の小型化，幼虫の大顎摩耗などが報告された．これらの事象は，イネ表皮に強固なシリカセルロース膜が形成され，機動細胞のケイ化が進むことなどの物理的要因によると考えられる．その後ケイ酸資材と害虫発生に関する研究は空白状態となったが，最近になって育苗箱へのシリカゲル施用により本田初期害虫であるニカメイガとイネミズゾウムシに対する防除効果が報告された．シリカゲル育苗を行った苗の移植によりニカメイガ第一世代による被害が抑制され，イネミズゾウムシの越冬成虫による食害株率が減少し，当年世代の発育が遅延する成績が得られている．

（ii）使用方法および留意点

コストと防除効果の観点から，育苗箱当りのシリカゲル使用量は200〜250 gを目安として育苗培土と充分に混合する．覆土として使用した場合には，根からの吸収効率が劣り効果が不充分となる．育苗箱用のシリカゲル肥料は，減農薬栽培を指向する個別農家での利用に加えて，育苗センターによる大規模な使用例も認められている．利用法や留意点の詳細については，付録Hに示す．

b）ケイ酸資材の本田施用

（i）対象病害虫と作用機作

前述のように，イネ体のケイ酸含量を高めると病虫害抵抗性が増強される．ケイ酸を多量に含む稲わらの圃場への還元やケイカルなどのケイ酸資材の本田施用は，土壌中のケイ酸含有率を高めイネ体の吸収を助けることから，今後とも積極的に進める必要がある．ケイ酸の効果は，薬剤のような鋭さはないものの，持続的に作用し薬剤との併用も可能であることから，薬剤使用量の削減に貢献すると考えられる．

（ii）使用法および留意点

市販のケイ酸資材は鉱さいを原料としており原料鉱さいの種類が多様であることから，ケイ酸の肥効が異なることが問題となっている．さらに，鉱さいに含まれる重金属などの有害物質が副成分に含まれる可能性もある．近年，ケイ酸を高濃度で含む建築用軽量気泡発泡コンクリート（ALC）廃材の有効利用法の検討が行われた．新たに開発されたALCを粒状化したケイ酸資材を用い，シリカゲル育苗と新ケイ酸資材の本田施用を組み合わせることにより，苗から穂に至るいもち病の発生を長期間抑制できること，同時に紋枯病の進展を抑制することが明らかとなった．しかし，コスト面の問題から，ALC資材については実用化に至っていない．一般的なケイカルの価格は，20 kg袋当たり400〜600円程度である．

c）適正な肥培管理

イネの栽培条件と病害虫の発生には密接な関係がある．いもち病や紋枯病など病害の多くは，多肥栽培によりイネが軟弱徒長気味に生育し過繁茂状態になると発生が助長される．さらに，窒素追肥後は一時的にイネの体質がいもち病に罹病的になることが知られている．一方，秋落型水田など土壌養分の過不足がある場合には，ごま葉枯病などが特異的に多発生しやすい．また，ウンカ類やコブノメイガなどは葉色の濃いイネを選好することから，多肥栽培や晩植のイネが集中加害を受ける場合があることが知られている．このようなことから，IPMの推進に当たっては，基肥量，追肥量とその時期に注意して適正な肥培管理に努め，イネの生育が過繁茂になることや過剰な追肥によりイネ体質が罹病性に傾くことを避けることが基本となる．近年，葉緑素計などの開発によりイネの生育状況をモニタリングする技術が進んできたことから，病害虫防除における生育情報の活用も可能となってきた．また，肥効調節型肥料を使用することは減化学肥料とともにイネ体質の変動を少なくすることにつながる．

（3）生物的防除法

a）拮抗微生物による種子消毒

（i）対象病害および作用機作

水稲の育苗期間中に，もみ枯細菌病や苗立枯細菌病などの病害が育苗箱内で発生し健全苗を育てる上での大きな阻害要因となっている．育苗センターなどで大規模に発生した場合には，大量の腐敗苗を生じてしまい苗の供給不足に至る．これら病害に対しては，化学合成農薬による種子消毒を行っているが，薬剤耐性菌の出現や消毒作業後の廃液処理問題などが生じている．このため化学合成農薬に依存しない病害防除法の実用化が望まれていたが，イネの育苗期病害を対象とした拮抗微生物農薬として，「エコホープ」が農薬登録を取得し市販されるに至った．

「エコホープ」は，非病原性糸状菌（トリコデルマ属菌）を有効成分とする微生物農薬である．この菌は，土壌中に広く見出される糸状菌で，土壌中の有機物を栄養源として腐性的に生活していることが知られている．本剤の作用機作は化学合成農薬とは異なり，直接病原菌に殺菌力を示すものではなく，催芽から出芽作業の過程で本菌株がイネ種子表面で大量に増殖し，病原菌と競合することにより病原菌の生育や増殖を抑制し，発病を制御することにある．さらに，いもち病菌やばか苗病菌などの病原糸状菌に対しては，菌糸や胞子を溶かす作用（溶菌作用）も確認されている．本剤はもみ枯細菌病と苗立枯細菌病に加えてばか苗病にも適用がある．「エコホープ」は，対象病害に対して化学農薬と同等か優る効果を示し，新JAS法に対応した防除資材として注目されている．

（ii）使用方法および留意点

使用に当たってはラベルを熟読し，適応病害と使用方法を遵守しなければならない．有効成分は生菌であることから，冷暗所で保管するとともに入手後は出来るだけ早く使用することに努めるなど，化学合成農薬とは異なる管理方法に留意する必要がある．具体的な使用方法や留意点は，付録Gに示す．なお，「エコホープ」は1リットルボトルが7,000円程度で販売されており，化学農薬に近い価格設定が行われている．

（4）物理的防除法

a）温湯種子消毒

（i）対象病害虫および作用機作

種子消毒は，種子表面あるいは内部に存在する病原，種子に混在する病原を撲滅して本圃における一次伝染源量を少なくし，二次伝染と被害を防ぐことを目的としている．採種栽培・種子調製過程における防除対策を徹底し，健全種子を生産することが基本となるが，完全に病原を排除した種子の生産は困難を伴うことから，種子消毒による病原の撲滅が重要である．種子消毒の方法には，生物的方法，物理的方法，化学的方法がある．物理的方法の中心となるのは熱処理である．その原理は，作物種子の活性を保持し発芽に影響を与えない条件で熱処理を行い，種子の表面あるいは内部に潜在する病原体を殺菌するものである．

熱処理には様々な方法があるが，温湯浸漬法は1888年にムギ類の種子消毒法として考案され，ムギ類黒穂病類に対して高い防除効果を上げてきた物理的防除法であり，ムギ類に加えてイネや野菜類の種子消毒法として幅広い検討が行われてきた．イネでは，イネシンガレセンチュウの防除法として実用化されたが，病原菌に対しては効果が劣る例があり，温度制御が不安定な場合には，種子の発芽不良や防除効果の低下を招いていた．近年，IPM研究の流れの中で，温湯浸漬法が再評価されるとともに，温度制御機構のある温湯浸漬処理装置が開発され，イネ種子の温湯消毒が簡易かつ確実に行えるようになり，実用可能な技術として確立した．種子の発芽率を低下させずに病原を殺菌するために有効な温度と処理時間は種子と病原の種類によって異なることから，それぞれ厳密に設定して実施する必要がある．イネ病害では，いもち病，ばか苗病，もみ枯細菌病，苗立枯細菌病，イネシンガレセンチュウを対象とした試験で，58℃・20分または60℃・10分処理により化学農薬と同等の防除効果が得られ，種子の発芽率も90％以上を確保できることが示された．本法は，西日本地域の主要作付品種である「ヒノヒカリ」や「コシヒカリ」にも適応可能であることが明らかにされた．個別農家への導入が進みつつあるとともにJAの大規模育苗センターにおける導入事例もあり，種子消毒薬剤の削減と薬剤廃液処理などの問題解決が図られる技術として注目されている．

（ii） 使用方法および留意点

温湯浸漬法では，処理温度と時間を適切に守ることが重要である．市販されている専用の温湯浸漬装置を用いれば，安定した処理結果が得られる．本法では，乾燥状態の種子を用いることが肝要であり，吸水した種子を用いると発芽率が著しく低下する．温湯浸漬処理後は，直ちに冷却して種子発芽への影響を最小限にする．品種，種子の保存状態によっては発芽率が低下する場合があることから，事前に試験的な処理を行った方がよい．特に，モチ品種の中には温湯処理により発芽率が低下しやすい品種が多いようである．具体的な使用方法と留意点の詳細は，付録Gに示す．

（5） 化学的防除法

a） 長期残効型箱施薬剤

（i） 対象病害虫および作用機作

近年，水稲の主要な病害虫に対しては，選択性があり低薬量で効果の高い防除薬剤の開発が進んでいる．さらに，製剤の改良により有効成分が長期間にわたって安定的に放出される技術の開発により，長期残効型箱施薬剤として類別される育苗箱に施用可能な薬剤が登場した．長期残効型箱施薬剤は，播種時～移植当日に育苗箱内に処理することで対象病害虫に対する効果が60～90日程度持続する．このため，防除回数の削減が可能であり，防除作業の省力化や低コスト化が可能となる．主な対象病害虫としては，いもち病，紋枯病，ウンカ類，ツマグロヨコバイ，コブノメイガがあるが，薬剤により対象病害虫が異なる．また，殺菌，殺虫剤の様々な組み合わせにより多くの混合剤が市販されている．特に西日本地域では，海外飛来性害虫であるウンカ類とコブノメイガを対象とした薬剤が広範に利用されている．いもち病発生リスクの高い地域や早期水稲栽培地帯では，いもち病を対象とした薬剤の利用も普及している．薬剤の選択の仕方によっては，過剰防除に陥ることになりやすいので，各々の地域で問題となる病害虫を十分に把握し，適切な組み合わせの薬剤を選択することが大切である．また，気象条件や病害虫の発生状況によっても持続期間が変動する．薬剤を過信することなく随時本田での病害虫の発生状況を観察し，被害が予測されるような発生が認められた場合には追加防除を行う．薬剤によっては，適用のない病害虫があるため，それらの病害虫に対しては本田防除で対応する．

（ii）使用方法および留意点

各々の薬剤に添付される説明書を熟読し，使用方法を遵守することが基本となる．長期残効型箱施薬剤は極めて高い防除効果を示すことから，薬剤への過度の依存につながり，基本防除技術がおろそかにされる傾向がある．西日本地域，特に九州では，いもち病防除薬剤の一部に防除効果の低下事例が認められ，薬剤耐性菌に起因することが明らかにされた．その要因として，自家採種の割合が高いこと，保菌率の高い種子の使用と種子消毒の不徹底などにより初期伝染源密度が高い条件下で長期残効型箱施薬剤が使用されたことにより，薬剤耐性菌が短期間の間に増加したと推測される．薬剤耐性菌や殺虫剤抵抗性害虫の出現リスクを避けるためにも，健全種子の選択や塩水選の実施，種子消毒の徹底などの基本防除技術を守るとともに，定められた薬量が投下されるよう使用方法を厳守したていねいな作業に努める必要がある（図 10-2）．本項に関しては，東日本イネのマニュアルも参照願いたい．

図 10-2　長期残効型箱施薬剤の使用例（播種時同時処理）

b）高選択性薬剤および抵抗性誘導型薬剤

（i）対象病害虫および作用機作

近年，水稲用防除薬剤の技術革新には目覚ましいものがある．殺虫剤では，特定の害虫に対して高い活性を示し天敵生物や環境全般に対して悪影響の少ないタイプの薬剤が開発されている．ウンカ類に特異的に効果が高い薬剤，コブノメイガなどのチョウ目害虫に特異的に効果を発揮する IGR 剤など，様々なタイプの薬剤の開発が進んでいる．一方，殺菌剤においても病原菌に直接殺菌作用を示さず，宿主が本来有している抵抗性を増強して発病を防ぐタイプの抵抗性誘導型剤が開発されている．抵抗性誘導型の先駆的な薬剤としてプロベナゾール剤があるが，既に30年にわたって安定した防除効果を示し薬剤耐性菌の発生も認めていない．この他，数種の抵抗性誘導型の水稲用殺菌剤が市販に至っている．これら抵抗性誘導型剤は，主にいもち病を対象に開発されたが，白葉枯病などの細菌性難防除病害にも効果を示す貴重な薬剤となっている．本田散布剤に加えて長期残効型箱施薬剤などの剤形の開発も進み，様々な施用方法に対応する工夫が行われている．これらの新しいタイプの薬剤は，従来の農薬のイメージを大きく変えるもので，環境保全型農業の推進に積極的に活用していく必要がある．

（ii）使用方法および留意点

これら薬剤の使用に当たっては，ラベルを熟読し使用方法を厳守するとともに，対象となる病害虫に対応した薬剤の選択が重要である．本項に関しては，東日本イネのマニュアルも参照願いたい．

（6）発生予察

a）ウンカ類発生予察の高精度化

（i）対象害虫

西日本地域の稲作において脅威となる害虫の一つはトビイロウンカであり，しばしば大量発生して「坪枯れ」（図 10-3）を引き起こすことが知られる．さらにセジロウンカやツマグロヨコバイはウイルス病の媒介者としても問題となる．海外飛来性であるイネウンカ類は飛来数の年次変動が極めて大きく，長期残効型箱施薬剤による予防防除が広く普及していることから，結果的に過剰防除となる場合

図10-3　トビイロウンカによる「坪枯れ」症状

図10-4　害虫の発生予察に用いられている予察灯

がある．飛来後のウンカ類の定着と増殖についての解析から，ウンカ類の間には餌をめぐる直接的な相互作用に加え，宿主であるイネや天敵の働きを介した間接的な相互作用が存在することが明らかとなった．このため，ウンカ類の発生予察技術の高精度化を目指し，これらの直接的・間接的相互作用を組み込んだ解析が進められてきた．その結果，セジロウンカの第一世代の密度が高いとトビイロウンカの第一世代から第二世代にかけての増殖率が低下することが明らかとなった．セジロウンカの飛来世代～第一世代にかけての発生量が少ない年の多くで，トビイロウンカの増殖率が高かった．トビイロウンカの発生予察を行う際には，稲作初中期のセジロウンカの密度を新たな要因として組み入れることにより，発生予察精度が向上する (図 10-4).

（ii）使用方法および留意点

ウンカ類の発生予察技術の高精度化に関する成果は，将来的に各県の病害虫防除所から発表される発生予察情報に反映されていくことになる．個々の農家レベルにおいても，圃場での肉眼観察や虫見板の利用により，発生しているウンカの種類を把握することは可能であり，発生予察情報を活用することにつながる．

2）将来利用可能な技術

（1）病害虫抵抗性品種

抵抗性品種の利用は，耕種的な防除法としてIPMの重要な要素である．しかし，わが国の稲作では良食味米指向が強く，病害虫抵抗性よりも良食味を優先した品種選択が行われている現状にある．いもち病抵抗性は品種間差異がはっきりしているが，西日本の主要な栽培品種である「ヒノヒカリ」や「コシヒカリ」はいもち病に対する圃場抵抗性が弱く，各県の奨励品種の多くも同様であることが明らかとなった．従来，多くの遺伝子が関与する良食味性といもち病圃場抵抗性の結合は困難とされてきたが，東日本地域ではいもち病抵抗性と良食味を兼ね備えた「おきにいり」などの品種が育成されてきていることから，西日本地域向けの新品種の育成が期待される．

近年，「コシヒカリ」をはじめとする主要栽培品種では，いもち病抵抗性同質遺伝子系統（マルチライン）の育成が進められている．マルチラインは，食味などの諸形質は原品種と同じで病害真性抵抗性のみが異なる同質遺伝子系統を育成し，複数系統を混合栽培することにより病害の被害を軽減しようとする方法であり，ムギ類のさび病で初めて実用化された技術である．いもち病では，「日本晴」や「トヨニシキ」マルチラインなどでの研究成果を基に，宮城県では「ササニシキ」マルチライン，新潟県では「コシヒカリ」マルチラインが育成され実用化に至っている．導入地域は限定されると考えられるが，西日本地域においてもマルチラインの活用を検討する必要があろう．いもち病マルチラインの利用に当たっては，栽培地域におけるいもち病菌レースのモニタリングが必須となる．マルチライン利用の詳細に関しては，東日本イネのマニュアルおよび付録Fを参照願いたい．

一方，西日本地域では耐虫性も大きな課題となっており，トビイロウンカやツマグロヨコバイ抵抗性系統の育成が進められ，有望な系統が育成されつつある．ウンカ・ヨコバイ類にはバイオタイプの存在が知られることから，抵抗性品種を栽培する地域に分布するバイオタイプのモニタリングが欠かせない．

（2） 生物的防除法

a） 天敵によるウンカ類の密度抑制

野菜の施設栽培のような閉鎖系においては，様々な作物で天敵の利用が進められ，実用レベルに達しているものが多い．一方，水田稲作のような開放系では天敵の利用による生物的防除の試みは少なく，実際にコスト面を含めて導入は難しいと考えられてきた．西日本地域におけるウンカ類の防除は，長期残効型箱施薬剤に大きく依存している現状にある．しかしながら，ウンカ類やコブノメイガなどの海外飛来性害虫の飛来源とされる中国大陸では，近年，日本で使用している薬剤に類似した成分の薬剤が大量に使用されている．このため，将来的にはこれら海外飛来性害虫の薬剤抵抗性が発達する可能性もあり，殺虫剤の代替えとなる生物防除技術の開発が望まれる．

ウンカ類の天敵である捕食性カメムシの一種カタグロミドリカスミカメを水田に放飼することにより，ウンカ類の密度を抑制できることが明らかとなった．カタグロミドリカスミカメは，イネウンカ類とともに中国大陸南部から日本に毎年飛来する長距離移動性の天敵であり，熱帯地域ではウンカ類の有力な天敵として注目されている（図 10-5）．九州西部の海岸地帯でも天敵として機能していることが明らかとなり，生物的防除素材として有望視された．カタグロミドリカスミカメを野外水田に放飼した試験によれば，天敵の一回放飼のみでは，トビイロウンカの第3世代の密度を下げる効果は年次によって不安定であった．しかし，天敵を2回放飼することにより，トビイロウンカ第3世代の密度を「坪枯れ」の起こる密度（50頭/株）以下に抑制することが可能であり，開放系水田における天敵放飼の有効性が明らかとなった．さらに，効果を安定させるためには天敵の定着促進技術と人工飼料を用いた大量増殖法の確立などの課題が残されている．さらなる研究の進展が期待される．

図 10-5　トビイロウンカ（左）とその捕食性天敵カタグロミドリカスミカメ（右）

図 10-6　コブノメイガによる激しい食害

（3） 発生予察等

a） フェロモントラップによるコブノメイガの発生予察

コブノメイガは海外飛来性の害虫であり，飛来数の年次および場所による変動が極めて大きいことが知られている．多飛来の場合には，食害により壊滅的な被害を生じる場合がある（図 10-6）ことから，西日本地域では長期残効型箱施薬剤による予防的防除が広く普及している．他の害虫で利用されているライトトラップ法やたたき出し法ではコブノメイガの発生予察は不可能であることから，合成性フェロモンによる発生予察の可能性について検討を続けてきた．その結果，性フェロモンの4成分が同定され，効率的なトラップの設置方法として，水田中央部の草冠と同じ高さに設置すると最も効率的であることが示された．さらに誘因効率を高めるための微量未知成分同定とトラップ設置方法の改善研究が進められている．

b）紋枯病の簡便な調査法と隔年防除

紋枯病は高温性の病害であることから，西日本地域での重要病害となっている．本病は，いもち病等の空気伝染性病害とは異なり，病斑上に生じた菌核が伝染源となることから，菌核密度が高い圃場ほど発生が多くなる．このため，同一地域内であっても圃場毎に発生程度と菌核密度に差異がある．薬剤防除の要否を的確に判定し過剰な防除を避けるためには，要防除水準に基づいた防除対応が必要であるが，発病調査に労力がかかるために実施されていない現状にあり，圃場単位の簡易な発病調査法の開発が求められている．これまでの研究から，紋枯病の発生は畦畔際ほど多く，圃場内部ほど少なくなる傾向が認められる．畦畔際株の発病調査（簡易法）によって，発生予察調査法の結果に近い値が得られることが明らかになった．さらに精度向上と簡便化を進める必要があるが，将来的には畦畔際株の簡易発病調査を行うことにより，発病が認められない場合には防除不要と判断し，発病を認めても圃場周辺部のみへの薬剤散布（額縁防除）により減収を回避できることが可能と考えられる．

本病の発生が圃場内の菌核密度に依存していることから，菌核密度が一定以下に保たれている場合には防除が不要と考えられる．このような特徴から，紋枯病に対する薬剤防除を行った翌年は初期伝染源となる菌核が減少するため連続して防除する必要がなくなる，という仮説の基に「隔年防除」という考え方で実証試験が行われた．防除薬剤を施用することにより発病進展が抑制され菌核形成量も減少し，翌年の発生量も要防除水準以下となった．さらに，菌核密度の異なる圃場での発病調査の積み重ねが必要であるが，これらの研究が進展すれば，紋枯病防除のための薬剤投下量を大幅に軽減できる可能性が高い．

3．実施可能なIPMマニュアルの事例

1）実施可能なIPMマニュアルの事例

西日本の稲作地帯では，立地条件と品種の特性を生かし気象災害回避や機械・施設の有効利用を図るため，大きく早期栽培と普通期栽培の二つの作型に分けられる．さらに，この中間に位置する普通期早植栽培やタバコなどの後作となる晩期栽培も行われているが，いずれの作型も移植期間には大きな幅があり全体では3月～8月の幅広い期間にわたって移植が行われている．品種「コシヒカリ」を中心に県単独育成の極早生品種を用いた早期栽培では，3月に播種が行われ3月中～4月中旬に移植が行われる．このため育苗は育苗ハウスなどの施設で行われ，東日本での育苗に近い様式で行われている．出穂期が梅雨期間と重なることから，いもち病の発生と被害を受けやすい作型であり，紋枯病も初期進展は緩慢であるが，穂ばらみ期以降は気温も上昇するため急激に上位葉へ進展する場合がある．普通期栽培では「ヒノヒカリ」の作付割合が極めて高く，県単独育成の良食味品種も含めて病害虫抵抗性が劣る品種が多い．育苗期間にはすでに気温が上昇しており育苗は容易であるが，いもち病菌の感染好適条件の出現もみられ，育苗箱内での種子伝染および周辺からの飛び込みによるいもち病の発生が問題となりやすい．いもち病感染苗の本田への持ち込みは，東日本と同様に葉いもち多発生の要因となる．梅雨明け以降は高温少雨状態が続くことが多いことから，葉いもちの上位葉への進展や穂いもちの発生が抑制されるが，中山間地帯を中心に天候不良年にはしばしば穂いもちの発生が問題となる．高温多湿を好む紋枯病の発生も西日本稲作の重要病害となる．その他，白葉枯病や籾枯細菌病などの細菌性病害も台風襲来時などに突発的に多発生する場合がある．これら水稲主要病害の多くは種子伝

染性病害であることから，種子生産圃場における防除の重要性は高い．虫害では，海外飛来性であるトビイロウンカやセジロウンカ，コブノメイガの被害が大きいことが東日本との大きな違いである．これら害虫の多発年には甚大な被害を生じることから，西日本では害虫防除のウエイトが相対的に高くなる．

以上のことから病害虫防除戦略として下記のことが考えられる．水稲作病害防除の基本は，健全種子の使用と種子消毒の徹底を図り本田への伝染源の持ち込みを抑制することにある．薬剤種子消毒に変わる防除技術として，温湯種子消毒，拮抗微生物農薬，シリカゲル育苗を用いて健苗育成を行う．殺虫剤と抵抗性誘導型いもち病防除剤を含む長期残効型育苗箱施用剤を用い，薬剤投下量と本田防除回数を削減する．紋枯病については，要防除水準に満たない場合は薬剤防除を削減する．これらIPM個別技術を組み合わせることにより，薬剤防除回数を1～2回，薬剤成分数として4～5割程度を削減することができる．

(1) 事例1

作物・品種　水稲・コシヒカリ

地域　九州

栽培法・作型　早期栽培

時期	作業・ 生育状況	対象病害虫	IPM体系防除 (薬剤防除回数)	慣行防除 (薬剤防除回数)
3月	種子消毒＊	いもち病, ばか苗病, 苗立枯細菌病, もみ枯細菌病	温湯種子消毒, 拮抗微生物農薬 (シリカゲル育苗)	各種種子消毒殺菌剤 (1)
		シンガレセンチュウ		MPP乳剤 (1)
3月上 ～中旬	播種・育苗期	苗立枯病	ヒドロキシイソキサゾール・ メタラキシル液剤 (2) ＊＊	ヒドロキシイソキサゾール・ メタラキシル液剤 (2) ＊＊
3月下旬 ～4月中旬	移植期	いもち病, ウンカ類, ツマグロヨコバイ, イネミズゾウムシ	イミダクロプリド・チアジニル粒剤 (2) ＊＊	イミダクロプリド・トリシクラゾール粒剤 (2) ＊＊
6月中 ～下旬	幼穂形成期	いもち病, 紋枯病, ウンカ類		エトフェンプロックス・ バリダマイシン・フェリムゾン・ フサライド粉剤 (4) ＊＊
6月下旬	幼穂形成期	紋枯病	フルトラニル粉剤 (1) ＊＊＊	
6月下旬 ～7月上旬	出穂期～ 穂揃期	いもち病, カメムシ類	エトフェンプロックス・ トリシクラゾール粉剤 (2) ＊＊	エトフェンプロックス・ トリシクラゾール粉剤 (2) ＊＊
薬剤防除合計使用回数			7	12
防除資材費合計			8,540円/10 a	7,290円/10 a

抵抗性誘導型いもち病防除剤を含む長期残効型箱施薬剤を使用した事例.

IPM防除体系には，種子消毒に温湯種子消毒専用機を用いた例を示した．専用機の価格 (参考：T社の8 kg/回処理タイプの小売価格は228,000円) を含まない．防除資材費は，防除薬剤のおおよその販売価格を積算したものである．

＊：種子消毒での防除対象は次の通り．

温湯種子消毒：全病害虫，拮抗微生物農薬：ばか苗病と細菌病，種子消毒殺菌剤：糸状菌病と細菌病，MPP乳剤：シンガレセンチュウ．

＊＊：混合剤では1回の散布でも成分数を防除回数としてカウントした．

＊＊＊：発病状況によっては削減．

(2) 事例 2

作物・品種　水稲・ヒノヒカリ

地域　九州

栽培法・作型　普通期栽培

時期	作業・生育状況	対象病害虫	IPM体系防除（薬剤防除回数）	慣行防除（薬剤防除回数）
5月	種子消毒＊	いもち病，ばか苗病，苗立枯細菌病，もみ枯細菌病	温湯種子消毒 拮抗微生物農薬 （シリカゲル育苗）	各種種子消毒殺菌剤（1）
		シンガレセンチュウ		MPP乳剤（1）
5月中～下旬	播種・育苗期	苗立枯病	ヒドロキシイソキサゾール・メタラキシル液剤（2）＊＊	ヒドロキシイソキサゾール・メタラキシル液剤（2）＊＊
6月中～下旬	移植期	いもち病，イネミズゾウムシ，ウンカ類，ツマグロヨコバイ		イミダクロプリド・トリシクラゾール粒剤（2）＊＊
6月中～下旬	移植期	イネミズゾウムシ，ウンカ類，コブノメイガ	フィプロニル粒剤（1）	
7月下旬～8月上旬		いもち病（葉）	フェリムゾン・フサライド粉剤（2）＊＊	フェリムゾン・フサライド粉剤（2）＊＊
8月上～中旬	幼穂形成期	紋枯病，ウンカ類，コブノメイガ		クロルピリホスメチル・ブプロフェジン・フルトラニル粉剤（3）＊＊
8月中旬	幼穂形成期	紋枯病	バリダマイシン液剤（1）＊＊＊	
8月下旬～9月上旬	出穂期～穂揃期	いもち病，カメムシ類	エトフェンプロックス・トリシクラゾール粉剤（2）＊＊	エトフェンプロックス・トリシクラゾール粉剤（2）＊＊
9月上～中旬	穂揃期～傾穂期	カメムシ類	シラフルオフェン粉剤（1）	シラフルオフェン粉剤（1）
薬剤防除合計使用回数			9	14
防除資材費合計			8,790円/10 a	9,390円/10 a

IPM防除体系には，種子消毒に温湯種子消毒専用機を用いた例を示した．専用機の価格（参考：T社の8 kg/回処理タイプの小売価格は228,000円）を含まない．

＊：種子消毒での防除対象は次の通り．
温湯種子消毒：全病害虫，拮抗微生物農薬：ばか苗病と細菌病，種子消毒殺菌剤：糸状菌病と細菌病，MPP乳剤：シンガレセンチュウ．

＊＊：混合剤では1回の散布でも成分数を防除回数としてカウントした．

＊＊＊：発病状況によっては削減

(3) 事例3

作物・品種　水稲・コシヒカリ

地域　中四国地域

栽培法・作型　普通期栽培

時期	作業・ 生育状況	対象病害虫	IPM体系防除 (薬剤防除回数)	慣行防除 (薬剤防除回数)
4月上 ～中旬	種子消毒＊	いもち病, ばか苗病, 苗立枯細菌病, もみ枯細菌病	温湯種子消毒 拮抗微生物農薬 (シリカゲル育苗)	各種種子消毒殺菌剤 (1)
		シンガレセンチュウ		MEP乳剤 (1)
4月中旬 ～5月上旬	播種・育苗期	苗立枯病	ヒドロキシイソキサゾール・ メタラキシル液剤 (2) ＊＊	ヒドロキシイソキサゾール・ メタラキシル液剤 (2) ＊＊, ベノミル・TPN水和剤 (2) ＊＊
5月上旬	移植期	イネドロオイムシ, イネミズゾウムシ, ウンカ類, ツマグロヨコバイ		イミダクロプリド粒剤 (1)
5月上旬	移植期	いもち病, イネドロオイムシ, イネミズゾウムシ, ウンカ類	プロベナゾール・フィプロニル粒剤 (2) ＊＊	
6月上 ～中旬	分げつ期	いもち病 (葉)		プロベナゾール粒剤 (1)
8月上旬	幼穂形成期 (穂ばらみ期)	いもち病 (穂), 紋枯病, ウンカ類		エトフェンプロックス・ トリシクラゾール・ メプロニル粉剤 (3) ＊＊
8月上旬	幼穂形成期 (穂ばらみ期)	いもち病 (穂), 紋枯病	トリシクラゾール・メプロニル粉剤 (2) ＊＊	
8月中旬	穂揃期	いもち病 (穂), ウンカ類, カメムシ類	シラフルオフェン・フェリムゾン・ フサライド粉剤 (3) ＊＊	BPMC・MEP・カスガマイシン・フサライド粉剤 (4) ＊＊
8月下旬	傾穂期	ウンカ類, カメムシ類	エトフェンプロックス粉剤 (1)	エトフェンプロックス粉剤 (1)
薬剤防除合計使用回数			10	16
防除資材費合計			10,040円/10 a	9,040円/10 a

抵抗性誘導型いもち病防除剤を含む長期残効型箱施薬剤を使用した事例

IPM防除体系には，種子消毒に温湯種子消毒専用機を用いた例を示した．専用機の価格 (参考：T社の8 kg/回処理タイプの小売価格は228,000円) を含まない．

＊：種子消毒での防除対象は次の通り．

温湯種子消毒：全病害虫，拮抗微生物農薬：ばか苗病と細菌病，種子消毒殺菌剤：糸状菌病と細菌病，MEP乳剤：シンガレセンチュウ．

＊＊：混合剤では1回の散布でも成分数を防除回数としてカウントした．

2） 将来の IPM マニュアルの事例

イネの病害虫防除回数は野菜や果樹に比較すると格段に少なく，今後大きく削減することは難しいと考えられるが，特に年次変動の大きい海外飛来性害虫の高精度発生予察が可能となれば，予防的に用いていた薬剤を削減することができる．さらに，IPM 個別技術の組み合わせの最適化を図るとともに，コストの削減を進めることが課題となる．

作物・品種　水稲・コシヒカリ
地域　九州
栽培法・作型　普通期栽培

時期	作業・ 生育状況	対象病害虫	IPM 体系防除 (薬剤防除回数)	将来の IPM 体系防除 (薬剤防除回数)
5月	種子消毒＊	いもち病, ばか苗病, 苗立枯細菌病, もみ枯細菌病, シンガレセンチュウ	温湯種子消毒 拮抗微生物農薬 (シリカゲル育苗)	温湯種子消毒 拮抗微生物農薬 (シリカゲル育苗)
5月中 ～下旬	播種・育苗期	苗立枯病	ヒドロキシイソキサゾール・ メタラキシル液剤 (2) ＊＊	ヒドロキシイソキサゾール・ メタラキシル液剤 (2) ＊＊
6月中 ～下旬	移植期	イネミズゾウムシ, ウンカ類, コブノメイガ	フィプロニル粒剤 (1)	
7月下旬 ～8月上旬	幼穂形成期	いもち病 (葉)	フェリムゾン・フサライド粉剤 (2) ＊＊	フェリムゾン・フサライド粉剤 (2) ＊＊
8月上旬	幼穂形成期	ウンカ類		高精度発生予察と天敵利用
		コブノメイガ		テブフェノジド水和剤 (1) ＊
8月中旬	幼穂形成期 (穂ばらみ期)	紋枯病	バリダマイシン液剤 (1) ＊＊＊	バリダマイシン液剤 (1) ＊＊＊
8月下旬 ～9月上旬	出穂期～穂揃期	いもち病, カメムシ類	エトフェンプロックス・ トリシクラゾール粉剤 (2) ＊＊	エトフェンプロックス・ トリシクラゾール水和剤 (2) ＊＊
9月上 ～中旬	穂揃期～傾穂期	カメムシ類	シラフルオフェン粉剤 (1)	シラフルオフェン乳剤 (1)
薬剤防除合計使用回数			9	9

＊：種子消毒での防除対象は次の通り．
温湯種子消毒：全病害虫，拮抗微生物農薬：ばか苗病と細菌病．
＊＊：混合剤では1回の散布でも成分数を防除回数としてカウントした．
＊＊＊：発病状況によっては削減

Ⅺ．バレイショのIPMマニュアル

1．北海道畑作地帯におけるIPMの意義

北海道におけるバレイショは栽培面積で58,000 ha，収穫量で全国生産の約3/4を占める重要な畑作物である．しかし，疫病，そうか病やジャガイモシストセンチュウなどの難防除病害虫が多発し，品質や収量を著しく低下させているため，燻蒸剤による土壌消毒，粒剤型農薬の植え付け時処理，殺菌剤茎葉散布などが行われている．また，アブラムシ（病原ウイルス媒介，吸汁害）の防除には定期的な殺虫剤散布が行われている．一方，有機栽培や減農薬栽培に代表されるように消費者の安全・安心な農作物への志向が高まっている．近年，疫病，そうか病，ジャガイモシストセンチュウに対する抵抗性育種が進み，それらに対する抵抗性品種が育成されて，普及が図られつつある．

ここでは現行の農薬使用量を50％以上削減することを目指して，疫病，ジャガイモシストセンチュウについて，抵抗性品種の利用を主体とした減農薬栽培を，またアブラムシ類については土着天敵を活用し，総合防除技術の体系化を進めた．

2．IPMに組み込む個別技術

1）現在利用できる個別技術

（1）病害虫抵抗性品種

a）疫病抵抗性品種

（i）作用機作

疫病菌には多くの系統が存在する（表11-1）．現在，北海道ではA系統が最も広く分布しているが，十勝地方では2001年にはB系統の割合が多くなっている．疫病菌には防除薬剤のメタラキシル剤（リドミル）やオキサジキシル剤（サンドファンなど）に対する耐性菌が存在しているが，系統によって殺菌剤耐性やレースが異なるので，系統は疫病防除を考慮する上で重要な情報となる．

疫病に対するバレイショの抵抗性には真性抵抗性と圃場抵抗性がある．真性抵抗性は病原菌のレースに特異的な抵抗性のことである．疫病では野生種由来のR1からR11までの真性抵抗性遺伝子が知

表11-1　北海道に分布している疫病菌の系統とその性質

系統	交配型	Gpi酵素多型	Pep酵素多型	OM培地上の菌糸生育	メタラキシル耐性
US-1	A1	86/100	92/100	不良	感受性
JP-1	A2	100/100	96/96	良好	感受性～耐性
A	A1	100/100	100/100	不良	耐性
B	A1	100/100	98/98	良好	弱耐性
C	A1	100/100	98/98	不良	感受性
D	A1	100/100	100/100	良好	弱耐性

表11-2　各品種の持つ疫病に対する真性抵抗性遺伝子

真性抵抗性遺伝子	該当品種
なし	男爵薯，メークイン，農林1号，紅丸，キタアカリ，マチルダ，花標津，ユキラシャ
R1	トヨシロ，ワセシロ，ホッカイコガネ，サクラフブキ，エニワ，アトランチック
R1 R3	コナフブキ，さやか

られているが，我が国の品種には R1～R4 が導入されており，このうち現在栽培されている品種には R1 と R3 が利用されている（表 11-2）．一方，現在北海道に分布している菌のレースは真性抵抗性遺伝子 R1，R3，R4，R5，R7 を侵すことができるので，R1 R3 を持っている品種も疫病に罹る可能性がある．一方，圃場抵抗性は病原菌のレースに非特異的な抵抗性のことで，その作用は真性抵抗性ほど強くないが，病原菌の各レースに対し安定している．「マチルダ」や「花標津」は圃場抵抗性が強い品種であるが，「マチルダ」では疫病菌の系統によって抵抗性レベルが異なることが確認されている．

（ii） 使用方法

ジャガイモ疫病の発生状況は，気象条件や栽培品種の疫病に対する圃場抵抗性レベルなどによって大きく変動する（図 11-1）．圃場抵抗性の弱い品種を栽培した場合，疫病に不適な気象条件下では少発生でとどまるが，好適条件下では多発生となり（図 11-2），減収率も高くなるので（図 11-3），圃場抵抗性の強い品種を栽培する．

図 11-1　薬剤無散布圃場におけるジャガイモ疫病圃場抵抗性の異なる品種の発病状況（手前の品種は圃場抵抗性弱の「男爵薯」，奥は圃場抵抗性強の「花標津」）

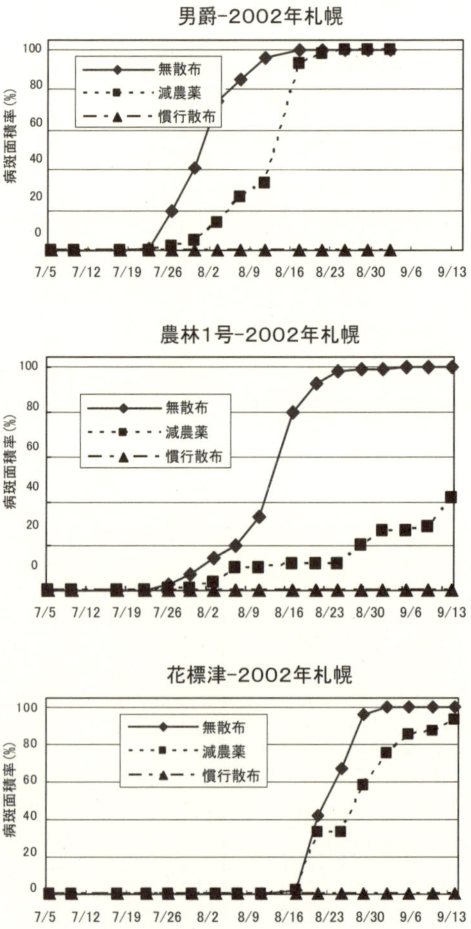

図 11-2　疫病多発生条件下におけるバレイショ 3 品種の発病進展経過（減農薬区は発生予察に基づく散布）

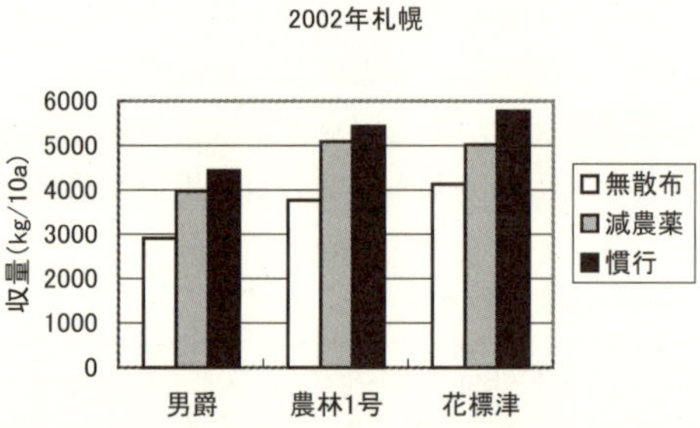

図 11-3　疫病多発生条件下における上いも収量

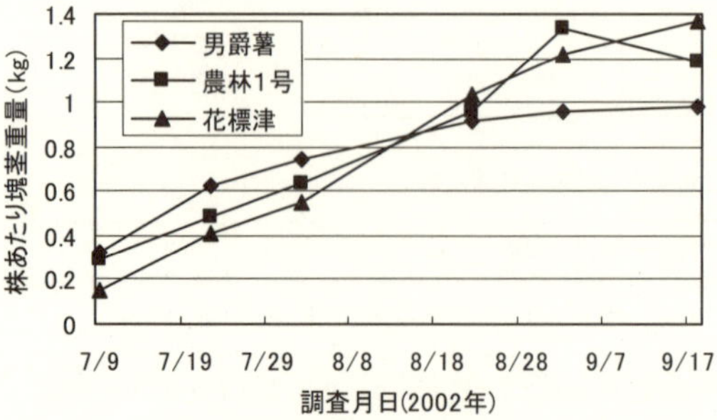

図 11-4　疫病多発生条件下におけるバレイショ 3 品種の塊茎肥大曲線

（iii） 使用上の留意点

「花標津」で疫病が発生するのは，開花から約1カ月後の8月10日頃である（図11-2）．一方，「花標津」は9月中旬まで塊茎が肥大し続けるので（図11-4），収穫期までできる限り茎葉を維持することが収量増加につながる．このことから，「花標津」では8月10日頃（開花後1カ月）から，疫病防除のために7〜10日毎に薬剤散布を行う．また，「花標津」は他の品種に比べて塊茎腐敗に対しても抵抗性が強い（図11-5）．

b） ジャガイモシストセンチュウ

（i） 作用機作

シストセンチュウの卵は，寄主植物がない場合は長期間にわたってシスト内で休眠し続け，寄主植物が栽培されるとその根から分泌されるふ化促進物質の刺激を受け，一斉にふ化する特徴がある．線虫抵抗性品種（表11-3）も感受性品種と同様にふ化促進物質を産生するので，これを栽培すると土壌中の線虫卵のほとんどがふ化し，根に侵入できる．しか

表11-3 主なジャガイモシストセンチュウ抵抗性品種

キタアカリ	食用	ムサマル	加工用
トウヤ	食用	アトランチック	加工用
さやか	食用	ベニアカリ	加工用
花標津	食用	アスタルテ	澱原用
スタークイーン	食用	サクラフブキ	澱原用
十勝こがね	食用	アーリースターチ	澱原用

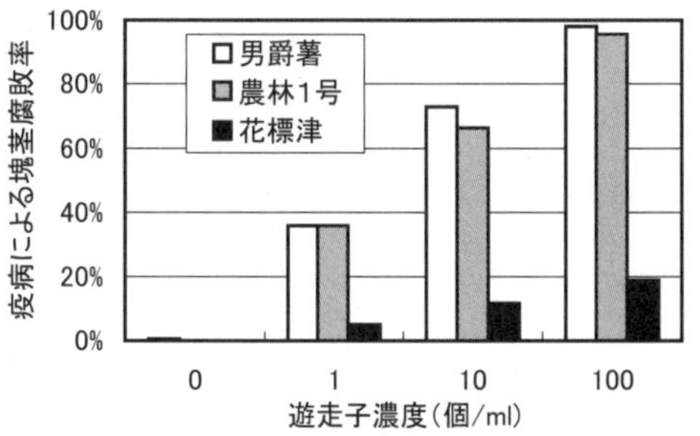

図11-5 疫病遊走子浸漬接種による塊茎腐敗率の品種間差異

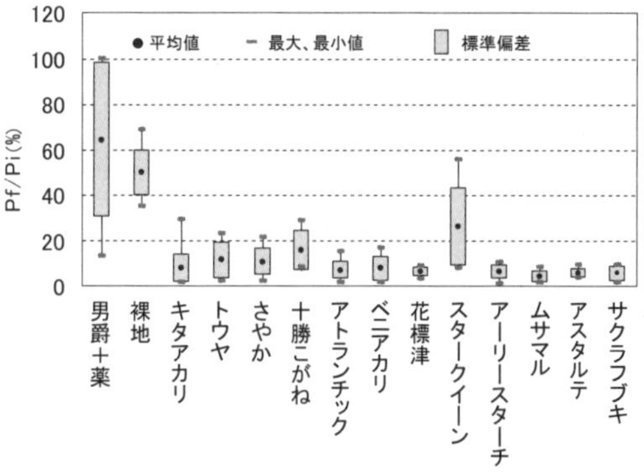

図11-6 ジャガイモシストセンチュウ密度に対する抵抗性品種栽培の効果

Pf/Pi：植え付け時線虫密度に対する収穫時線虫密度の割合

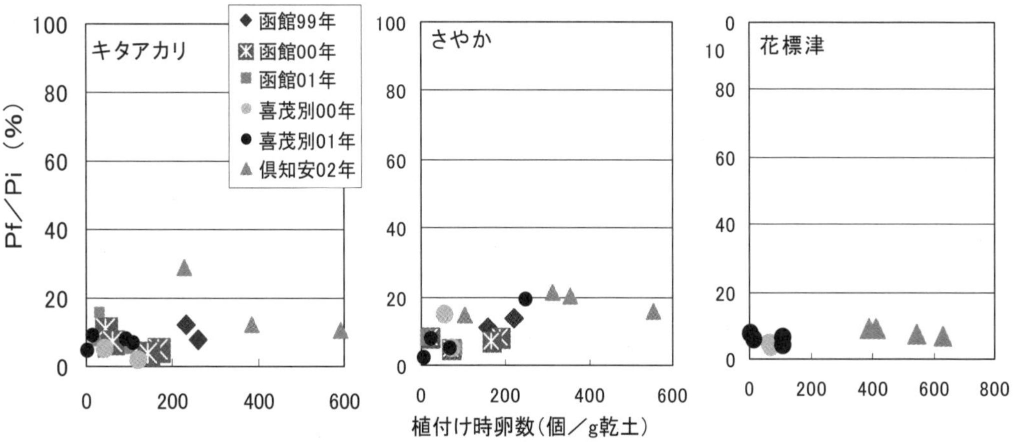

図11-7 各抵抗性品種を栽培した時の植え付け時のジャガイモシストセンチュウ密度別Pf/Pi

Pf/Pi：植え付け時線虫密度に対する収穫時線虫密度の割合

し，抵抗性品種の根では栄養摂取を正常に行えないため，成虫まで成育することができずに根内で死滅する．そのため，抵抗性品種を1作するだけで，土壌中の線虫密度を効果的に減少させることができる．

抵抗性品種を栽培すると，土壌中のジャガイモシストセンチュウ密度は平均10〜20％に減少し，その程度は休耕条件や殺線虫剤を施用した場合よりも大きい（図 11-6）．抵抗性品種による線虫密度低減効果には以下のような特徴があり，抵抗性品種利用は年次間や地域間で効果が変動する場合が多い殺線虫剤利用に比べてより確実な線虫密度低減手段である．

① 品種間で効果にほとんど差がなく，どの品種を使っても同様の効果が期待できる（図 11-6）．

② 年次間で効果に差がない（図 11-7）．

③ 地域間で効果に差がなく，利用環境によらず安定した効果が期待できる（図 11-7）．

④ 畑の線虫密度の多少に関わらず，全ての線虫密度に対して同様の効果が期待できる（図 11-6）．ただし，スタークイーンは高密度条件下での低減効果がやや劣る．

国内に分布しているジャガイモシストセンチュウの寄生型（パソタイプ）は Ro_1 とされ，それ以外のパソタイプは現在までのところ発見されていない．Ro_1 は，H_1 抵抗性遺伝子を持った線虫抵抗性品種では増殖することができない（国内で使用されている抵抗性品種は全て，H_1 抵抗性遺伝子を持っている）．抵抗性品種に寄生できるパソタイプとして $Ro_{2,3,5}$ が報告されているが，それらの H_1 抵抗性品種に対する寄生性を司る遺伝子が劣性であるため，Ro_1 単一個体群から抵抗性に寄生できるパソタイプが出現，優占化する可能性は極めて低いとされている．また，国内の各発生地における地域個体群の抵抗性品種に対する寄生性を調査したところ，増殖できる個体群は全く認められていない（表 11-4）．したがって，線虫抵抗性の安定性は極めて高いと考えられる．

表 11-4　ジャガイモシストセンチュウ各地域個体群の抵抗性品種（キタアカリ）に対する寄生性

個体群	キタアカリ	男爵薯	個体群	キタアカリ	男爵薯
真狩村共明	0	722	倶知安町巽	0	920
泉	0	535	高砂	0	1025
神里	0	447	緑	0	521
社	0	947	扶桑	0.3	395
緑岡	0.8	906	高見	0.5	658
光	1.8	995	琴平	0	450
喜茂別町留産	0.5	434	瑞穂	0	396
尻別	0	810	富士見	0.8	428
留寿都村留寿都	0	758	斜里町以久科南	0	716
京極町更進	0	517	以久科	0	623
京極	0.3	570	豊倉	0	483
川西	0	739	豊里	0	669
三崎	0.3	691	富士	0	997
ニセコ町ニセコ	0	774	越川 A	0	909
近藤	0.3	725	越川 B	3.5	1087
滝台	0.3	306	美咲	1.3	947
東山	0	518	清里町神威	0	918
藤山	0.3	521	函館市古川	0	1056
富川	0.3	434	石川	0	624
里見	0.8	619	豊里	0	554
			美深町仁宇布	0	545

各数値は，以下の密度で接種した際の形成シスト数（個/pot，3または4反復平均値）
接種密度：3000，4000，5000卵/pot（試験年度によって異なった）

（ii）使用方法

翌年に抵抗性品種を栽培する予定の畑の線虫密度を測定する．測定結果と表 11-5 の基準に基づいて適切な抵抗性品種を選択する．

（iii）使用上の留意点

① 植え付け時の線虫密度が高い場合，抵抗性品種も被害（減収，いも数減少）を受ける場合があり，その程度は品種によって異なる（図 11-8）．これは，ふ化促進効果により一斉にふ化した多数の幼虫が根に侵入するために根の伸展や養分吸収が妨げられ，生育が阻害されること，根内の寄生幼虫の死滅とともにジャガイモの生育は回復しても，品種によってダメージの程度，回復程度が異なることによると考えられる．ほとんどの抵抗性品種は，線虫高密度条件（乾燥土壌 1 g 当たり線虫卵 100 個以上）でもあまり減収しないが，品種によっては中密度条件（乾燥土壌 1 g 当たり線虫卵 10 個以上 100 個未満）でも減収するので，抵抗性品種を線虫防除に利用する際には表 11-5 に記載した適用線虫密度を遵守する．

② 線虫高密度畑での抵抗性品種は，枯凋時期が遅れる場合が多い．初期生育が阻害される影響で，全体的に生育が遅延するためと考えられる．そのため，通常の栽培よりも疫病防除のための薬剤散布回数が増加する可能性がある．「花標津」に代表される線虫と疫病の両者に対して抵抗性を持つ品種を利用すれば，薬剤散布回数の増加は回避できると考えられる．

表 11-5　ジャガイモシストセンチュウ密度別抵抗性品種適用表

	植え付け時線虫卵密度（個/g 乾土）		
	0 ＜ 密度 ＜ 10	10 ≦ 密度 ＜ 100	100 ≦ 密度
キタアカリ	○	○	○
トウヤ	○	○	×
さやか	○	×	×
スタークイーン	○	×	×
花標津	○	○	○
十勝こがね	○	○	×
アトランチック	○	○	○
ベニアカリ	○	○	○
ムサマル	○	○	○
アーリースターチ	○	○	×
アスタルテ	○	○	○
サクラフブキ	○	○	○

○：植え付け可，×植え付け不可

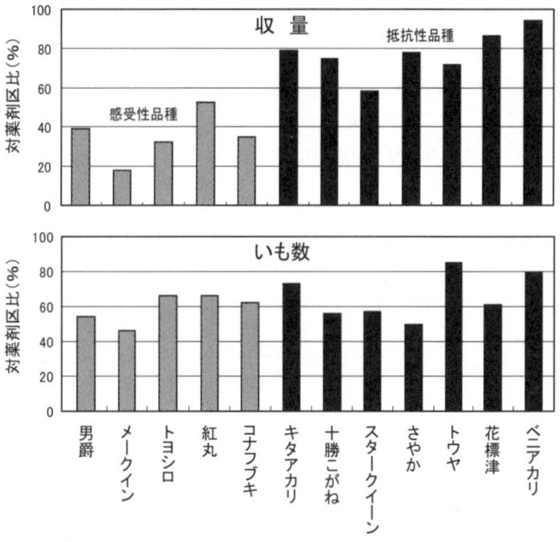

図 11-8　ジャガイモシストセンチュウ高密度畑における各バレイショ品種の収量性
各数値は，各品種の薬剤区収量に対する非薬剤区収量の割合

③ 潜在的な抵抗性打破系統が侵入，潜在している可能性をチェックするために今後も継続的な調査が必要である．

（2）生物的防除法

a）土着天敵類の活用

（i）対象害虫および作用機作

吸汁害を引き起こすワタアブラムシの発生は，殺虫剤散布区では当然ながら非常に少ないが，無散布区においても大きく増加することはない（表 11-6）．同様の結果は道内の他地域での調査でも得られている（表 11-7）．ワタアブラムシによる吸汁害が発生するのは密度が数 100 頭/複葉以上の場合であることから，殺虫剤無散布であっても吸汁害は回避できる．なお，バレイショに発生するワタアブラムシ以外のアブラムシ類も同様に，無散布区における発生が少ない．アブラムシ以外では，ヨトウガによる葉の食害がみられるが収量に影響を及ぼすほどではなく，他の害虫はほとんど発生しない

表 11-6　殺虫剤無散布区と散布区でのワタアブラムシの発生（北農研，品種「農林1号」）

調査日	無散布区	散布区
【1999】		
6月 30日	0.2	0.5
7月　6日	0.4	0.0
7月 13日	3.6	0
7月 22日	0.4	0.0
7月 28日	1.0	0.0
8月　5日	0.4	0.0
8月 12日	0.3	0
8月 19日	0.2	0.0
【2000】		
7月　4日	2.5	2.8
8月　3日	2.1	0
8月 17日	0.4	0.0

1）散布薬剤：アセフェート水和剤とイミダクロプリド水和剤の混用
2）散布日：1999年 7月2日，9日，17日，23日，8月1日，7日
　　　　　2000年 7月7日，15日，20日，28日，8月5日，12日
3）ワタアブラムシ数/複葉で示す

表 11-7　農家圃場でのワタアブラムシ発生密度

品種	殺虫剤	ワタアブラムシ数/複葉	
【2001年，喜茂別町 *】		調査日8月7日	8月15日
花標津	散布	0.1	0.7
	無散布	0.1	0.6
【2002年，清里町 **】		調査日7月30日	
花標津	散布	42.9	
	無散布	6.1	
キタアカリ	散布	58.2	
	無散布	9.9	

* 殺虫剤散布は7月3日,17日,30日，8月14日,22日,30日の6回
** 殺虫剤散布は7月1日,19日，8月10日の3回（道立北見農試調査）

表 11-8　殺虫剤散布がアブラムシ以外の害虫の発生に及ぼす影響

年次	品種	殺虫剤	ヨトウガ食害程度
1999	農林1号	散布	0
		無散布	68.2
2000	農林1号	散布	0
		無散布	21.9
2001	農林1号	散布	0
		無散布	4.4
2002	花標津	散布	1.3
		無散布	33.8
	キタアカリ	散布	0.4
		無散布	39.0
	男爵薯	散布	1.3
		無散布	34.0

1）ヨトウガ食害程度：指数0＝食害なし，1＝小さい食痕が数個見られる，2＝半数内外の葉に食痕があり，大きい食痕も見られる，3＝ほとんどの葉に大きい食痕が見られる，4＝ほとんどの葉が網目状に食害されている
2）食害程度＝100×Σ（指数×当該株数）/（4×調査株数）

図11-9　ナミテントウ成虫（体長約8 mm）（右）と幼虫（体長約10 mm）（左）

図11-10　アブラムシを捕食するナミヒメハナカメムシ成虫（体長約2 mm）

表11-9　バレイショ圃場周辺での捕食性天敵の生息（2002）

調査月日	植物	確認された天敵				
		ナミテントウ	ナナホシテントウ	クサカゲロウ類	ヒラタアブ類	ヒメハナカメムシ類
6.27	スズメノカタビラ		A, L			
	ヤマハンノキ	L				
7. 1	バレイショ	A, L				
7. 2	スズメノカタビラ		A, L			
	アカクローバ，シロクローバ		A, L	A, L	A, L	
7.12	セイタカアワダチソウ		A, P		L, P	
7.13	クリ					A
	アカクローバ，シロクローバ，ハルジョオン					A
7.17	セイタカアワダチソウ	A	*A, L*			
	ヤマハンノキ	A, P, L				
	ダイズ					A
7.23	ヤマハンノキ	P				
	ヨモギ	A	A			
	セイタカアワダチソウ		A, L			
	ヤナギ	L				
	バレイショ	A, P, L	A			
8. 2	コムギ		A			
8. 7	トウモロコシ	A, *P*, L	A			
	ミズナラ		A			
8.20	オオバボダイジュ	P, L				

1)　A＝成虫，P＝蛹，L＝幼虫，斜体は生息数が多い

（表11-8）．

夏季にバレイショ圃場周辺には，アブラムシ類の捕食性天敵であるナミテントウ（図11-9），ナナホシテントウ，ヒメハナカメムシ類（図11-10），クサカゲロウ類，ヒラタアブ類などが生息しており（表11-9），バレイショ圃場でのアブラムシ抑制のための天敵供給源となっている．

アブラムシ類によるウイルス媒介の防止策は，無病種イモの使用を励行することが理論的にも現実的にも有効であり，現在の北海道では順守されている．アブラムシ類による吸汁害については，夏季に圃場周辺に広範囲に生息するテントウムシ類などの土着の捕食性天敵の活用が有効であり，これは殺虫剤散布を行わないことで実現できる.

（iii） 使用上の留意点

ワタアブラムシに対して効果の低い殺虫剤を散布すると多発生となり，連続散布するほどその程度は顕著になるので，不必要な薬剤散布は行わない.

殺虫剤無散布の場合の収量およびデンプン価への影響はないものと考えられる（表11-10）.

表11-10 殺虫剤無散布がバレイショの収量，デンプン価に及ぼす影響

年次・品種	殺虫剤	株当収量 (g)	同左比	デンプン価 (%)
【1999】農林1号	散布	881.7 ± 129.4	100	−
	無散布	872.5 ± 101.2	99.0	−
【2000】農林1号	散布	918.2 ± 70.2	100	16.7 ± 0.5
	無散布	962.7 ± 216.8	104.8	17.7 ± 0.7
【2001】農林1号	散布	1048.0 ± 29.3	100	18.1 ± 0.1
	無散布	1006.9 ± 65.9	96.1	19.3 ± 0.4
【2002】花標津	散布	1260.3 ± 138.8	100	16.3 ± 0.8
	無散布	1205.8 ± 101.5	95.7	16.0 ± 0.6
キタアカリ	散布	1215.6 ± 101.8	100	15.5 ± 0.7
	無散布	1266.2 ± 160.1	104.2	15.4 ± 0.5
男爵薯	散布	1198.7 ± 73.8	100	16.2 ± 0.3
	無散布	1069.2 ± 67.9*	89.2	15.3 ± 0.6*

1） 殺虫剤散布：1999～2001年：アセフェート水和剤＋イミダクロプリド水和剤の6回散布，2002年：イミダクロプリド水和剤，ジメトエート・フェンバレレート乳剤，ピメトロジン水和剤，MEP乳剤のローテーション散布
2） *印のみ散布区と無散布区とで有意差あり（$P < 0.01$，U-test）

2） 将来利用可能な技術

（1） 発生予察

a）改変 Simcast / MR

（i） 対象病害および作用機作

ジャガイモ疫病の発生予察モデルとして考案されているBlitecast，SimcastおよびPhytoPREについて，少発生年であった1999年と2000年の札幌の気象経過をそれらに当てはめて検討したところ，Simcast/ MRとPhytoPRE/ Rで比較的よい結果が得られた（表11-11）が，全体的に適合性が低かった理由として高温抑制効果が考えられたので，これを取り入れた改変Simcast/ MRを考案したところ，適合性が向上した．この改変Simcast/ MRに基づいて薬剤散布を行った結果，「男爵薯」では疫病を抑制できなかったが，「農林1号」ではかなり抑制することができた．「花標津」では8月中旬以降に改変Simcast/ MRに基づいて散布した結果，抑制できた事例（恵庭市）と抑制できなかった事例（札幌市）が得られた（図11-11）．以上のように，発生予察モデル改変Simcast/ MRに基づく防除は現在のところ信頼性の高いものではないが，今後は「花標津」の散布時期の判断にも利用できるように，精度向上などを進める必要がある．

表11-11 少発生条件下における各種疫病発生予察モデルの殺菌剤散布指示回数

発生予察モデル	1999年		2000年	
	散布指示回数	男爵薯における最終病斑面積率（%）	散布指示回数	男爵薯における最終病斑面積率（%）
Blitecast	12		9	
Simcast/ S	10		9	
Simcast/ MS	6		6	
Simcast/ MR	5		4	
PhytoPRE/ S	7		7	
PhytoPRE/ M	6		6	
PhytoPRE/ R	4		4	
無散布	0	5	0	37
減農薬散布	4	0	4	0
慣行散布	8	0	8	0

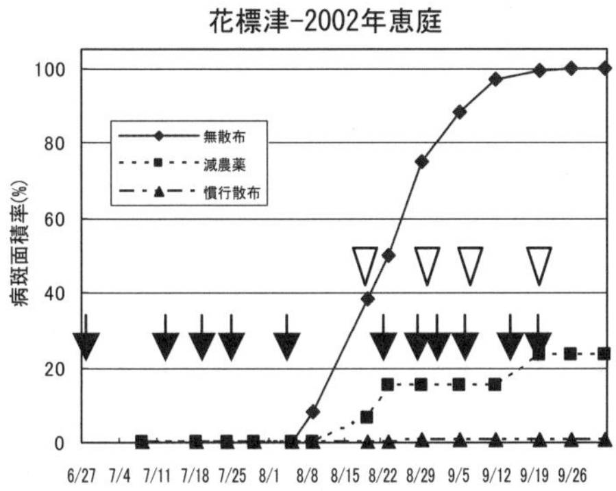

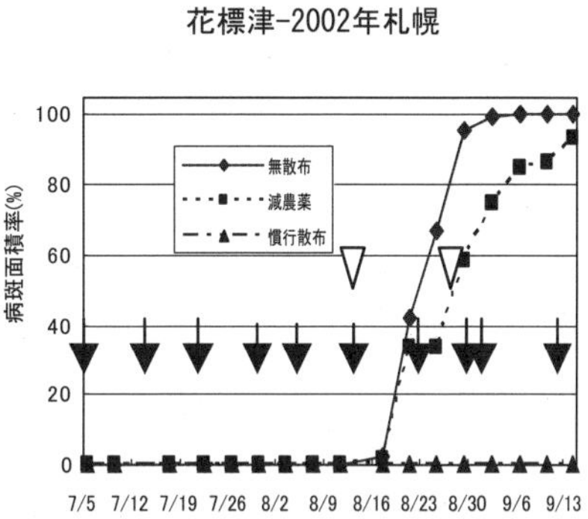

図11-11　改変Simcastに基づく殺菌剤散布と疫病の発病進展経過
(矢印は慣行散布，白三角は減農薬散布)

(ii) 使用方法

改変Simcast/MRに基づく殺菌剤近在散布時期の決定は以下のとおりである．

1. 毎正時の相対湿度と気温を測定する．
2. 相対湿度が連続して90％以上となる時間とその間の平均気温を求める．ただし，1日の始まりは13：00，終わりを12：00とする．たとえば，7月14日の13時から15日の12時までを7月14日とする．
3. A表から感染好適指数を読み取りAとする．
4. 各正時のうちの最高気温を求め，B表から高温抑制指数を読み取りBとする．
5. Aの値からBの値を引き(A－B)，その日の修正感染好適指数とする．
6. 殺菌剤を散布した日から修正感染好適指数を毎日累積し，その累積値が41に達したら次回の殺菌剤散布を行う．

A表

90％以上の湿度の持続時間	90％以上の湿度の持続する時間の平均気温(℃)					
	＞27.0	22.5～27.0	12.5～22.4	7.5～12.4	3.0～7.4	＜3.0
＜7時間	0	0	0	0	0	0
7	0	0	1	0	0	0
8	0	0	2	0	0	0
9	0	0	3	0	0	0
10～12	0	0	4	1	0	0
13～15	0	0	5	2	0	0
16～18	0	1	5	3	0	0
19～24	0	1	5	3	1	0

B表

最高気温	高温抑制指数
25℃未満	0
25.0～25.9℃	1
26.0～26.9℃	2
27.0～27.9℃	3
28.0～28.9℃	4
29.0℃以上	5

(iii) 使用上の留意点

① 現在，IPM体系に組み込むことのできるバレイショ品種は「花標津」のみであるが，本法は疫病

に抵抗性のない品種（「男爵薯」,「キタアカリ」など）に利用できる．抵抗性品種「花標津」より薬剤散布回数は増えるが，慣行防除よりは減少できる．

② 圃場抵抗性品種も菌の系統によっては抵抗性レベルが低下することも考えられるので,「花標津」で早期に罹病するようなことがあった場合には，抵抗性が弱あるいは中の品種に準じて防除を行う必要がある．

（2） ふ化促進物質

寄主植物の根から産生される物質で，シストセンチュウのふ化を促進する効果を持つ．シストセンチュウの種類によってふ化促進物質は異なる．ふ化促進物質は，1寄主植物から複数種が産生されていることが知られている．ジャガイモシストセンチュウのふ化を促進する多くの物質が寄主植物であるジャガイモとトマトの栽培土壌浸出液または水耕液から見つかっているが，構造決定に至ったものは現在までに1種類のみである．ふ化促進物質を防除に応用する試みも行われているが，まだ実用化に至っているものはない．

3．IPMマニュアルの実例

1） 実施可能なIPMマニュアルの事例

ジャガイモの一般的な栽培法は，3月下旬に種いもを準備し，浴光催芽を行い，4月下旬～5月中旬頃に圃場へ植え付ける．収穫は8月下旬から9月中に行われる．

ジャガイモに発生する主な病害虫はジャガイモシストセンチュウ，疫病，およびウイルス病を伝搬したり吸汁害を与えるアブラムシ類である．

ジャガイモシストセンチュウは，汚染土壌や汚染種いもによって伝搬される．本線虫の発生畑では低密度の場合には，栽培時に必ず殺線虫粒剤の施用が必要となる．また，線虫が高密度に増加した場合は，D-Dなどの燻蒸剤処理が行われている．疫病は6月下旬～7月上旬に初発生が見られ，収穫まで発生が続く．そのために，FLABSによる初発予測日（北海道防除所のホームページで各地域の初発生期予察情報として公開されている）から定期的な薬剤散布が7～10日ごとに行われている．特に，低温で降雨が続いた場合に急激に蔓延するので注意が必要である．アブラムシ類は，6月上旬～8月下旬に発生し，発生ピークは種類によって異なる．吸汁害を引きおこすワタアブラムシの発生は7月下旬～8月中旬がピークとなる．アブラムシの防除は，疫病と同時に薬剤散布が行われている場合が多い．

以上を踏まえ，薬剤使用回数を可能な限り抑制した病害虫防除は以下のように考えられる．① 疫病が常発し，かつジャガイモシストセンチュウが発生している汚染圃場では，疫病とシストセンチュウに抵抗性である品種「花標津」を栽培する．疫病防除のための薬剤散布は8月中旬以降から開始し，アブラムシ類に対しては土着天敵を活用するため殺虫剤の散布は行わない．これらにより薬剤散布回数は慣行の13回から3回に削減することができる．② 疫病少発地帯の線虫汚染圃場では，線虫密度，栽培目的に応じて線虫抵抗性品種を選定して栽培する（表11-5を参照,「花標津」以外の品種は疫病に対して抵抗性はない）．この場合，疫病防除薬剤の散布は必須であるが，殺線虫剤，殺虫剤の散布は不要となる．

作物・品種　バレイショ

地域　北海道

栽培法・作型　畑作物

時期	作業・ 生育状況	対象病害虫	IPM 体系防除 (薬剤防除回数)	慣行防除 (薬剤防除回数)
4月中旬	本圃準備	疫病	疫病に対して圃場抵抗性の強い品種の選定	
		ジャガイモシストセンチュウ	ジャガイモシストセンチュウに対しての抵抗性品種の選定＊	土壌消毒 (ホスチアゼード粒剤 (1) など)
5月中旬	植え付け			
6月上旬	萌芽期	疫病		
	生育期	アブラムシ類	土着天敵の活用 (殺虫剤は散布しない)	FLABS による初発日予測 マンゼブ水和剤散布 (1) その後，7〜10日ごとに薬剤散布 (6〜8) イミダクロプリド水和剤など (3〜4)
8月中旬以降		疫病	マンゼブ水和剤 (2〜3)	
8月下旬	黄変期			
9月上旬以降	収穫〜貯蔵			
		薬剤防除合計回数	2〜3	11〜14
防除コスト (/10 a)			1,050円	22,000円

＊ ジャガイモ植え付け畑のジャガイモシストセンチュウ密度を調査し，初期密度に応じた品種を選定する．
低密度（1〜9卵/g乾土）　抵抗性品種を選定（品種に制限なし）
中密度（10〜99卵/g乾土）抵抗性品種（キタアカリ，トウヤ，花標津，十勝こがね，アトランテック，ムサマル，ベニアカリ，アーリースターチ，アスタルテ，サクラフブキ）の中から選定
高密度（100卵以上/g乾土）抵抗性品種（キタアカリ，花標津，アトランテック，ベニアカリ，ムサマル，アスタルテ，サクラフブキ）の中から選定

2）将来のIPMマニュアルの事例

現在，北海道に適した疫病発生予察モデルはないが，今までの試験から改変 Simcast/ MR を考案した．このモデルによって薬剤散布を行うと，散布回数の削減と病勢進展を抑制できる可能性があり，実用化に向けてモデルの改良と実証を行う必要がある．現在，疫病に対しての IPM メニューは圃場抵抗性強品種の栽培だけであるが，このモデルの利用により，疫病に抵抗性のない品種（「男爵薯」，「キタアカリ」など）にも対応でき，現在の慣行防除より薬剤散布回数をかなり削減できるものと期待される．また，この方法はアメダス情報にはない湿度の数値を使用するため，ジャガイモ群落内に温湿度計を設置する必要がある．

作物・品種　バレイショ
地域　北海道
栽培法・作型　畑作物

時期	作業・生育状況	対象病害虫	現在可能な IPM 体系防除（薬剤防除回数）	将来の IPM 体系防除（薬剤防除回数）
4月	本圃準備	疫病 ジャガイモシストセンチュウ	抵抗性品種の選定 抵抗性品種の選定	品種の選定＊ 抵抗性品種の選定
5月中旬	植え付け			
6月上旬	萌芽期 生育期	疫病		FLABS による初発日予測 マンゼブ剤などの散布 その後，改変 Simcast/ MR による薬剤散布指示（4〜6）
		アブラムシ類	土着天敵の活用 （殺虫剤は散布しない）	土着天敵の活用
8月中旬 8月下旬 9月上旬	 黄変期 収穫〜貯蔵	疫病	マンゼブ水和剤（2〜3）	
薬剤防除合計回数			2〜3	4〜6

＊ 現在可能な IPM 体系に組み込むことができる品種は「花標津」のみであるが，本体系は疫病に抵抗性のない品種（男爵薯，キタアカリなど）にも利用できる．

XII. ダイズ(東日本)のIPMマニュアル

1. ダイズ(東日本)におけるIPMの意義

平成13年度のダイズの全国作付面積は144,000 haであり，そのうち作付面積の多い順に，(1) 北海道，(2) 宮城，(4) 新潟，(6) 秋田，(7) 山形，(9) 栃木，(10) 茨城 (数字は全国における作付面積の順位) となっており，東日本が占める割合が大きい．また，その他の地域は転作対応の水田作が中心であるが，北海道は畑作が4割，東北と関東は畑作が2～3割と，畑作の割合が高いのも特徴である．

ダイズに発生する病害虫の種類は多く，ウイルス13種，ファイトプラズマ1種，細菌2種，糸状菌39種，線虫類14種 (以上日本植物病名目録)，害虫では，東日本に発生する昆虫類に限っても100種を超える (農林有害動物・昆虫名鑑による)．

東日本における主要な病害では，減収の要因となるべと病，収量・品質低下の要因となるモザイク病，萎縮病，紫斑病などが全国共通で発生しているが，特に寒冷地では壊滅的被害につながるわい化病が深刻である．害虫では発芽を害するタネバエ，葉や茎を害するアブラムシ類，サヤムシガ類 (マメヒメサヤムシガ，ダイズサヤムシガなど)，莢や子実を害するカメムシ類，ダイズサヤタマバエ，シロイチモジマダラメイガ，マメシンクイガなどが重要である．線虫ではダイズシストセンチュウが東日本全域に広く発生している．

東日本のダイズ栽培では，ダイズわい化病媒介アブラムシ (ジャガイモヒゲナガアブラムシ) を中心に，上記の害虫類および紫斑病などを対象として3～6回の薬剤防除が行われている．このうち，ダイズわい化病媒介アブラムシは，殺虫剤を主体とした従来の防除技術では十分な防除が困難であり，防除回数の増加による環境負荷や防除コスト増大の原因となっている．わい化病の感染時期を的確に予測し，殺虫剤散布とそれ以外の防除手段を合理的に組み合わせることによって，従来の殺虫剤散布のみに依存した防除体系と比べて防除回数を削減し，環境に対する負荷の低減が可能である．

もう一つの重要害虫であるダイズシストセンチュウについては，栽培前の土壌燻蒸剤処理が唯一の薬剤防除法であるが，土壌環境への負荷が大きく，労力・経済的な面からも有効な手段ではないため，農薬使用実績はあまりない．ダイズシストセンチュウ対策は現行の薬剤防除回数の削減にはつながらないが，東日本のダイズの安定生産には不可欠な問題である．輪作を基本とし，積極的に線虫密度を低減する植物や有機物，農業資材などを導入することによって，ダイズ作付前にダイズシストセンチュウ密度を要防除水準以下に抑制することが可能である．

東日本ダイズのIPM戦略は，これらの技術と抵抗性品種を組み合わせ，防除コストをできるだけ抑え，化学農薬の使用回数を50％以上に削減しても経済的なダイズ栽培ができる総合的防除体系を構築することである．

2. IPMに組み込む個別技術

1) 現在利用できる技術

(1) 病害虫抵抗性品種

a) 病害抵抗性品種

(i) 対象病害虫および作用機作

以下の病害に対する抵抗性品種が育成されており，防除対策として利用できる．わい化病抵抗性品種は，真性抵抗性をもたないものの感受性品種よりも発病率が低く，感染個体の症状も軽いため，その利用により減収程度が小さくなる．べと病のため，地域により慢性的に10～20％の減収被害を受けているが，抵抗性品種の利用により薬剤散布が不要となる．茎疫病では，水田転換畑などの排水不良土壌で被害が大きいが，抵抗性品種の利用により被害が軽減できる．北海道に分布するレースは4群が確認されており，主要レースはⅠ，Ⅱであるが，一部地域に抵抗性品種を侵すレース群Ⅳも存在する．モザイク病を引き起こすダイズモザイクウイルス（SMV）には病原性の異なるA, B, C, D, Eの5つの系統があり，ダイズの品種にはそれぞれに対応した抵抗性を持つものがある．現在の東北各県のダイズ奨励品種は少なくともA, B系統に対する抵抗性を併せ持つが，C, D系統に対する抵抗性を持つ品種と持たない品種があり，持つものをウイルス病抵抗性「強」，持たないものを抵抗性「中」とし

表12-1　東日本で栽培可能なダイズ抵抗性品種の一覧

品種名	用途*						栽培地域				抵抗性**							
	煮豆	納豆	豆腐	味噌	その他用途	枝豆・もやし	北海道	東北	関東	東山	わい化病	モザイク病	紫斑病	立枯性病害	べと病	茎疫病	黒根病	シストセンチュウ
ツルムスメ	◎						○				○				◎	×/×		×
ユウヅル	◎						○				×					○/×		×
トヨムスメ	◎		○				○				×				×	○/○	◎	○
トヨコマチ	◎		○				○				×				×	○/×	×	○
カリユタカ	◎		○				○				×					×/×	◎	×
ユキホマレ	◎	○	○	○			○				×				△	○/○		○
ミヤギシロメ	◎		○		○			○				△	◎	◎				×
タチナガハ	◎		○					○	○	○		△	◎	△				×
オオツル	◎		○	○					○			△	◎					×
スズヒメ		◎					○				×					○/×		◎
スズマル		◎					○				△					○/×		×
ユキシズカ		◎					○				△					○/○		○
すずこまち		◎							○	○		◎	◎					×
納豆小粒		◎							○			△		○				×
オクシロメ			◎					○				△						○
スズカリ			◎					○				△						○
リュウホウ	○		◎					○				△	△	△				○
スズユタカ			◎					○				◎						○
トモユタカ			◎					○				◎						○
タチユタカ		○	◎					○				◎						×
ハタユタカ			◎					○	○			◎						○
あやこがね			◎	○				南	○	○		◎	△	△				×
ほうえん			◎					南		○		◎	○	△				×
ナカセンナリ			◎	○					南	○		△	○	◎				○
エンレイ	○		◎	○					○	○		△	○					×
ギンレイ			◎	○					○	○		◎	△	○				×
タマホマレ			○	◎					南	○		△	○					×
中生光黒	◎						○				×				×	−/○	◎	×
いわいくろ	◎						○				○				×	−/×		×
玉大黒	◎								北	○		◎		△				×
ゆめみのり					◎			○	北			◎						×
大袖の舞	○				◎	◎	○				×					○/−	×	○
ふくいぶき			◎					○	○			◎						○
いちひめ					◎			南	北			◎						×

＊　用途の欄の◎は主用途であることを示す．

＊＊　抵抗性については，◎：強，○：やや強，△：中，×：弱，無印および－：不明または検定結果無し．モザイク病では，◎：C, D系統にも抵抗性，△：A, B系統のみ抵抗性．茎疫病については【レース群Ⅰ/Ⅱ】，シストセンチュウでは，◎：全レース抵抗性，○：レース3の一部抵抗性．

ている．東北地方南部ではC, D系統が発生することがあるので，この地域では抵抗性「強」の品種を栽培する方が安全である．抵抗性品種の一覧を表12-1にまとめた．

① わい化病：ツルムスメ（やや強)，いわいくろ（やや強)
② モザイク病（強)：すずこまち，スズユタカ，トモユタカ，タチユタカ，ハタユタカ，あやこがね，ほうえん，ギンレイ，玉大黒，ゆめみのり，ふくいぶき，いちひめ
③ 紫斑病：ミヤギシロメ，タチナガハ，オオツル，すずこまち
④ べと病：ツルムスメ
⑤ 茎疫病：スズマル，トヨコマチ（以上レース群Ⅰ)，中生光黒（Ⅱ)，トヨムスメ（Ⅰ，Ⅱ，Ⅲ)，ユキホマレ，ユキシズカ（以上Ⅰ，Ⅱ）
⑥ 黒根病：トヨムスメ，カリユタカ，中生光黒
⑦ 立枯性病害（黒根腐病)：ミヤギシロメ，ナカセンナリ

(ii) 使用方法

各病害の発生状況と抵抗性以外の品種特性を十分考慮に入れて品種を選定し，品種と地域に適合した栽培方法に従って栽培する．

(iii) 使用上の留意点

わい化病が多発する場合には，抵抗性品種を利用しても発病，減収が避けられないので，発生状況に応じて他の防除手段を併用する．モザイク病と紫斑病は種子伝染するので，抵抗性品種が利用できない場合は，県・第三セクター・JA等が生産・配布する健全種子の使用に努める．

b) 線虫抵抗性

(i) 対象害虫および作用機作

ダイズシストセンチュウ抵抗性品種の栽培は，線虫の孵化が促進され，幼虫が根に侵入するものの，根内で発育・増殖できないため，線虫被害の回避と線虫密度低減にともに有効である．秋田県の在来品種「下田不知」に由来するダイズシストセンチュウ抵抗性品種には，「トヨムスメ」，「トヨコマチ」，「ユキホマレ」，「大袖の舞」(以上北海道)，「オクシロメ」，「スズユタカ」，「スズカリ」，「リュウホウ」(以上東北)，「ナカセンナリ」，「ハタユタカ」(関東東山）などがある．これらの抵抗性品種に対しては，感受性品種と同程度に寄生・加害する線虫レースが存在する．日本で発見されたレースのうち，レース1と5の個体群は一般にこれらのダイズ品種に寄生する．レース3では寄生する個体群と寄生しない個体群が存在する．

一方，高度抵抗性を持つダイズ品種「Peking」系統からの育成品種は，国内で発生するレースすべてに対して抵抗性を有する．しかし，実用品種としては北海道の納豆用品種「スズヒメ」がある程度である．

発生する線虫が抵抗性品種で増殖しないレースであれば，抵抗性品種栽培後の卵密度は初期密度比20～30％に減少する．

(ii) 使用方法

線虫抵抗性以外の品種特性を十分考慮に入れて品種を選定し，品種と地域に適合した栽培方法に従って栽培する．抵抗性品種でも線虫汚染圃場においては減収となるが，その程度は感受性品種の約5分の1と見積もられている．

(iii) 使用上の留意点

ダイズシストセンチュウにはいくつかのレースがあり，Goldenら(1970) による呼称がよく使われる．わが国で発生が確認されているのはレース1，3，5の3レースであり，検出される割合は1，3，5がそれぞれ，13％，85％，2％と報告されている．このうち，レース1，5およびレース3の一部の個体群は，「下田不知」系の抵抗性品種に対して，感受性品種と同程度に寄生・加害する．また，圃場内では多様なレースが複雑に混在していたり，寄生性の分化が起こったりするため，線虫高密度圃場で

抵抗性品種を栽培すると，抵抗性品種に寄生可能な系統のみが選抜され増殖する可能性もある．このため，抵抗性品種導入にあたっては，発生するレースと線虫密度をあらかじめ調査する必要がある．

シストセンチュウ密度は一般に乾燥土壌1g当たりのシスト内卵数で表される．レース3のうち「下田不知」系の抵抗性品種に対し寄生性を示さない個体群でも，植付前密度が同平均200卵を越える圃場では，同抵抗性品種での増殖が認められた．このため，少なくとも乾土1g当たり200卵以上が検出されるような圃場では抵抗性品種であっても栽培は避けるべきである．また抵抗性品種の連作は特定の線虫レースの増殖や他のダイズ病害虫の増加や減収の可能性があるので，次作のダイズ栽培までの期間を十分取る必要がある（具体的には，次の「耕種的防除法」を参照）．

（2） 耕種的防除法

a） 圃場の排水対策

（i） 対象病害および作用機作

土壌伝染性病害（黒根腐病，茎疫病など）の発生は地下水位の高い水はけの悪い圃場に限られる傾向がある．圃場の排水条件を改善することによって，発生の回避・発病の軽減を図ることができる．

（ii） 使用方法

排水不良の原因には，地形条件（傾斜地での伏流水など），土地条件（排水路の水位低下が不可能など），土壌条件（土壌が粘質で，透水性が悪いなど），排水施設の不備（ポンプ排水の能力不足など），維持管理不良（水路に雑草が生えて排水できないなど）などがあり，これらの原因を明確にした上で排水対策をたてる．

暗渠や明渠を施し，地表排水ならびに地下排水に努める．排水不良転換畑では，高さ20〜30 cmの高畦栽培によって降雨が畦間に一時的に貯留され，畦上までの冠水を防止できる．また，水田から畑地への転換が拡大しているところから，ダイズ耕作に好適な圃場の選択の余地は広がっている．水はけのよい圃場の選択によって，発生を回避できる．

（iii） 使用上の留意点

圃場条件にあった排水対策を実施し，特に生育初期の地表排水の徹底を図る．また，基盤整備（排水路と本暗渠の施工），ブロックローテーション，作付けの団地化等による広域排水を図ることが望ましい．

b） 非寄主作物との輪作

（i） 対象病害虫および作用機作

ダイズシストセンチュウは寄主植物根より分泌される物質などによって孵化が促進されるが，土壌中の自然状態でも徐々に孵化する．このため，非寄主作物を栽培すると，1年で初期密度比50-60％程度に線虫密度が低減する．線虫初期密度が低い圃場ではマメ科作物以外を用いた輪作体系を取り入れることによって，感受性品種の栽培も可能である．

また，ダイズシストセンチュウ以外の病害虫についても，土壌伝染性や作物残渣などで越冬するものについては，輪作は被害軽減に有効な手段である．

（ii） 使用方法

ダイズ栽培によってダイズシストセンチュウが増加した圃場では4年輪作を目安にマメ科作物以

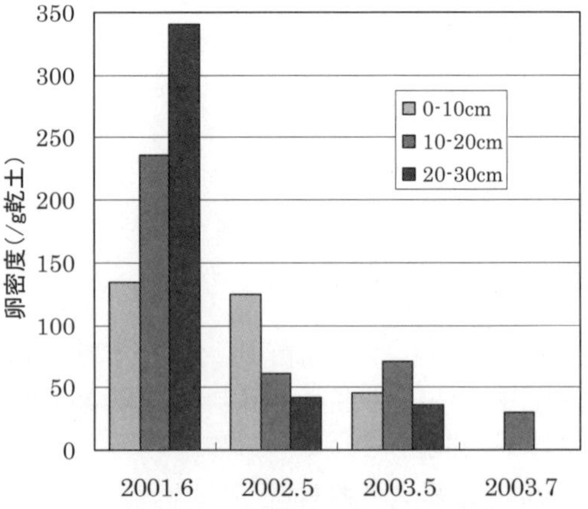

図12-1 ダイズ作後3年間の非寄主作物栽培によるダイズシストセンチュウ卵密度の推移（北海道，十勝地方）
2000年ダイズ，2001年テンサイ，2002年ジャガイモ，2003年コムギを栽培．土壌は10 cmごとに3深度を採取（2003. 7を除く）．

外の栽培を行う．5％の減収を被害許容範囲とすると，それに対応するダイズ栽培前密度は乾土1 g当たり約9卵と推定されている．4年輪作を取り入れるとき，輪作によって線虫被害を回避できる初期密度（ダイズ栽培翌春の密度）は，$9/(0.6)^3 \sim 9/(0.5)^3 = 42 \sim 72$卵/乾土1 gが目安となる．この目安を極端に上まわる高密度では，輪作によって線虫被害を回避することは難しい（図12-1）．

（iii）使用上の留意点

圃場条件や気象条件によって卵密度の減少率は異なるため，ダイズ栽培前にあらかじめ線虫密度を調査し，被害許容密度以下であることを確認することが望ましい．インゲン，アズキ，レンゲなどはダイズシストセンチュウが増加するので栽培は避ける．非寄主作物栽培後のダイズ栽培によって，線虫密度が再び増加するので，その後も4年輪作を励行する．

c）対抗植物

（i）対象害虫および作用機作

ダイズシストセンチュウの寄主でないマメ科緑肥作物を数カ月栽培すると，卵の孵化が促進されるが，孵化した幼虫は寄主植物がないため増殖できず死亡するため卵密度が低下する．対抗植物を緑肥として圃場にすき込むことによって，土壌の理化学性や生物性を改善する効果もあるため，休閑緑肥として導入する利点がある．

（ii）使用方法

北海道のダイズ栽培地帯では，クローバ類（アカクローバ・クリムソンクローバ，図12-2, 3, 4）が対抗植物として適し，関東周辺では，栽培期間中に高温が必要なクロタラリア属植物（図12-5）が適する．北海道ではコムギの間作や前作・後作に，関東周辺では夏季高温時の作物栽培に適さない時期に対抗植物を導入することによって，圃場の効率的利用が可能である（図12-6）．

図12-2　対抗植物（クローバ類）の栽培

図12-3　アカクローバ

図12-4　クリムソンクローバ

図12-5　対抗植物（クロタラリア・スペクタビリス）の栽培

①コムギの間作

秋まきコムギ：コムギ圃場において融雪直後にアカクローバ2～3 kg/10 aを播種し，コムギ刈り取り後十分生育させた後，9～10月にすき込む．アカクローバに対する施肥は特に行わない．コムギの畦幅は少なくとも25 cm以上取り，融雪後の除草剤散布はできるだけ遅めに，クローバに影響の少ないものを用いる．すき込みはプラウで行い，クローバの雑草化を防ぐ.

春まきコムギ：コムギ播種と同時にアカクローバ2 kg/ 10 aを畝間に条播する．その後の栽培・すき込みは秋まきコムギに準ずる.

② コムギの前作・後作（北海道）

前作（休閑）緑肥：4月～5月にアカクローバまたはクリムソンクローバ2～3 kg/ 10 aを散播し，8月中旬までにすき込み，9月の適期にコムギを播種する．翌春の線虫密度を前年密度の20～30％（非寄主作物栽培時の約50％程度）に低減することができる.

後作緑肥：コムギ収穫後の8月にアカクローバ2～3 kg/ 10 aを播種し，越冬させ翌年本葉展開後，作物栽培前にすき込む．この後ジャガイモを5月に植え付ければ，培土によってアカクローバの雑草化を防ぐことができる．線虫密度の低減率はコムギの前作（休閑緑肥）栽培と同程度が得られ，圃場の効率的利用に有効である．また，4月にアカクローバをすき込まずに，開花時（6月下旬）まで栽培後すき込むことによって，さらに線虫密度を低減できる（図12-7）．初期密度の高い圃場では有効な手段である.

③ クロタラリアの休閑緑肥（関東地方周辺）

クロタラリア属の2種の植物（クロタラリア・ジュンセア：商品名「ネコブキラー」「ネマコロリ」「クロタラリア」「コブトリソウ」など，クロタラリア・スペクタビリス：同「ネマキング」「ネマクリーン」など）を6～7月に，播種量：4 kg/ 10 a，畝幅：60 cm条播で播種し，2～3カ月栽培する．茨城県での実施例では，栽培後の線虫密度はクロタラリア・ジュンセアで初期密度比約13％，クロタラリア・スペクタビリスで10-30％に減少した（休閑では同55-60％）.

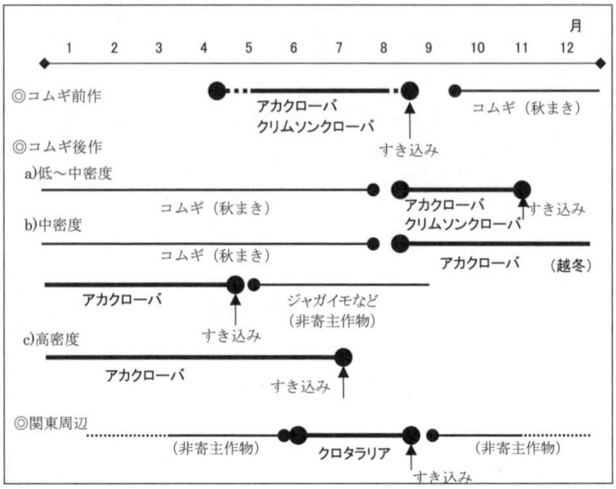

図12-6　ダイズシストセンチュウ対抗植物の栽培事例

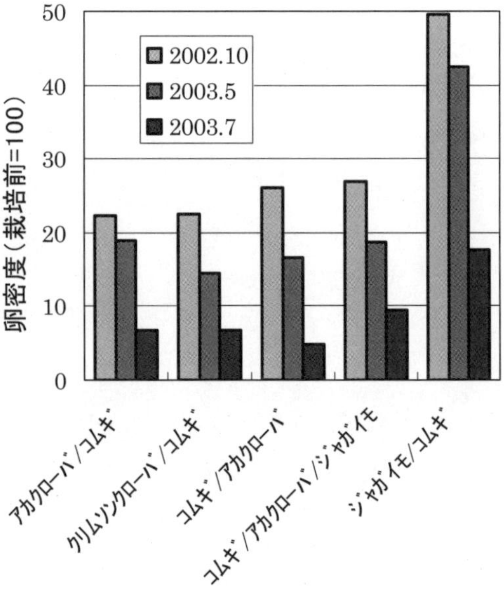

図12-7　緑肥クローバをコムギの前作または後作に栽培したときのダイズシストセンチュウ卵密度の推移（北海道，十勝地方）
2002年4月の卵密度を100としたときの相対値

（iii）使用上の留意点

コムギの畦幅が狭い場合や最近の除草剤体系では，間作クローバの定着が悪いため，導入が難しくなる．これら対抗植物は初期生育が遅く，雑草との競合に弱いため，雑草の多い圃場では雑草対策を行う必要がある．クローバ栽培では，コムギ収穫後の耕耘によって雑草生育を抑え，初期生育を確保することができるため，後作緑肥の方が雑草対策上有利である.

クローバ類が長期間圃場周辺に生育すると，ダイズわい化病の感染源となる可能性があるので，開花期（結実前）を目安にすき込む必要がある．また，クロタラリア属植物は，キタネグサレセンチュウを良く増殖させるので，ネグサレセンチュウ密度の高い圃場への導入および後作にネグサレセンチュウ感受性の高い作物栽培予定地への導入は避ける必要がある．

クローバ種子の購入代金は，アカクローバ「はるかぜ」1,000円/kg，クリムソンクローバ「くれない」880円/kg，クロタラリア種子購入代金は，「ネマコロリ」750円/kg，「ネマキング」1,080円/kg程度である．10 a当たりの資材コストは，クローバ類で約2,500円，クロタラリアで約4,500円と見積もられる．

d）有機物の施用

（i）対象害虫および作用機作

乾燥牛ふんの有機相画分-中性画分にはダイズシストセンチュウの孵化を促進する物質が含まれていると考えられる．非寄主作物栽培ではダイズシストセンチュウの密度が減少するが，栽培前に乾燥牛ふんを混和すると，孵化促進効果により，密度低減効果は10～20％程度増す．

（ii）使用方法

ダイズ栽培の翌年，非寄主作物の栽培前に乾燥牛ふん300～500 kg/10 a程度をまんべんなく土壌中に混和する．乾燥牛糞の肥料分組成を参考に，それらが緩効性であることを考慮に入れて，化成肥料の投入量を調整する．

（iii）使用上の留意点

乾燥牛ふんは新鮮な卵に対して孵化促進効果が高いと考えられるので，施用はダイズ栽培の翌年が有効である．分解の進んだ“完熟堆肥”では効果が低い．乾燥牛糞施用直後は，圃場内で牛糞の分解が進み，作物の発芽を阻害する場合があるので，ある程度分解が進んでから播種を行う．また，タネバエなどを誘引する可能性があるので，タネバエの加害を受けやすい作物の栽培には留意する．

乾燥牛糞の入手には，堆肥生産組合・特殊肥料生産業者などからの購入，近隣の酪農家からの譲渡などの手段が考えられるが，おおむね5,000～10,000円/tほどで入手できる．10 a当たりの資材コストは約2,000円と見積もられる．

（3）物理的防除法

a）反射資材，被覆資材による感染防止

（i）対象病害虫および作用機作

ダイズわい化ウイルスの1次感染時期に反射資材を畦間に展張すれば，ウイルス媒介アブラムシの飛来が抑制されてわい化病の発生を防止できる．同様に被覆資材で植物体を保護すればアブラムシの吸汁とウイルスの媒介を防止できる．エダマメなど付加価値の高い品目ならば資材コストに見合った収入を得ることが可能である．

（ii）使用方法

① シルバーシートの畦間展張（図12-8）

従来から果菜類などの栽培では夏場の地温上昇を避けるために，シルバーマルチ栽培が行われている．シルバーマルチ資材としては銀色系の色素をポリエチレンフィルムに凝着させたものが主流（商品名：シルバーポリトウなど）である．これらの資材をダイズ圃場の畦間に展張する．展張の仕方は土表面に敷くやり方でよい．風によって飛ばされないよう両端を土に埋め込む．幅が狭くなっても，アブラムシの忌避効果は十分である．

② アブラムシ忌避用マルチ栽培（図12-9）

エダマメ栽培では地温の上昇をはかることにより，熟期を促進させ，夏場の早出しをねらうマルチ栽培が行われている．市販の黒マルチ資材を利用することが普通であるが，黒マルチに変えてアブラムシ忌避用マルチ（商品名：ムシコンなど）を使用する．地温上昇に加えて，アブラムシの忌避作用は実証されている．わい化病発病抑制効果も十分認められている．

③ 被覆資材の利用

各種野菜栽培で春の低温回避のためポリエチレンフィルムなどを利用したトンネル栽培が普通に行

図 12-8　シルバーシートの畦間展張と被覆資材によるウイルス媒介アブラムシの飛来抑制（青森畑園試）

図 12-9　シルバーストライプマルチによるダイズわい化病の防除（青森県十和田市：エダマメ）

われてきたが，近年では不織布（商品名：パスライト，パオパオなど各種）を利用した不織布栽培も盛んである．不織布は空間から作物表面を物理的に遮断するから，空間移動してくるアブラムシの寄生を完全に回避できる．

不織布の利用では，トンネル掛け，浮き掛け，べたがけなど掛け方によってさまざまであるが，ダイズでは播種から6月末ごろまでの浮き掛けを採用したい．エダマメ栽培の例では，播種後直ちに不織布掛けを行う．不織布の端は地面に埋め込む．この際，埋め込み部分はダーツ状にして十分量をとる．このダーツ状部分をエダマメの丈の伸長とともに引き出していく．エダマメの先端葉部分が不織布によって押さえつけられるようになってはならない．アブラムシの寄生を完全に回避できるから，アブラムシの吸汁によるウイルス感染を被覆期間では完全に防止できる（図 12-10）．

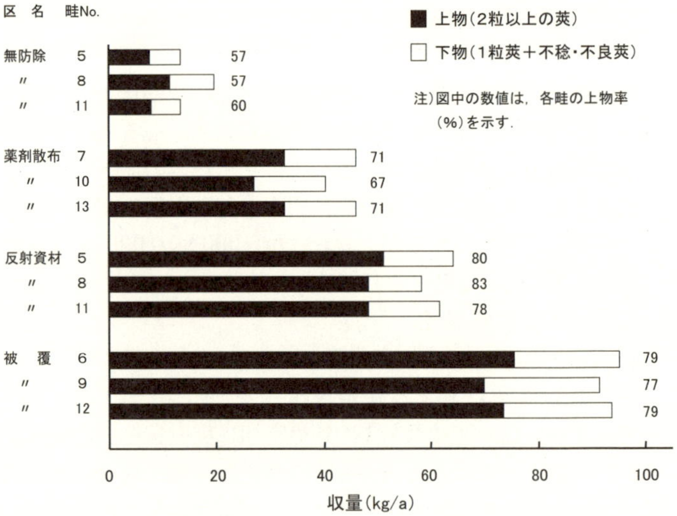

図 12-10　各防除試験区におけるエダマメの品質別収量（2002年：青森畑園試）
反射資材・被覆資材は薬剤散布（茎葉散布2回）よりも防除効果が高い

（iii）使用上の留意点

反射資材は1回だけでなく繰り返し使用可能である．土砂やほこりにまみれてもアブラムシの忌避効果は遜色ない．耐久性が弱くなり敷設の際簡単に引きちぎれるようになったら，新しいものと交換する．もちろん，毎回新品を使うことが望ましい．

不織布も繰り返し使用可能であるが，風などで簡単に穴があくようになってはアブラムシの完全な回避は不可能である．

各資材の価格は，シルバーポリフィルム（95 cm 幅× 200 m）5,000円程度，アブラムシ忌避用マルチ（ムシコン，220 cm 幅× 10 m）750円程度，不織布（幅はいろいろ，210 cm 幅× 100 m）13,000円程度である．10 a 当たりの資材コストは，耐用年数を3〜5年とすると約5,000〜13,000円と見積もられる．

b）湛水処理

（i）対象害虫および作用機作

ダイズシストセンチュウは耐久態のシスト内で卵が保護されており，通常の土壌水分の範囲では，長期生存が可能である．一方，高温時の湛水処理は短期間でも卵幼虫が死滅し，線虫密度低減に効果がある．

（ii）使用方法

夏季3カ月以上の湛水処理または水田への転換を行う．1年でも線虫密度は減少するが，生存卵も多いため，単年の処理効果としては実害防止には不十分であることが多い．長期湛水処理を3年間継続するか3年間水稲栽培を行った後にダイズ栽培を行った場合，線虫被害をほぼ完全に回避できた．このことから，3年以上湛水状態が維持できる，水田畑作の高度利用が可能な地域では線虫密度低減に有効な手段である．また，大規模転換畑においてはダイズを連作せず，短期間のブロックローテーションを行うことによって，シストセンチュウが侵入しても増殖を抑えることができる．

（iii）使用上の留意点

温度が低い冬季から春季の湛水処理では効果がない．線虫密度の高い圃場では，湛水処理1～2年では翌年のダイズ栽培によって線虫密度が急激に回復し，以後のダイズ栽培が困難になる．

（4）発生予察

a）苗トラップによる1次感染時期の把握と防除適期

（i）対象病害虫

黄色水盤にダイズの幼苗を並べた苗トラップをダイズ圃場周辺に設置し（図12-11），ダイズ苗を5月から7月までの期間5日間隔で交換することにより，圃場外から飛来したジャガイモヒゲナガアブラムシ有翅虫を捕獲できると同時に，回収した苗を隔離育苗することによってわい化ウイルスの1次感染時期を明らかにすることができた．北海道十勝地方・札幌市周辺，青森県における1次感染時期は5月後半から6月までの約1カ月間に限定される．

図12-11　圃場への苗トラップ設置（北海道十勝地方）

ジャガイモヒゲナガアブラムシ有翅虫の飛来自体は7月まで継続する場合もあるが，7月にはウイルスの保毒率はゼロに近い（図12-12）．

（ii）使用方法

茎葉散布による防除適期は，出芽揃いとなる6月上旬から6月下旬までである．散布期間を限定した防除指導を行うことにより，無駄な農薬使用が避けられ，散布回数は3回以内となる．

（iii）使用上の留意点

さらに，散布回数削減のため，アブラムシ保毒有翅虫の予察精度を向上する必要があり，今後も感染時期のモニタリングなどを試験場などで継続する必要がある．

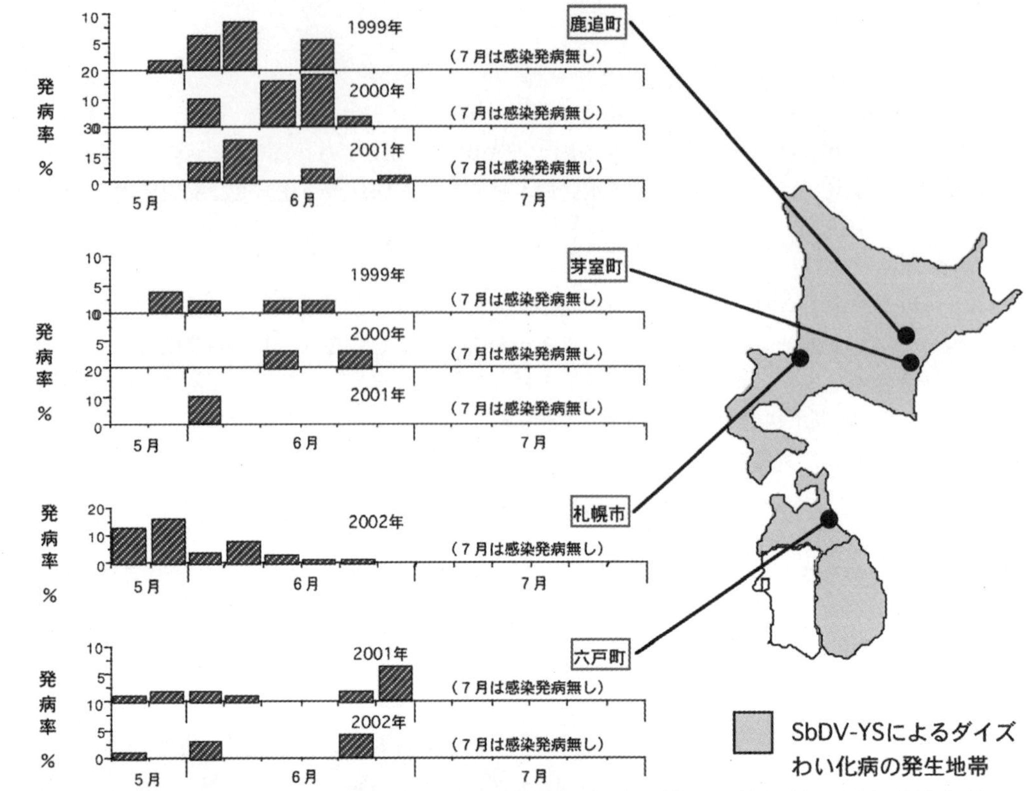

図 12-12　異なる年次，地点で５日おきに野外設置したダイズ苗でのダイズわい化病の発病状況
(芽室町・鹿追町：1999年は毎回50～60株を５日間隔で設置，2000年と2001年は毎回32株を設置．札幌市：6月は毎回80～96株を設置，7月は80株を1日から25日まで連続設置．青森県六戸町：毎回100株を設置)

b）マメシンクイガ叩き出しによる発生初期の把握

（**i**）対象害虫

マメシンクイガは北海道・東北北部で最も被害の大きい害虫である．幼虫は莢から内部に食い込み，発育中の子実を食害する．幼虫の侵入食害防止のため，通常薬剤散布を2回行っているが，発生の最盛期と発生量の把握によって，薬剤散布の回数を削減できる．

（**ii**）使用方法

棒きれなど長さ2～3 mの道具を用い，ダイズ圃場の額縁から中の茎葉を軽く揺する．額縁と平行に25 mほど歩きながら揺すり，この間に飛び立った虫の数を目算して記録する．東北では8月15日頃が初発期となるのが普通なので，このくらいの時期から記録を取りはじめる．目算できるようになってからは日に日に数が増してくる．多くなってきた時（普通8月下旬頃）が防除適期となる．毎年発生が多い圃場ではこの時期とその後10日の２回薬剤散布を行う．発生が少ない圃場では多くなってきた時の１回の薬剤散布で十分な防除ができる．

（**iii**）使用上の留意点

成虫は，早朝から10時頃までと日没前1～3時間にダイズ草冠部を活発に飛び回る性質があるので，その時間帯を考慮に入れて発生量を把握する．

２）将来利用可能な技術

（１）病害虫抵抗性品種

a）新たな抵抗性品種の評価・利用

わい化病に対しては，これまで「強」程度の抵抗性を目標に育種が進められてきたが，現状では登録品種が少なく，特に北海道の寒冷地で利用できる品種はない．一方，抵抗性は「やや強」程度でも殺虫剤の散布回数削減効果が認められ，寒冷地適応性も高い抵抗性系統が認められている(図12-13)．これらの系統は本試験の中で，新品種候補として見直されており，品種登録されれば，環境負荷，栽培コスト低減に貢献できる．

ダイズシストセンチュウに対しては，国内で発生するすべてのレースに抵抗性を示す高度抵抗性品種の育成が進められており，実用品種が育成・登録されれば，すべてのダイズシストセンチュウ発生圃場で抵抗性品種の栽培が可能になる．

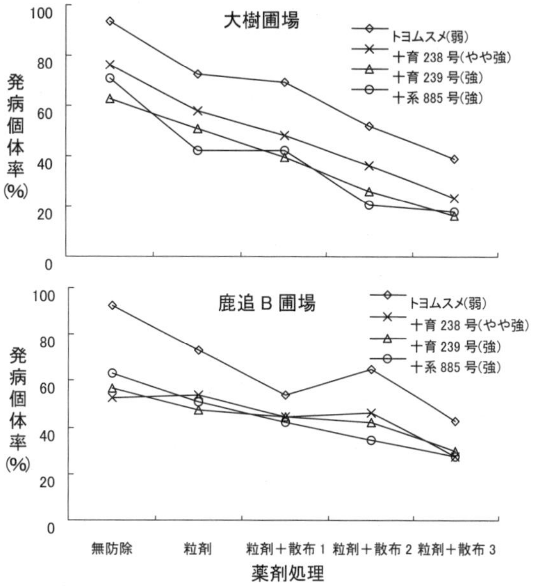

図12-13　抵抗性系統と薬剤防除の組み合わせによる発病低減効果(2002年，十勝農試)

（2） 耕種的防除法

a） ダイズわい化ウイルスの1次感染時期を回避した栽培体系

（i） 対象病害虫および作用機作

ダイズわい化ウイルスの1次感染時期が5月から6月までに限定されることから，この時期を回避して播種を遅らせればわい化病の感染を防止できる．

（ii） 使用方法

遅播きしても収量が低下しない早生～中生品種の密植栽培など収量確保のための栽培技術開発が必要である．北海道の中央部以南では，現在中生の早品種「ユキホマレ」の遅播き密植栽培が有望な栽培技術として検討されている(表12-2)．

表12-2　ユキホマレの播種時期とダイズわい化ウイルス発病率(北海道農研)＊

播種期	2001年	2002年	2003年
5月中旬播種	18.9	14.0 (25.0)	3.8
5月下旬播種	4.3	11.5 (13.8)	1.8
6月上旬播種	0.2	5.6 (11.3)	1.0

＊ 北農研水田転換畑（札幌市，羊ヶ丘）にて開花期ころに約500株を調査，2002年の（）は成熟期の調査．
5月中旬：5月13～18日，5月下旬：5月27～30日，6月上旬：6月5～8日エチルチオメトン粒剤を播種溝施用した．
茎葉処理なし．

（iii） 使用上の留意点

この場合でもアブラムシの圃場内での増殖による2次感染を防ぐためには，播種時の粒剤施用が必要である．

b） 障壁作物

（i） 対象害虫および作用機作

ダイズ圃場周辺を適当な障壁作物（デントコーンなど）で囲むことにより，サヤムシ類（主にシロイチモジマダラメイガ）の被害を薬剤散布とほぼ同等に軽減できる．

（ii） 使用方法

サヤムシ類のダイズ圃場への侵入経路には一定の傾向があり，障壁作物で侵入方向をブロックすることでも一定の効果があるが，周囲をすべて囲った方がより確実な効果がある．ただし，障壁作物の効果は圃場規模が大きく影響することから，利用にあたっては設置規模の検討が必要である．

（iii） 使用上の留意点

障壁作物は，サヤムシ類と同じ子実害虫であるカメムシ類に対しては効果がないことから，その利用はカメムシ類の密度が低い地域に限られる．

(3) ダイズシストセンチュウの孵化促進物質の利用

(i) 対象害虫および作用機作

孵化促進物質によって，耐久態であるシスト内卵から幼虫を孵化させ，寄主植物がない状態を数カ月継続すればダイズシストセンチュウの密度を低減できる.

(ii) 使用方法

孵化促進作用のあるマメ科植物（インゲンなど）の根の浸出液を人為的に土壌に処理すると，遊出幼虫数は増加する．代表的な孵化促進物質は単離・化学構造決定がなされ，グリシノエクレピンAと命名された．この物質は化学合成され，10^{-10}～10^{-12} g/ml の極めて微量でも孵化を刺激することが確認されている．しかし，圃場に処理したこれらの有効物質は，ほとんどが土壌に吸着されたり，流されたり，分解されたりして急速に効力を失ってしまうので，実用化には至っていない．孵化促進物質についても，コストなどの問題から市販には至っていない．乾燥牛糞も同様の孵化促進物質を有する可能性が報告されており，今後の研究の進展によっては，有効な防除手段となりうる.

(iii) 使用上の留意点

現在のところ小規模な試験のみしか行われておらず，実用的な圃場レベルで施用できる孵化促進物質を確保するのは不可能である．安価な有効物質の製造法開発および土壌中で効果を持続させるための工夫などが必要である.

(4) 物理的防除法

a) マルチによる地温上昇

(i) 対象害虫および作用機作

生育期間に地温33℃以上が数週間継続すると，ダイズシストセンチュウの増殖抑制および密度低減に効果がある．関東以南のダイズシストセンチュウ発生圃場で，透明マルチを使用した非寄主作物の栽培またはエダマメの栽培に適用できる.

(ii) 使用方法

エダマメ栽培時，ポリエチレン・フィルム（透明・厚さ0.03 mm）を用いて，通常のマルチ栽培と同様に畑地の表面を被覆して播種する．移植栽培の場合も，同様の効果が期待できる.

5月播種のエダマメ栽培でマルチを使用した場合，深さ5 cmの地温が33℃以上の積算時間が200時間以上となり，8月のエダマメ収穫時には，線虫増殖率は無マルチ栽培の半分程度になり，莢重も増加した．また，地温33℃で6週間エダマメ栽培したダイズシストセンチュウ汚染土壌では，線虫増殖は認められなかった.

収穫後もマルチを放置することによって，夏季の高温により線虫密度をさらに低減できる.

(iii) 使用上の留意点

処理期間中の気象条件によって効果が大きく左右され，十分な処理効果が得られずマルチ栽培のエダマメにシストセンチュウの被害が出る場合もあるので，適用地域での，栽培時期・気温・日射量などに留意する．事前に地温を十分にモニターしておくのが望ましい.

透明ポリマルチの資材費は，エダマメ栽培に適用した場合，7,500円/10 aくらいになる.

(5) 発生予察

a) ウイルス保毒率とアブラムシ個体数による発病危険性の予測と地帯区分

(i) 対象病害虫

ダイズわい化ウイルスの1次感染時期のアブラムシ保毒率調査によれば，アブラムシ保毒率の高い地点ほどアブラムシの飛来個体数が多く，結果的に保毒アブラムシ数も多かった．圃場に飛来する保毒アブラムシ個体数が多いほどわい化病の発病率も高いという結果が既に得られているので，複数の地点でアブラムシ保毒率および飛来個体数を調査することによりわい化病の発病危険性がある程度予測できる.

(ii) 使用方法

6月の黄色水盤への保毒アブラムシの飛来個体数が2頭/台以下と少なく，発病の危険性が低い地帯では播種後の茎葉散布も不要であり，播種時の粒剤施用のみでもわい化病の防除は可能であるが，それよりも発病の危険性が高い地帯では茎葉散布の追加が必要になる．こうした発病危険性に基づいた地帯分けにより，きめ細かな防除指導が可能となり，不必要な殺虫剤の散布が防止できる．

(iii) 使用上の留意点

予測技術として利用するため，さらに保毒有翅虫の予察精度を向上する必要があり，保毒率のモニター等の試験を継続する必要がある．

b) 誘引剤を利用したカメムシ類高度発生予察

(i) 対象害虫

ホソヘリカメムシでは，雄成虫由来の誘引物質が同定され，ホソヘリカメムシ誘引剤（富士フレーバー株式会社製）として市販されている．本誘引剤には，ホソヘリカメムシの他にダイズの重要害虫であるイチモンジカメムシも誘引される．

(ii) 使用方法

誘引源として上記誘引剤を用いたトラップ（水盤式，粘着式など）をダイズ圃場などに設置し，誘殺されたカメムシ数を計測する．トラップの形式，設置場所の環境条件および野外の虫の密度によるが，毎日～1週間おきに調査を行う．誘引剤は2週間毎に新しいものと交換する．

(iii) 使用上の留意点

本誘引物質の研究は近年始まったばかりであり，その機能や誘引のメカニズムなどの基礎的な点についてほとんど明らかにされていない．また，誘殺数とダイズ圃場におけるカメムシ密度との関係や誘殺消長と発生消長との関係など，応用面に関する知見も乏しい．さらに，誘殺数およびその消長はトラップ設置場所によって大きく異なり，その原因についても不明である．本誘引剤をダイズカメムシ類の発生予察に利用するためには，基礎・応用の両面に関する知識の蓄積が必要不可欠である．

3．IPM マニュアルの事例

1）実施可能なIPMマニュアルの事例

a）北海道十勝地方の少発生地帯（芽室周辺）

無防除のダイズ圃場でわい化病の発病率が毎年20％以下となる地帯では，保毒アブラムシの飛来数も少なく，基本的に防除は播種時の殺虫剤（粒剤）処理のみで十分である．指導機関が5月と6月のアブラムシ飛来個体数を予測できれば，飛来個体数の年次変動に対応した殺虫剤散布の追加の要否が決定できるようになる．

b）北海道十勝地方の中～多発生地帯（鹿追，大樹など）

無防除のダイズ圃場でわい化病の発病率が毎年20％以上となる地帯では，保毒アブラムシの飛来数が多く，播種時の粒剤処理に加えて播種後の茎葉散布が必要となる．さらに無防除での発病率が60％以上となる激発地では，保毒アブラムシの飛来個体数が極めて多いため，発芽後の茎葉散布を3回以上繰り返しても十分防除できない．こうした多発生地帯で殺虫剤の散布回数を減少させるためには抵抗性品種の導入が不可欠である．

作物　ダイズ
地域　北海道（十勝地方）
栽培法　露地栽培

時期	作業・ 生育状況	対象病害虫	IPM 体系防除 （薬剤防除回数）	慣行防除 （薬剤防除回数）
播種前まで	本圃準備	ダイズシストセンチュウ	非寄主作物輪作，対抗植物（クローバ類）導入，抵抗性品種利用（0回）	D-D剤 （0～1回）
5～6月	播種時～ 出芽直後	わい化病	【少発生地帯】 エチルチオメトン粒剤またはピレスロイド剤の茎葉散布（1～2回） 【多発生地帯】 上記防除に加えて抵抗性品種の利用［一部将来］	エチルチオメトン粒剤（1回），ピレスロイド剤の茎葉散布 （2～3回）
薬剤防除合計回数			1～2	3～5
防除資材費合計（10 a 当たり）			700～1,800円（線虫対策にクローバを使用すると，＋2,500円）	2,500～3,200円（D-D剤使用で＋8，900円）＊

＊ D-D剤92％ 8,900円/10 a，エチルチオメトン粒剤1,100円/10 a，ピレスロイド剤（バイスロイド乳剤700円/10 a，アディオン乳剤1,170円/10 a），有機リン剤（スミチオン320円/10 a）使用．ただし，エチルチオメトン粒剤以外は，その作業のための出動費がかかる．

c）東北地方北部（青森県）

ダイズでは圃場での2次感染を防止するため播種時の粒剤施用が必要である．遅播き栽培の導入によってわい化病の被害を減少させることは可能だが，品種の選定と栽培技術の検討が必要である．付加価値の高いエダマメでは1次感染時期に反射マルチや被覆資材を使用することにより，農薬を使用せずにわい化病の感染を防止できる．

作物　ダイズ
地域　東北地方北部（青森県）
栽培法　露地栽培

時期	作業・ 生育状況	対象病害虫	IPM体系防除 （薬剤防除回数）	慣行防除 （薬剤防除回数）
播種前まで	本圃準備	ダイズシストセンチュウ	非寄主作物輪作，対抗植物（クローバ類）導入，抵抗性品種利用	D-D剤 （0～1）
5～6月	播種時～ 発芽直後	わい化病	エチルチオメトン粒剤またはピレスロイド剤の茎葉散布（1） 6月上旬に遅播きする［一部将来］	エチルチオメトン粒剤（1），ピレスロイド剤の茎葉散布（1～2）
8月末 ～9月上旬	子実肥大期	マメシンクイガ	ピレスロイド剤または有機リン剤の茎葉散布（1） たたき出しによる成虫発生初期の把握	ピレスロイド剤または有機リン剤などの茎葉散布（1～2）
薬剤防除合計回数			2	3～6
防除資材費合計（10 a当たり）			1,400円	2,100～3,900円

作物　エダマメ
地域　東北地方北部（青森県）
栽培法　露地栽培

時期	作業・ 生育状況	対象病害虫	IPM体系防除 （薬剤防除回数）	慣行防除 （薬剤防除回数）
5～6月	播種時～ 発芽直後	わい化病	シルバーマルチまたはべたがけ資材による被覆栽培	エチルチオメトン粒剤（1），ピレスロイド剤の茎葉散布（1～2）
薬剤防除合計回数			0	2～3
防除資材費合計（10 a当たり）			5,000～13,000円＊	1,800～3,000円

＊ アブラムシ忌避マルチまたは不織布を使用し，耐用年数を3～5年としたときの1回分の試算．

d）東北地方南部～関東地方

東北地方南部から関東地方においては，わい化病の発生が少なく，わい化病発生防止のための薬剤散布は事実上不要である．また，カメムシ類・ハスモンヨトウの発生も西日本地方に比べて少なく，突発的な大発生時以外は薬剤散布を省略できる余地が大きい．しかし，この地域では防除対象害虫の種類が多く，同時防除が可能な殺虫・殺菌剤の使用を削減することは難しい．このような地域的な特性を生かし，同時防除剤の利用を中心に据え，カメムシ類，ハスモンヨトウ，紫斑病の発生状況に注意しながら，防除を追加するような体系を確立することにより，薬剤散布回数の減少が期待できる．

作物　ダイズ
地域　東北地方南部～関東地方-ダイズシストセンチュウ発生地域
栽培法　露地栽培

時期	作業・ 生育状況	対象病害虫	IPM体系防除 （薬剤防除回数）	慣行防除 （薬剤防除回数）
播種前まで	本圃準備	ダイズシストセンチュウ	対抗植物（クロタラリア）導入，抵抗性品種利用，湛水処理・水田転換	D-D剤 (0～1)
6月中旬 ～7月下旬	播種期～ 開花初期	アブラムシ， サヤムシガ類	健全種子・モザイク病抵抗性品種の利用	有機リン剤，ピレスロイド剤などの茎葉散布（1）
8月上 ～下旬	開花期～子実肥大初期	サヤタマバエ， シロイチモンジマダラメイガ，カメムシ類， ハスモンヨトウ	有機リン剤，ピレスロイド剤，IGR剤の茎葉散布（2）	有機リン剤，ピレスロイド剤，IGR剤などの茎葉散布（2）
		紫斑病	健全種子・抵抗性品種の利用，開花期の降雨量に応じて（1）	上記殺虫剤と同時に殺菌剤散布（2）
9月上 ～下旬	子実肥大期～黄熟期	カメムシ類， ハスモンヨトウ	発生状況に応じて使用（0～1）	有機リン剤，ピレスロイド剤，IGR剤などの茎葉散布（1）
薬剤防除合計回数			3～4	6～7
防除資材費合計（10 a当たり）			1,100円～2,100円（線虫対策にクロタラリアを使用すると，＋4,500円）	3,900円（D-D剤使用で＋8,900円）

2）将来のIPMマニュアルの事例

東日本ダイズIPMの基本メニューは，前述の通りほぼ出そろったと思われる．前記「実施可能なIPMマニュアルの事例」については近い将来に防除体系の大きな変化は望めない．今後は，地域ごとの予察精度の向上，有用な素材（抵抗性品種，資材など）の特性を生かした栽培技術の向上などに重点をおき，現場に定着可能なものにブラッシュアップすることが課題である．将来さらに技術の向上が見込めるものについては，「実施可能なIPMマニュアルの事例」のなかで［一部将来］の記述を加えた．

a）北海道中央部以南

ダイズわい化ウイルスの1次感染時期を回避する遅播き栽培によって被害を大幅に減少させることができる．現在中生の早品種であるユキホマレの遅播き密植栽培が有望な栽培技術として検討されている．

作物　ダイズ
地域　北海道中央部
栽培法　露地栽培

時期	作業・ 生育状況	対象病害虫	慣行防除 (薬剤防除回数)	将来のIPM体系防除 (薬剤防除回数)
播種前まで	本圃準備	ダイズシストセンチュウ	D-D剤 (0～1)	非寄主作物輪作，対抗植物(クローバ類)導入，抵抗性品種利用
5～6月	播種時～ 発芽直後	わい化病	エチルチオメトン粒剤(1)， ピレスロイド剤の茎葉散布 (2～3)	エチルチオメトン粒剤またはピレスロイド剤の茎葉散布(1～2) 早生品種を6月上旬に遅播き密植栽培する
薬剤防除合計回数			3～5	1～2

b）東北地方南部～関東地方

この地域では西日本ダイズと共通する害虫があり，現在開発中の技術を導入することによって，さらに農薬使用回数を削減することが期待できる．

作物　ダイズ，エダマメ
地域　東北地方南部～関東地方-ダイズシストセンチュウ発生地域
栽培法　露地栽培

時期	作業・ 生育状況	対象病害虫	IPM体系防除 (薬剤防除回数)	将来のIPM体系防除 (薬剤防除回数)
播種前まで	本圃準備	ダイズシストセンチュウ	対抗植物(クロタラリア)導入， 抵抗性品種利用，湛水処理・水田転換	左記に加え，マルチ栽培および牛糞(成分抽出)による孵化促進
8月上旬 ～9月下旬	開花期～子実肥大期～黄熟期	サヤタマバエ， シロイチモンジマダラメイガ， カメムシ類， ハスモンヨトウ	有機リン剤，ピレスロイド剤， IGR剤などの茎葉散布(2～3)	有機リン剤，ピレスロイド剤などの茎葉散布(1) 誘引剤を利用したカメムシ類高精度発生予察・障壁作物(例：デントコーン)の利用による物理的防除法
		紫斑病	上記殺虫剤と同時に殺菌剤散布 (1)	抵抗性品種の利用
薬剤防除合計回数			3～4	1

XIII. ダイズ（西日本）のIPMマニュアル

1. ダイズ（西日本）におけるIPMの意義

ダイズは西日本においてもっとも重要な水田転作作物である．平成14年度の作付面積は近畿以西で43,390 ha（93％が転換畑），そのうち九州が26,300 haで約60％を占め，最も重要な生産地になっている．ダイズは豆腐，納豆，味噌など日本の食卓に欠くことの出来ない食品の原料であるが，現在，食用に限っても国内ではわずか5％しか自給できておらず，早急な自給率の向上が望まれている．

西南暖地のダイズ生産では台風，長雨などの気象障害とともに，病害虫の発生が最も重要な阻害要因になっている．西南暖地のダイズの病害虫，特に害虫の種類は極めて多く，100種を越えるともいわれているが重要種は限られる．特に重要な害虫は，ダイズ葉を加害するハスモンヨトウ（図13-1）と莢を加害するイチモンジカメムシ，ホソヘリカメムシ，アオクサカメムシなどの子実加害性カメムシ類（図13-2）である．そのほか，開花期以降のダイズサヤムシガやシロイチモジメイガなどのサヤムシガ類とダイズサヤタマバエの被害は無視できないと思われるが，通常はハスモンヨトウやカメムシ類の薬剤散布の際に同時防除されるためあまり問題とされない．一方，病害では，一般的な薬剤防除の対象になっているのは紫斑病だけである．べと病，斑点細菌病，葉焼け病，黒根腐病，ネコブセンチュウなどがしばしば発生するが，ダイズ被害との関係が未解明で，あまり問題視されていない．

図13-1　ハスモンヨトウ幼虫（左）と若齢幼虫によるダイズ白変葉（右）

図13-2　ダイズ子実を加害するカメムシ類
左：イチモンジカメムシ（体長9.5～11 mm）
右：ホソヘリカメムシ（体長14～17 mm）

九州ではこれらの病害虫を防除するため，通常，ハスモンヨトウに対して2～3回，カメムシ類に対して2回，紫斑病に対しては播種時の種子粉衣を含めて1～3回，計5～7回程度の農薬散布を行う．しかし，以下に示すような，品種選定や栽培法の工夫，発生予察の活用などによって農薬の散布回数を削減した対策を実施し，環境負荷の少ないダイズ栽培を行うことが可能である．環境保全とともに，生産者の生産意欲の向上を図り，消費者の健康志向に対応してゆくためにもIPM技術を浸透させる必要がある．なお，ここに示したIPM技術はすべてが完全に実証されているわけではない．今後，研究機関や普及機関で検証して，さらに改良を重ねていく必要がある．

2. IPMに組み込む個別技術

1) 現在利用できる技術

(1) 耕種的防除法

a) 晩播栽培

(i) 対象害虫および作用機作

九州など西南暖地のダイズ播種適期は6月下旬から7月中旬であるが，播種を7月下旬に遅らせることにより，カメムシ類の被害を減じることができる．これは，ダイズの開花期を遅らせることにより，その間に水稲や雑草が出穂し，野外のカメムシ類の餌植物が飛躍的に増大してカメムシ類を分散させる効果があるからである (図 13-3)．晩期栽培はフクユタカなどの標準品種を用いてもカメムシ対策として効果があるが，後述する多莢性品種と組み合わせることによって，より効果的になる (図 13-4)．

ハスモンヨトウに対しても，晩播栽培では慣行播種に比べてダイズの生育が遅れるので，8月上旬頃までの産卵は抑制されると考えられ，1回目の幼虫数のピークが8月中旬以前にある場合は防除を省略できる可能性が高い．

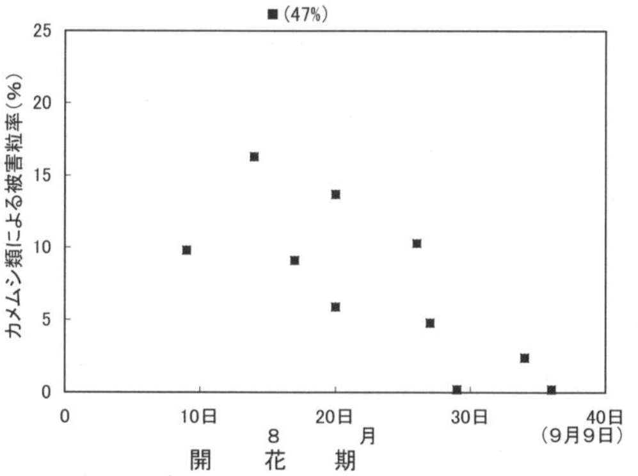

図 13-3　ダイズの開花期とカメムシ類による被害との関係 (山中ら，1990 を一部改変)

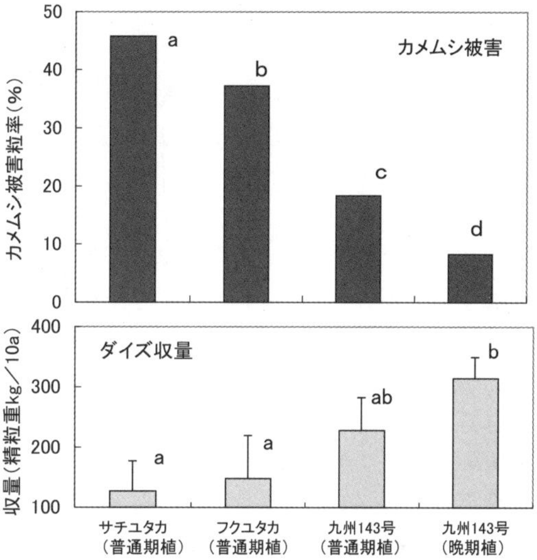

図 13-4　小粒多莢系統と晩期栽培を組み合わせた場合のカメムシ被害軽減効果．
同一英文字は有意差がないことを示す
(九州 143 号は小粒多莢系統 (100 粒重；11 g)，サチユタカ (同；32 g) とフクユタカ (同；31 g) は大粒品種)

(ii) 方法

フクユタカなど中生の品種では7月5半旬に播種する．遅播すると栄養生長期が短縮され，収量が低下するリスクがある．それを補うため，畝間，株間を狭くするなど，7月上旬播種 (標準播種量：10,000～12,000 株/ 10 a) に比べて，1.5～1.8 倍量程度の厚播きをするなどの工夫が必要である．

(iii) 留意点

播種が7月6半旬以降になると，密植栽培を行っても収量が低下しがちである．また，早生品種は晩播しても開花期が水稲出穂以前になるので被害回避効果が低い．

b) ダイズ栽培の集団化

(i) 対象害虫とその原理

ダイズ栽培を集団化することにより，個別栽培に比べて，カメムシ類の被害を軽減できると考えられている．これは，周辺から侵入するカメムシ類を広い面積のダイズ圃場に拡散させる効果があるからである．集団化することにより，(4) で述べる，広域的な一斉農薬散布も可能になる．移動性の高いカメムシ類では広域一斉防除は防除効果を高める.

（ii） 方法

集落等の単位でダイズを集団で作付けする. 作付けする地域を毎年ローテーションすると土壌病害の抑制にも有効である.

（2） 抵抗性（耐虫性）品種利用

a） 多莢品種の利用

（i） 対象害虫および作用機作

小粒多莢品種は, 大粒品種に比べてカメムシ類の被害が確実に少ない傾向がある（図 13-5）. これは小粒多莢品種がカメムシの加害に対して補償能力が高いからある. ダイズは幼莢期にカメムシの加害を受けると, 加害された莢の多くは茎から脱落する. 落莢しても, 多莢品種では他の莢が肥大し, 幼莢期の被害が十分に補償されてしまうと考えられる. 子実肥大期以降の加害では落莢は生じないが, 小粒多莢品種では大粒品種に比べて, 相対的に被害を被る粒の割合が低くなる. 同様のメカニズムで, 多莢品種では莢を加害するサヤムシガ類やダイズサヤタマバエの被害も軽減されると考えられる.

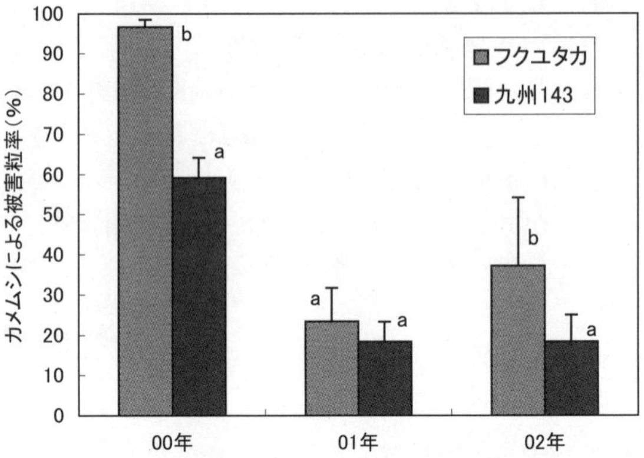

図 13-5 大粒品種（フクユタカ）と小粒多莢系統（九州 143 号）とのカメムシ被害粒率の比較（熊本県での試験例）
同一英文字はフクユタカと九州 143 号の間で有意差がないことを示す. ただし, 両品種, 系統上でのカメムシ密度は3年とも差がなかった.

（ii） 方法および留意点

できるだけ多莢品種を選んで作付けする. 現在, 西南暖地で利用可能な比較的多莢の晩生品種としてはアキセンゴクがある. 早生の納豆小粒やすずおとめなどの納豆用の小粒品種は, 開花期が同時期の大粒品種に比べてカメムシなどの被害は軽減されるが, 早生であるためカメムシ類の加害が激しい. 今後, 中生や晩生の小粒多莢品種の育成が望まれる.

b） 紫斑病抵抗性品種

（i） 対象病害および作用機作

紫斑病に比較的抵抗性が強い品種が知られており, それらの品種を作付けすることで紫斑病の発生を低減できる.

（ii） 方法と留意点

紫斑病にある程度抵抗性を持つ西日本の実用品種として, フクユタカ, むらゆたか, アキセンゴクなどがあり, これらの品種を作付けする. なお, 紫斑病で変色した子実は, 収穫後に色彩選別機で除去することができる.

（3） 発生予測および予察

a） 発生予測

（i） 対象病害虫および作用機作

同じ西南暖地であっても, ダイズに発生する害虫の種類は, 立地や土地利用, 地域の植生などによって大きく異なる. ハスモンヨトウは平野部, 特に窒素過多な転作水田で多発する. 一方, 平野部の水田単作地帯では, カメムシ類が毎年ほとんど発生しない地域がある. 逆に, 山間部や周囲に山や果樹園が多い地域では, 毎年カメムシ類の被害が深刻である. 畑作地帯ではハスモンヨトウがあまり問題にならない地域がある. これら地域の特徴を勘案してそれぞれの病害虫に対する防除要否を経験的に決定することが重要である.

（ii）方法

地域の病害虫防除所や試験場が，地域特有の病害虫発生情報をホームページなどで発表している場合が多いのでそれらを参考にする．また，農業者自身が過去の例の蓄積をもとに，経験的に判断することが重要である．

b）発生予察

（i）対象病害虫および作用機作

各県病害虫防除所では，ハスモンヨトウのフェロモントラップの誘殺数や巡回調査結果をもとに，ダイズ病害虫の発生予察情報が公表されている．

（ii）方法および留意点

地域の病害虫防除所などから発生予察情報を入手する．個々の病害虫の防除要否は，地域の特徴（発生予測）に予察情報を加味して決定する．現在，ダイズ病害虫に関連した長期予察の精度はあまり高くない．現状では短期の予察情報を中心に考えるべきであろう．

（4）化学的防除法

a）防除薬剤や剤型の選定

（i）対象害虫および作用機作

ダイズ開花期以前のハスモンヨトウ防除は，天敵に影響の少ないIGR剤（昆虫成長制御剤）を用いる．有機リン剤やピレスロイド系の薬剤を防除適期以外に用いると天敵を殺してしまい，害虫をかえって増やす現象（いわゆるリサージェンス）を起こすことがある．一方，幼莢期以降のハスモンヨトウ防除にはカメムシ類との同時防除をねらって，ピレスロイド系や有機リン系，カーバメイト系殺虫剤を用い，不要な混合剤散布を削減する．これらの農薬は，潜在的な害虫である莢を加害するチョウ目（サヤムシガ類）にも効果ある．ただし，これらの薬剤は成長したハスモンヨトウ幼虫（中齢以降）には効果が劣る場合があるので，ハスモンヨトウが大発生している場合には，IGR剤と混合散布することもありえる．

同じ成分の薬剤では，一般的に液剤の方が粉剤より効果が安定する．たぶん，ドリフトが少ないためと考えられる．また，前述したように，広域一斉防除は移動性の害虫であるカメムシ類の防除効果を高める．

（ii）方法

開花期前のハスモンヨトウ用のIGR剤としては，テフルベンズロン乳剤やクロルフルアズロン乳剤，テブフェノジド水和剤などがある．カメムシ類とハスモンヨトウの同時防除をねらった薬剤としては，シラフルオフェン乳剤，エトフェンプロクス乳剤，MPP乳剤，フェンバレレート・MEP水和剤などがある．

b）適期防除

（i）対象害虫および作用機作

ハスモンヨトウでは，中齢期以降に薬剤に対する感受性が低下するので，若齢期に農薬散布を行うのが原則である．一般には，ダイズ圃場で白変葉（ハスモンヨトウ若齢幼虫集団による被害葉）が散見されるようになったら，直ちに散布するよう指導されている．しかし，どの程度の数の白変葉が見えたら防除を行うのかなど，要防除水準の設定は今後の課題である．

カメムシ類の薬剤防除は普通，幼莢期と子実肥大期に行われる．散布効果は子実肥大期の方が高いので，カメムシ類の防除を1回削減する場合は幼莢期の防除を省く．カメムシの加害を受けた幼莢は脱落してしまうが，その時期であれば，代わりに他の莢が生育するので，被害は軽微に抑えられる．一方，子実肥大期以降にカメムシ加害を受けた粒は収穫まで被害粒として残るのでダメージが大きく，子実肥大期の防除が重要である．

(ii) 方法

ハスモンヨトウの薬剤防除は若齢期に行う．カメムシ類の薬剤防除は幼莢期と子実肥大期に行うことが原則であるが，子実肥大期の防除がより重要である．

(5) その他

a) 色彩選別機

(i) 対象病害虫および作用機作

大豆用の色彩選別機で収穫後に紫斑病粒や褐斑病粒などの着色粒を取り除くことができる．色彩選別機では，シュートを高速で落下する大豆粒に両側から光束ビームを当て，センサーにより基準色以外の粒を識別して，エアガンにより取り除く構造が一般的である．チャンネル数を増やすことにより，処理能力を増大できる．現在市販されている機械では，最大の処理能力が1チャンネル当たり80 kg/hr程度である．1チャンネル当たりの価格はチャンネル数が増えるほど安くなるが，30～50万円程度である．

色彩選別機があれば，収穫物に多少の汚染粒や障害粒が混入していても，それらを取り除くことで高品質な生産物を出荷することができる．圃場レベルでの病害虫の完璧な防除が必要なくなるので，IPMの推進にとっては非常に強力な手段になりうる．

(ii) 方法および留意点

価格が高いので，個々の農家が所持するものではないが，生産者団体や農協レベルで保有し利用する．現在でも，かなりの団体が所有していると思われるが，ダイズ格付け検査制度などの問題でIPMには必ずしも活かされていない．

b) 鳥おどし

(i) 防除対象および作用機作

播種期の鳥害（主としてキジバトやドバト）は，基本的にはダイズの集団栽培（被害が拡散される）と忌避剤（チウラム水和剤）の種子処理で対応する．しかし，それでも被害が発生する地域がある．防鳥網は効果が高いが，労力的に無理な場合が多い．鳥の視覚と聴覚を威嚇する複合型爆音機（鳥おどし）は広域をカバーできて比較的効果が高い．視覚（マネキン，目玉風船等）または聴覚だけ（爆音機）の商品もあるが，鳥の方の慣れが早く実用的ではない．

(ii) 方法および留意点

複合型爆音機は価格が高いが（7～10万円程度），1 haをカバーできる商品もある．2年目以降はほとんどコストがかからない．鳥害はダイズ出芽期に集中するので，播種後から本葉が展開する頃まで稼働させる．しかし，騒音が問題となる地域では使用できない．

2) 将来利用可能な技術

(1) 抵抗性品種

a) ハスモンヨトウ抵抗性品種

(i) 対象害虫および作用機作

ハスモンヨトウ抵抗性のダイズが育成されつつある．九州沖縄農業研究センターが育種した小粒多莢系統の九州143号はそのひとつで，実用形質を持ち，圃場においてもハスモンヨトウ抵抗性を示すことが実証された（図13-6）．九州143号はハスモンヨトウ感受性のフクユタカに比べて，ハスモンヨトウの卵塊数が少なく（雌蛾の非選好性），幼虫の発育も悪い（幼虫に対する抗生性）．これまでの圃場試験から，ハスモンヨトウ幼虫の発生はフクユタカに比べて概ね1/5程度に抑えられると判断される．

しかし，転換畑で立枯性病害が多発することから，今後，この系統に耐病性を付加，あるいはその他の系統を選抜し，実用形質を持ったハスモンヨトウ抵抗性品種を開発する必要がある．

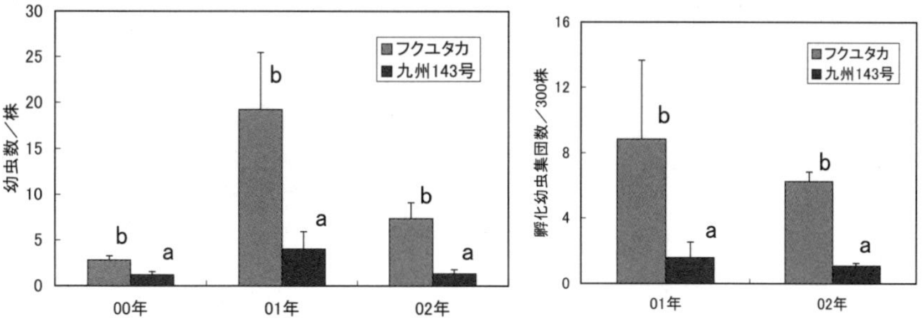

図13-6　ハスモンヨトウ抵抗性系統九州143号とフクユタカとのハスモンヨトウ発生比較
(発生ピーク時の払い落とし法による幼虫数(左)とダイズ葉に産下された卵塊数のインデックスであるふ化幼虫集団数(右))．異なる英文字はフクユタカと九州143号の間で有意差があることを示す．

(2) 生物的防除法

a) 核多角体病ウイルス

(i) 対象害虫および作用機作

ウイルス製剤は諸外国ではかなり実用化されている．日本においても細胞質多角体病ウイルスがマツカレハで，核多角体病ウイルスがハラアカマイマイの防除に利用されたことがある．最近ではチャハマキ類に顆粒病ウイルス製剤が農薬登録されている．ハスモンヨトウにおいても，核多角体病ウイルスの利用が実用レベルに達している．防除実証試験が既に数県で行われ，低コスト大量生産，品質管理，製剤化などの研究も民間企業で行われている．

核多角体病ウイルスは，宿主の細胞の核内にウイルス包埋体(多核体)を形成する．感染した幼虫は黄白色となり4～10日程度で死亡する．ウイルス生産は，現在，宿主(ハスモンヨトウ)で行われているが，生産コストが高いのが難点で，農薬登録に至っていない．ウイルス製剤はほ乳類や魚貝類に危害がなく，宿主範囲が狭く天敵にも影響が少ない．今後，環境保全や生産物の付加価値で，多少の生産費の上昇が許容されれば，核多角体病ウイルスにも利用場面がでてくる可能性がある．

(ii) 使用方法

ウイルスの生産は宿主(ハスモンヨトウ)を使用する．10 a当たり1×10^{11}～3×10^{11}多核体(13～39病死虫磨砕液)に展着剤を添加した懸濁液を散布する．

(3) 性フェロモンによる発生予察

a) 性フェロモンによる発生予察技術の向上

(i) 対象害虫および作用機作

現在，ハスモンヨトウの発生予察に性フェロモントラップの誘殺数が使用されている．しかし，予察の精度は必ずしも満足できるものではなかった．近年，ハスモンヨトウが初夏から秋期に海外から飛来することが明らかになり，ダイズ生育期間中の海外からの侵入が，フェロモン誘殺数とハスモンヨトウの発育速度を基幹とする従来の発生予察を混乱させている可能性が指摘されている．最近，西日本の数県に，時間単位で誘殺数を記録できる改良されたフェロモントラップが導入され，飛来解析が容易になった．海外からの飛来侵入とダイズのハスモンヨトウの発生との関連が解明され，近い将来，フェロモントラップによる発生予察の精度が向上する可能性が高い．

3．IPMマニュアルの事例

1）実施可能なIPMマニュアル

（1）事例1（九州一般）

子実を加害するカメムシ類に対して，晩期栽培により開花期を遅らせたり（フクユタカの場合），開花期の遅い品種（アキセンゴク）を用いたりして被害を回避する．多莢性の品種を用いると被害回避効果が大きくなる．具体的にはこの栽培法により，カメムシ類に対する幼莢期の防除が削減できる．通常8月と9月に2回行われるハスモンヨトウの防除は，地域性や発生予察を考慮して臨機応変に対応する．フクユタカ，アキセンゴクとも紫斑病に強い品種なので，紫斑病の防除対策は播種時の種子処理だけにして，幼莢期の薬剤防除を省く．

作物・品種　ダイズ（フクユタカまたは多莢のアキセンゴク[1)]）
地域　九州
栽培法・作型　転換畑・秋ダイズ

時期	作業・生育状況	対象病害虫	IPM体系防除[2),3)]（薬剤防除回数）	慣行防除[3)]（薬剤防除回数）
7月上旬	播種	紫斑病，鳥害		チウラム水和剤種子処理（1）
7月下旬	播種	紫斑病，鳥害	チウラム水和剤種子処理（1）	
8月中～下旬	開花期前	ハスモンヨトウ	（テフルベンズロン乳剤）（0.5）	テフルベンズロン乳剤（1）
9月上旬	幼莢期	紫斑病		チオファネートメチル水和剤（1）
		ハスモンヨトウ	（テフルベンズロン乳剤，またはエトフェンプロックス乳剤）（0.5）	テフルベンズロン乳剤（1）
		カメムシ類		MPP乳剤（1）
9月中～下旬	子実肥大期	カメムシ類，ハスモンヨトウ	エトフェンプロックス乳剤（1）	エトフェンプロックス乳剤（1）
薬剤防除合計使用回数[2)]			3	6
防除資材費合計（労賃含まず）			3,900円	6,800円

1) 表はフクユタカの場合．アキセンゴクの場合は播種遅延限界が明らかでないので，播種は7月中旬までに行う．
2) 括弧付きの薬剤防除は，対象病害虫の地域差と発生予察情報により防除の要否を判断する．この表では便宜的に0.5回の防除に換算した．
3) テフルベンズロン乳剤はハスモンヨトウに登録があるが，カメムシ類にはない．エトフェンプロックス乳剤は両害虫に登録がある．MPP乳剤はカメムシ類に登録がある．

(2) 事例2(南九州を除く水田単作地帯)

平野部の水田単作地帯でダイズを集団で作付けすると，カメムシ類の被害が非常に少ない地域がある．このような地域では，多莢性の開花期の遅い品種を栽培することにより，カメムシ類の加害をほとんど考慮しなくてよいと考えられる．しかし，このような地域ではハスモンヨトウがしばしば大発生するので，幼莢期のハスモンヨトウ防除は必須である．ハスモンヨトウの発生は年次変動が大きく，年によっては防除の必要がない場合もあるが，シロイチモジマダラメイガなどの莢加害性チョウ目害虫の防除のためにも，幼莢期から子実肥大期に最低1回の薬剤散布を行う．ハスモンヨトウの発生が少なく，多少ともカメムシ類が発生している場合は，幼莢期に同時防除をねらってピレスロイド系殺虫剤を使用する．

作物・品種　ダイズ（アキセンゴク）
地域　南九州を除く，九州の水田単作地帯
栽培法・作型　転換畑・秋ダイズ

時期	作業・ 生育状況	対象病害虫	IPM体系防除[1),2)] (薬剤防除回数)	慣行防除[2)] (薬剤防除回数)
7月上旬	播種	紫斑病， 鳥害		チウラム水和剤種子処理 (1)
7月下旬	播種	紫斑病， 鳥害	チウラム水和剤種子処理 (1)	
8月中 ～下旬	開花期前	ハスモンヨトウ	(テフルベンズロン乳剤) (0.5)	テフルベンズロン乳剤 (1)
9月上旬	幼莢期	紫斑病		チオファネートメチル水和剤 (1)
		ハスモンヨトウ	テフルベンズロン乳剤，または エトフェンプロックス乳剤 (1)	テフルベンズロン乳剤 (1)
		カメムシ類		MPP乳剤 (1)
9月中 ～下旬	子実肥大期	カメムシ類， ハスモンヨトウ		エトフェンプロックス乳剤 (1)
薬剤防除合計使用回数[1)]			2.5	6
防除資材費合計 (労賃含まず)			2,600円	6,800円

1) 括弧付きの薬剤防除は，対象病害虫の地域差と発生予察情報により防除の要否を判断する．この表では便宜的に0.5回の防除に換算した．

2) テフルベンズロン乳剤はハスモンヨトウに登録があるが，カメムシ類にはない．エトフェンプロックス乳剤は両害虫に登録がある．MPP乳剤はカメムシ類に登録がある．

2）将来のIPMマニュアル事例

ハスモンヨトウの抵抗性品種が開発されれば，西日本ダイズのIPMは著しく進展する．しかし，ハスモンヨトウは広食性なので，大発生年は1回程度の農薬散布が必要になる可能性が高い．子実加害性カメムシ類に対しては，多莢性品種の晩期栽培によって被害を大幅に軽減できる．子実肥大期に1回の農薬散布を行う程度で対応が可能であろう．播種時のチウラム種子処理を削減すると，地域によっては鳥害（主としてハト）が心配されるが，ダイズ栽培の集団化や鳥おどしで対応できる．

作物・品種　ダイズ（九州143号に準じた小粒多莢のハスモンヨトウ抵抗性品種で紫斑病にもある程度の抵抗性を持つ）

地域　九州

栽培法・作型　転換畑・秋ダイズ

時期	作業・ 生育状況	対象病害虫	IPM体系防除[1),2)] （薬剤防除回数）	将来のIPM体系防除[1),2)] （薬剤防除回数）
7月下旬	播種	紫斑病，鳥害	チウラム水和剤種子処理（1）	（鳥おどし）
8月中 ～下旬	開花期前	ハスモンヨトウ	（テフルベンズロン乳剤）（0.5）	
9月上旬	幼莢期	紫斑病		
		ハスモンヨトウ	（テフルベンズロン乳剤，または エトフェンプロックス乳剤）（0.5）	（テフルベンズロン乳剤）（0.5）
		カメムシ類		
9月中 ～下旬	子実肥大期	カメムシ類， ハスモンヨトウ	エトフェンプロックス乳剤（1）	エトフェンプロックス乳剤（1）
薬剤防除合計使用回数[1)]			3	1.5
防除資材費合計（労賃含まず）			3,900円	7,700円（2,700円[3)]）

1) 括弧付きの薬剤防除は，対象病害虫の地域差と発生予察情報により防除の要否を判断する．
この表では便宜的に0.5回の防除に換算した．

2) テフルベンズロン乳剤は，ハスモンヨトウに登録があるが，カメムシ類にはない．エトフェンプロックス乳剤は両害虫に登録がある．

3) 鳥おどしを除いた防除資材費．鳥おどしは2年目以降はほとんどコストがかからない．

付録A　天敵農薬の生物的特性と利用法

1．生物農薬として利用される天敵昆虫の種類と特徴

わが国では一般に，生物農薬は農薬取締法に定める農薬として，病害虫防除のために昆虫天敵や微生物を生きた状態で製品化したものと考えられている．生物農薬を製剤化して販売するには農薬登録が必要である．生物農薬に用いる生物は，昆虫類（捕食性ダニを含む），線虫類，微生物（ウイルス，糸状菌，細菌など）に分けられる．害虫防除に利用される天敵昆虫は，害虫などに対する捕食や寄生により害虫を殺す．表A-1および表A-2に2003年10月現在農薬登録のある寄生性昆虫と捕食性昆虫を示した．

天敵は効果を及ぼす対象病害虫が限定されており特異性が高い．このため化学農薬に比べ，一般に人畜や環境に対する安全性は高いと考えられている．一方，特異性が高いということは，複数の病害虫の同時防除が困難で，多くの防除技術の併用が必要なことを意味している．また生きた生物をそのまま利用するため，温度，湿度，日長などの物理的環境条件や土着の天敵や微生物などの影響を受け易いことも技術としての弱点である．長所としては，製剤に対する抵抗性が発達しにくいことや，増殖による持続的効果が期待できることがあげられる．また化学農薬で防除が困難な害虫に対して利用されることが多い．

表A-1　害虫防除に農薬登録のある寄生性昆虫（2003年10月現在）

天敵名	対象作物	対象害虫
イサエアヒメコバチ	野菜類（施設栽培）	ハモグリバエ類
ハモグリコマユバチ	野菜類（施設栽培）	ハモグリバエ類
オンシツツヤコバチ	野菜類（施設栽培）	コナジラミ類
サバクツヤコバチ	野菜類（施設栽培）	コナジラミ類
コレマンアブラバチ	野菜類（施設栽培）	アブラムシ類

表A-2　害虫防除に農薬登録のある捕食性天敵（2003年10月現在）

天敵名	対象作物	対象害虫
ショクガタマバエ	野菜類（施設栽培）	アブラムシ類
ナミテントウ	野菜類（施設栽培）	アブラムシ類
ヤマトクサカゲロウ	野菜類（施設栽培）	アブラムシ類
タイリクヒメハナカメムシ	野菜類（施設栽培）	アザミウマ類
アリガタシマアザミウマ	野菜類（施設栽培）	アザミウマ類
ククメリスカブリダニ	野菜類・シクラメン（施設栽培）	アザミウマ類
ククメリスカブリダニ	ホウレンソウ	ケナガコナダニ
デジェネランスカブリダニ	ナス（施設栽培）	ミナミキイロアザミウマ
チリカブリダニ	野菜類・果樹類・バラ・シクラメン・インゲンマメ（施設栽培）	ハダニ類
ミヤコカブリダニ	野菜類・果樹類（施設栽培）	ハダニ類

天敵昆虫類は施設栽培野菜を主体とする害虫防除に利用できる．製品は寄生蜂のマミーをカードに付着させたものや，天敵の成虫をボトルに詰めたものが多い，カード製剤は株上に吊るし，ボトル製剤は株元や葉上にばらまくことにより放飼する．成虫が害虫を探索して攻撃し，捕食・寄生による直接の殺虫効果だけでなく，次世代以後の増殖による継続的効果も期待できる．一般に天敵の効果は化学農薬に比べ遅効的なため，害虫の発生初期に放飼することが重要である．天敵で防除できる害虫の種類が限定されるため，他の防除手段との併用が必要となることが多い．基本的対策として育苗管理，圃場衛生など耕種的防除や侵入防止など物理的防除との組み合わせが重要である．化学薬剤との併用は天敵に影響が大きいので，必要な場合は天敵の影響の少ない選択性薬剤を使用するか，スポット散布などの方法を講じる．

以下に現在実用化がある程度進んでいる天敵昆虫について特徴や利用法について述べる.

1) オンシツツヤコバチとサバクツヤコバチ

(1) 来歴と対象病害虫

オンシツコナジラミは1974年，シルバーリーフコナジラミは1989年に外国から日本に侵入し，全国に広がり現在重要な害虫となっている．トマト，ナス，キクなど多くの野菜や花に寄生し，すす病を発生させ商品性を著しく低下させる．施設栽培作物では特に被害が多い．シルバーリーフコナジラミは，トマト黄化葉巻病などのウイルス病の媒介者として重要である．またトマトの着色異常やカボチャの葉などの白化を引き起こす.

図 A-1　オンシツツヤコバチ雌成虫 (体長約6 mm)
(アリスタライフサイエンス社)

これらのコナジラミ類の幼虫に寄生する外国産天敵の一種であるオンシツツヤコバチ (図 A-1) は，1995年にトマトの害虫オンシツコナジラミの天敵として登録された．現在は野菜類を加害するコナジラミ類の防除に市販されている.

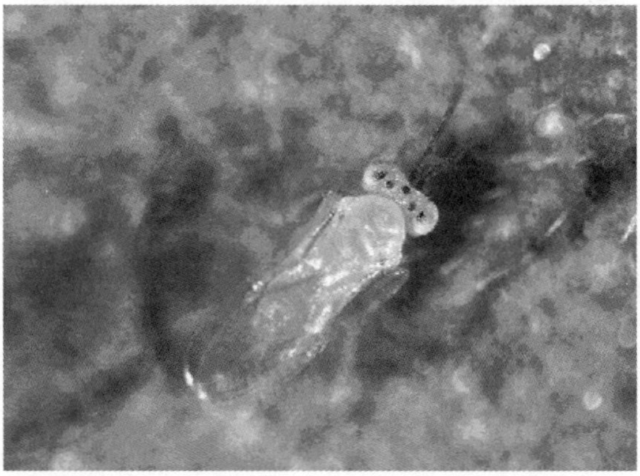

図 A-2　サバクツヤコバチ雌成虫 (体長約1 mm)

また，オンシツツヤコバチと同じツヤコバチ科に属するサバクツヤコバチ (図 A-2) は，2003年に野菜類を加害するコナジラミ類の天敵として登録され，市販されはじめた.

(2) 生物的特性

オンシツツヤコバチは北米原産のツヤコバチ科の単寄生性内部寄生蜂である．寄主はコナジラミ類に限られ，オンシツコナジラミ，シルバーリーフコナジラミともに攻撃，寄生する．雌成虫は体長が約0.6 mmで雄は雌よりやや大きい．雌のみで繁殖し，雄は繁殖に関与しない．雌成虫はオンシツコナジラミの3齢および4齢初期幼虫に好んで寄生する．雌成虫はコナジラミ幼虫の排泄する甘露を摂食するが，産卵管でコナジラミ若齢幼虫を殺して，寄主体液摂取行動によっても栄養を摂取する．総産卵数は25℃では約400個にも達する．オンシツツヤコバチの卵は寄主の体内でふ化後，3齢を経過して蛹となるが，その際，寄生された寄主の外観が黒変する (寄生により黒変した寄主幼虫はマミーとよばれる)．23℃では産卵されてから黒変するまで約10日，その後，新成虫が羽化するまでさらに約10日を要する．オンシツツヤコバチのシルバーリーフコナジラミに対する寄生能力は低いが，寄生以外の要因による高い死亡率をもたらす．シルバーリーフコナジラミに寄生した場合，マミーは茶褐色に見える．サバクツヤコバチ雌成虫は体長約1 mmで，体全体が黄色であり，雄成虫はやや褐色の体色で識別できる．サバクツヤコバチの増殖には交尾が必要で，雌比は約60％とされている．雌成虫は，シルバーリーフコナジラミの2齢幼虫に好んで産卵する．雌成虫はコナジラミ幼虫と葉との隙間に産卵し，ふ化幼虫はコナジラミ幼虫に小さな穴をあけ，そこから内部に侵入する．サバクツヤコバチの増殖能力は低く，雌成虫の寿命は4～6日で平均生涯産卵数は約23個である．産卵されてから羽化するまでの発育日数は28℃で23日である．シルバーリーフコナジラミに対しては,オンシツツヤコバチより寄主発見能力，寄主殺傷能力ともに高い．高温時の活性は，オンシツツヤコバチよりも優れている．寄生されたマミーは，薄い黄色に変色するが圃場での識別は難しい．

（3） 放飼方法

オンシツツヤコバチの製剤は厚紙のカードに1枚につき50頭または30頭のツヤコバチのマミーを貼り付けたものである．前者はエンストリップ，後者はツヤコバチ EF 30という商品名で市販されている．サバクツヤコバチの製剤（商品名エルカード）はエンストリップとほぼ同じで，1カード当たりマミーを50頭貼り付けたものである．コナジラミ成虫が効率的に誘引される黄色の粘着トラップを使用して，少しでも成虫の発生を確認したら早急に1回目の放飼を行う．その後1～2週間毎に3～5回の放飼を行う（図 A-3）．エンストリップを使用する場合，カードをトマト25

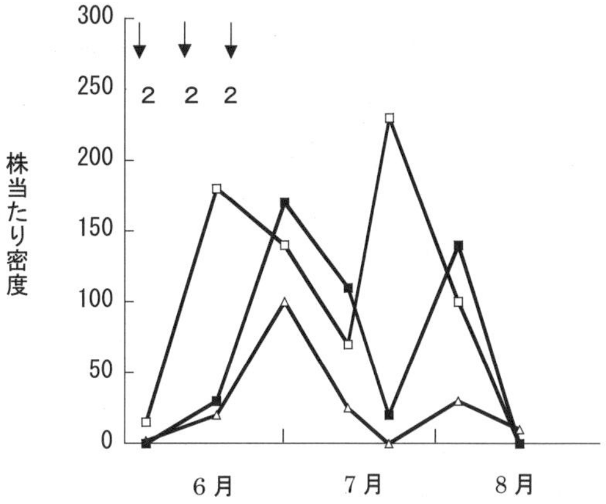

図 **A-3** オンシツツヤコバチを放飼した場合の，トマト上のオンシツコナジラミ幼虫（□），成虫（△），オンシツツヤコバチマミー（■）の株当たり密度変動．↓とその下の数字は黄色粘着トラップによるオンシツツヤコバチマミーの放飼時期と密度を示す．

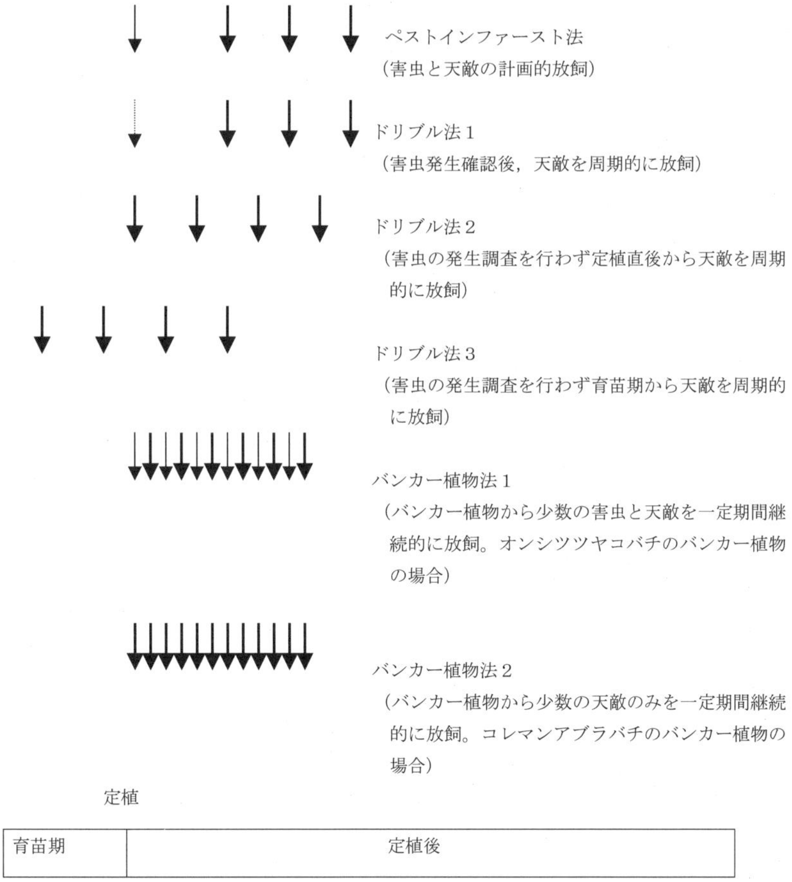

図 **A-4** 施設栽培の害虫防除のための種々の天敵放飼方法
実線の太い矢印は天敵放飼，細い矢印は害虫の放飼を示す．点線の矢印は発生調査による害虫発生確認を示す．

表 **A**-3　施設栽培野菜類の薬剤の天敵に対する影響（バイオコントロール6巻2号より，静岡農試改変）

薬剤名	天敵の種類				
	イサエアヒメコバチ・ハモグリコマユバチ	オンシツツヤコバチ	コレマンアブラバチ	チリカブリダニ	ハナカメムシ類
殺虫剤					
アドマイヤー粒剤	◎	×	◎	◎	−
ベストガード粒剤	◎	×	−	−	−
オルトラン粒剤	×	×	×	×	×
ネマトリン粒剤	×	×	−	◎	−
BT剤	◎	◎	◎	◎	◎
アファーム乳剤	×	×	◎	−	×
アドマイヤー水和剤	△	×	×	◎	×
アプロード水和剤	◎	◎	◎	◎	◎
オルトラン水和剤	×	×	×	×	×
オレート液剤	◎	◎	−	−	−
カスケード乳剤	◎	◎	◎	◎	×
サンマイトフロアブル	×	×	−	−	×
スピノエース水和剤	−	−	−	◎	−
スミチオン乳剤	×	×	−	×	×
ダイアジノン乳剤	×	×	◎	×	×
ダニトロンフロアブル	×	−	−	−	◎
チェス水和剤	◎	◎	◎	◎	◎
トリガード水和剤	◎	◎	◎	◎	◎
ニッソラン水和剤	◎	◎	◎	◎	◎
粘着くん液剤	○	◎	−	−	△
ノーモルト乳剤	◎	◎	◎	◎	◎
ベストガード水溶剤	×	×	−	×	−
マラソン乳剤	×	×	×	×	×
マブリック水和剤	×	×	−	×	×
モスピラン水溶剤	△	×	−	−	−
モスピランジェット	−	×	−	−	−
ラノーテープ	◎	−	−	◎	◎
殺菌剤					
イオウフロアブル	△	○	○	◎	◎
オーソサイド水和剤	×	◎	−	◎	◎
ゲッター水和剤	−	◎	−	−	−
サプロール乳剤	◎	◎	◎	○	◎
セイピアーフロアブル	−	◎	−	◎	−
ダイファー水和剤	△	◎	−	−	−
ダコニール1000	◎	−	◎	◎	◎
銅水和剤	◎	◎	◎	◎	◎
トリアジン水和剤	◎	−	−	−	−
トリフミン水和剤	◎	◎	◎	◎	◎
ベルクート水和剤	−	◎	◎	−	−
ベンレート水和剤	◎	◎	◎	△	◎
ポリオキシンAL乳剤	◎	−	−	−	◎
モレスタン水和剤	◎	△	◎	×	−
ユーパレン水和剤	◎	×	○	◎	◎
ルビゲン水和剤	◎	◎	◎	◎	◎
ロブラール水和剤	◎	◎	◎	◎	◎

記号は，各薬剤の天敵に対する直接的な影響を示す（◎：影響なし，○：やや影響あり，△：影響強い，×：影響大変強い，−：データ無し）

〜30株に1枚ずつ枝など直射日光に当たらないところにつるす．やがてカードからツヤコバチが羽化し活動をはじめる．なお天敵の保存はできないので，入手後はその日のうちに放飼して使いきる．コナジラミ類が常発する圃場や苗での発生が確認されている場合は，発生調査を省略して定植直後から定期的にツヤコバチを放飼する方法もある（図A-4）．オンシツコナジラミの発生が多い圃場では，オンシツツヤコバチ，シルバーリーフコナジラミの発生が多い圃場ではサバクツヤコバチを利用する．

放飼後も防除効果の確認が重要である．まずオンシツツヤコバチの場合は黒色のマミーの出現で寄生の確認を行う．マミー数が増加すれば効果は上がっていると判断できる．マミーが最初に現れるのは，ハウスの温度により差があり，冬期は遅くオンシツツヤコバチ放飼3週間後である．その後はハウス内の巡回や黄色の粘着トラップを使用して，コナジラミの発生量をたえず確認する．トマトの葉や果実にコナジラミの排泄物（甘露）がついて光りだしたり，すす病が発生し，マミー数が少ない場合には薬剤防除に切り替える．サバクツヤコバチを利用する場合は，マミーによる寄生の確認が困難なため，コナジラミの発生量で効果を確認する．オンシツツヤコバチをオンシツコナジラミに放飼した場合は，大部分寄生によりコナジラミ幼虫を殺すが，シルバーリーフコナジラミに対しては寄生以外の死亡の比率（寄主体液摂取や過寄生）が高くなる．サバクツヤコバチをシルバーリーフコナジラミに放飼した場合も，ツヤコバチによる寄生以外の死亡率の影響が強い．

（4） 使用上の留意点

ツヤコバチ放飼の効果を高めるには耕種的防除や物理的防除との組み合わせが重要である．育苗管理を徹底しあらゆる病害虫が無寄生の苗を定植する．特に，トマトサビダニは微小のため初期発生に気がつかないので，育苗中にダニ剤を散布するなど十分に注意する．またハウス周辺はできれば裸地または芝生に，あるいは除草作業の徹底を図り，雑草でのコナジラミ類の発生を防止する．コナジラミ成虫の野外からの飛来を防止するため，ハウスの換気窓には1 mm目合いの防虫網を張る．他の病害虫の対策として農薬を散布する場合は，殺虫剤のみならず一部の殺菌剤もツヤコバチに対する影響が大きいので，天敵の放飼前から農薬の散布は控える．必要な場合は，指導機関と相談して，ツヤコバチに影響の少ない選択性殺虫剤を使用する（表A-3）．

ツヤコバチ自体の効果には，温度や放飼時期が影響する．オンシツツヤコバチの最適な活動温度は20〜27℃であるため，日中はこの範囲の気温で管理する．特に30℃以上の高温では影響が大きいので，施設内の温度管理には十分注意する．サバクツヤコバチの場合は，35℃まで効果は低下しない．ツヤコバチ放飼が遅れるとツヤコバチは定着してもコナジラミを抑えきれなくなるため，十分な効果を上げるためには，早期放飼が極めて重要である．

エンストリップは1箱カード50枚入りで5,600円，ツヤコバチEF30は1箱カード40枚入りで2,800円という価格で市販されている．

2） イサエアヒメコバチとハモグリコマユバチ

（1） 来歴と対象病害虫

1990年に静岡県で初めて確認された侵入害虫のマメハモグリバエは，現在全国各地の施設野菜や花きの重要害虫となっている．本種は当初から各種殺虫剤に対する薬剤抵抗性が発達し，薬剤による防除が難しかったことから，ヨーロッパで実用化されていたヨーロッパ原産の寄生蜂イサエアヒメコバチ（図A-5）とハモグリコマユバチ（図A-6）による生物防除が有効と考えられた．これらの輸入天敵を用いた生物的防除試験を行った結果，実用的な防除効果があることが確認され，これらの天敵は1997年12月に農薬登録された．現在は適用範囲を拡大して野菜類のハモグリバエ類を対象として市販されている．

（2） 生物的特性

イサエアヒメコバチは多寄生性の外部寄生蜂とされているが，通常は単寄生する．体長が1〜2 mmの緑がかった黒色の寄生蜂で触角は短い．5属18種のハモグリバエを寄主とする．雌成虫はハモグリ

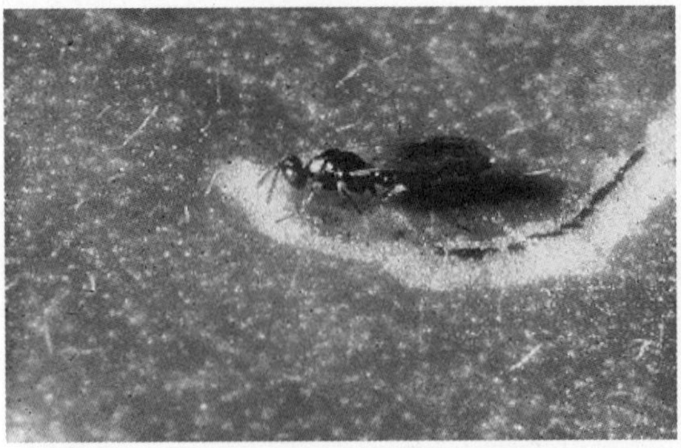

図 A-5　イサエアヒメコバチ雌成虫 (体長約 2 mm)
(アリスタライフサイエンス社)

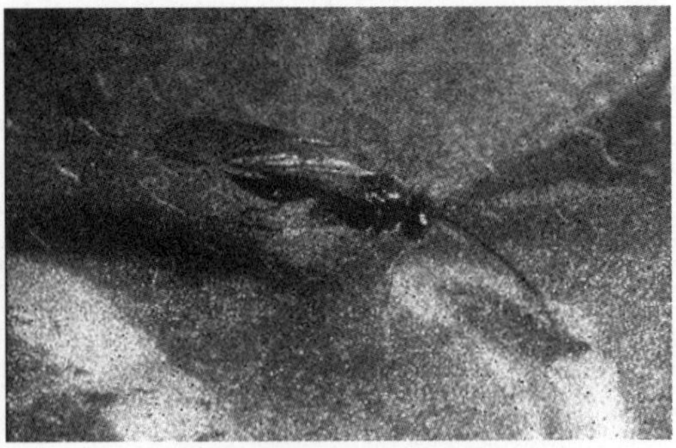

図 A-6　ハモグリコマユバチ雌成虫 (体長2～3 mm)
(アリスタライフサイエンス社)

バエ類の幼虫に毒液を注入して麻痺させ，動けないようにしてから幼虫の近傍又は体表に1卵を産みつける．ふ化後，幼虫は外部寄生しながら3齢を経過して蛹になる．成虫は寄生だけではなく寄主体液摂取によっても多くのハモグリバエ類の幼虫を殺す．雌成虫の寄生方法については，寄主齢が影響し，若い幼虫に対しては寄主体液摂取を行い，老熟幼虫には寄生する傾向がある．イサエアヒメコバチの発育，産卵，増殖について，25℃でマメハモグリバエを寄主とした場合，卵から羽化するまでの発育日数は雌が10.5日，雄が10.3日であり，その間の死亡率は23％である．ナスハモグリバエを寄主とした25℃の雌成虫の寿命は10日で，生涯産卵数が209，寄主体液摂取個体数は73である．

ハモグリコマユバチは黒色で体長2～3 mm の内部寄生蜂であり，体長と同程度の長い触角を持つ．雌成虫は触角で葉を叩きながら葉上で探索してハモグリバエ類の幼虫を発見し，その体内に産卵する．雌成虫は20℃では6日間に94個の卵を産むが，15℃では18.4日で225個産卵する．また若齢のナスハモグリバエの幼虫に好んで寄生する．この蜂の卵・幼虫期の発育期間は22℃で18.3日であるが，幼虫はナスハモグリバエの蛹内で蛹化し，その後成虫が羽化する．

これら2種類の寄生蜂はその生態的特性が異なり，イサエアヒメコバチは高温適応型で増殖率が高く，ハモグリコマユバチは低温適応型で探索能力が高い．なお，2種の種間競争では，コマユバチに寄生された寄主はヒメコバチが寄生できるが，ヒメコバチの寄生で殺された寄主にはコマユバチは寄生できない．

（3） 放飼方法

製剤にはボトルに収納されたイサエアヒメコバチとハモグリコマユバチの混合剤とそれぞれの単剤がある．混合剤にはイサエアヒメコバチとハモグリコマユバチが125頭ずつ入ったもの（商品名マイネックス）と，前者が25頭，後者が225頭入ったもの（商品名マイネックス91）がある．イサエアヒメコバチ単剤には100頭（商品名ヒメコバチ DI，ヒメトップ），ハモグリコマユバチ単剤には250頭（商品名コマユバチ DS）の成虫が収納されている．放飼方法はいたって簡単で，寄生蜂の成虫が入ったボトルのふたを開け，ハウス内に開口部を上に放置すれば寄生蜂は次々とボトルから飛び出して自ら分散する．または蓋を開けたボトルを振ってハウス内に均一に寄生蜂を放飼する．マメハモグリバエが発生する場所が特定できれば，その場所に集中的に放飼してもよい．放飼は発生初期の極低密度の時（ハモグリの潜孔がほとんど見あたらない）に開始し，すでに発生が多い状態では密度抑制は期待できない．寄生蜂はマメハモグリバエの幼虫のみに寄生するので，成虫ばかりの時や蛹ばかりの時に天敵を放飼してもうまく定着できない．そこで，モニタリング用の黄色粘着トラップを使って成虫の発生消長を調べて放飼時期を決める．原則としてトラップへ1頭でも成虫が誘殺されたら次の週から天敵を放飼する．放飼する時間帯が重要で，日中に放飼すると蜂は太陽に向かって飛翔し，天窓から逃げ出してしまうおそれがあるので，ハウス内がやや薄暗い夕方に放飼する．イサエアヒメコバチ単独放飼の場合の効果を図A-7に示した．

マイネックスを使用する場合の放飼量は，発生初期には1～2ボトル（250～500頭）/10 aでよいが，潜孔や幼虫が少し散見されるようになっている場合には，2ボトル/10 a以上必要である．放飼回数は，寄生蜂の成虫は1週間程度生きており，また放飼のタイミングが合わなかった場合のリスクも考えて，毎週1回で計3～4回ほど放飼する．天敵の保存は基本的にはできないので，入手したらその日のうちに放飼して使い切る．やむを得ず保存する場合は，一般の冷蔵庫（冷凍庫ではない）に入れておけば数日間は保存可能である．

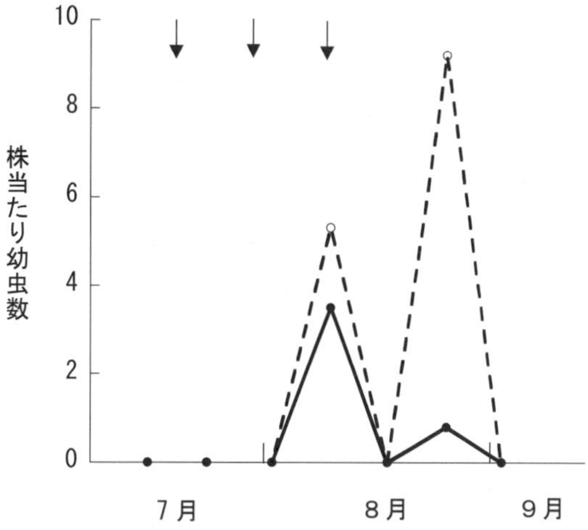

図A-7　施設栽培トマトにおけるイサエアヒメコバチ放飼によるマメハモグリバエの防除
実線と破線はそれぞれイサエアヒメコバチ放飼区，無放飼区におけるハモグリバエ幼虫数の変動，矢印はイサエアヒメコバチの放飼時期を示す（放飼密度は1回につき0.15頭/株）．（小澤ら，1999）

イサエアヒメコバチは幼虫を殺して産卵または寄主体液摂取を行うので，攻撃されたハモグリバエ幼虫は死亡し体色が褐色～黒色に変化する．従って，褐色化した幼虫がみられるようになれば寄生蜂が活動している証拠となる．圃場では，観察しやすい老齢幼虫について褐色化した幼虫の割合（＝幼虫死亡率）を調べて，死亡率が50％以上，できれば80％以上になっていれば天敵が有効に働いていると判断する．また，寄生率が高まってくると，短くて小さい潜孔の率が高まるので，潜孔の大きさも観察する．ハモグリコマユバチは，ヒメコバチのように寄主を殺さないので見取りによる寄生の確認はできないが，寄生率が高ければ次世代のマメハモグリバエ成虫の密度は減少する．

（4）使用上の留意点

育苗管理を徹底し，すべての病害虫が無寄生の苗を定植するとともに，ハウスの換気窓には1 mm目合いの防虫網を張り，野外からの成虫の飛来を防止する．

天敵寄生蜂は化学農薬，特に殺虫剤に対しては極めて弱く，他の害虫防除のために使用する殺虫剤の影響を十分考慮する必要がある．殺虫剤の中でも合成ピレスロイド剤，有機リン剤などの影響はたいへん強く，これらの薬剤のほとんどは散布後1カ月以上悪影響が残る．また，定植時や育苗時に使用することの多い有機リン系の粒剤（オルトラン，ネマトリン）も天敵への悪影響が長く持続する（表A-3参照）．

7月～9月上旬の高温期と11月から2月までの低温期は，寄生蜂の活動性が低下するので放飼には適さない．従って，寄生蜂を放飼する時期としては，3～6月と9月中旬～11月が適している．両種の寄生蜂の生態的特性から，ハモグリコマユバチは低温でハモグリバエ類の密度の低い発生初期に予防的に利用するのに適しており，イサエアヒメコバチは春から秋の高温時でハモグリバエ類が多発したり，土着寄生蜂の侵入が起きそうな状況で放飼するのに適していると考えられる．混合剤を用いればこのような使い分けの煩雑さは回避できる．なお6月以後の高温期には，外部から土着寄生蜂が侵入して寄生率が高くなって，導入寄生蜂の寄生率が上がらない状況がしばしば起こるが，この場合も防除効果は十分であることが多い．製剤のボトル当たりの価格はマイネックスが9,100円，マイネックス91が5,600円，ヒメコバチDI，ヒメトップ，コマユバチDSが6,000円である．

3）コレマンアブラバチ

（1）来歴と対象病害虫

アブラムシの寄生蜂はアブラバチ亜科もしくはツヤコバチ科に属し，前者の方がアブラムシのみに寄生し，より重要である．アブラバチの中ではコレマンアブラバチ（図 A-8）がワタアブラムシとモモアカアブラムシの防除に広く利用されている．施設園芸害虫のアブラムシに対して天敵利用が開始されたころは，別種のアブラバチが利用されていたが，ワタアブラムシに有効ではなかったので，コレマンアブラバチが利用されるようになった．本種はワタアブラムシ，モモアカアブラムシに高い寄生性を有する．

（2）生物的特性

本種はアブラムシ類に内部寄生する寄生蜂である．成虫はアブラムシの体内に産卵管を挿し，産卵する．卵はアブラムシの体内でふ化し，幼虫はアブラムシの体内組織を食べて発育，成長し，アブラムシは死亡してマミー化する．卵から成虫までの発育日数は約2週間（20℃）である．雌成虫は300-400卵（/雌）の卵を産み，寿命は5-6日（20-25℃）である．本種はワタアブラムシ，モモアカアブラムシを含む40種以上のアブラムシに寄生するが，ヒゲナガアブラムシ類に対しては寄生性が低い．

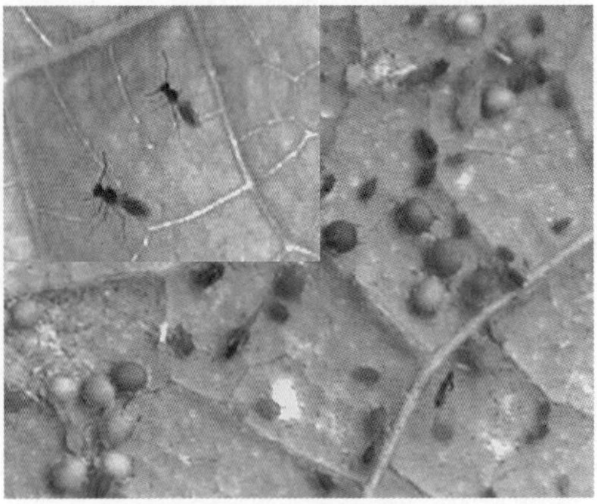

図 A-8　コレマンアブラバチ成虫（体長1.7～2.2 mm）（上）とワタアブラムシのマミー（柏尾具俊氏原図）

（3）放飼方法

製剤はボトル内に1,000頭，または250頭の成虫を収納してある（商品名アフィパール，アブラバチAC，コレトップ）．価格は1,000頭入りボトルが6,400円，250頭入りボトルが2,800円である．定植後，500頭/10 aを1週間間隔で2回（または3回）放飼する．放飼は施設内で製剤容器を開封し，ワタアブラムシの発生株の株元に静置する．発生株が多い場合や発生が見られない場合は，紙コップなどに小分けして，ハウスの数カ所の株元に置く．製剤中の寿命は短いので，入手後ただちに放飼する．

（4）使用上の留意点

コレマンアブラバチを利用する場合，初期から予防的に高密度で放飼し，また連続してアブラバチが存在するようにしないと効果が安定しない．そこで継続的なコレマンアブラバチの放飼をねらいとして，代替寄主としてムギクビレアブラムシを着生させた小麦をバンカー植物として，コレマンアブラバチの放飼を行う方法が考案されている（付録B参照）．製剤のボトル当たりの価格はアフィデントが6,400円，アブラバチ AC，コレトップが2,800円である．

4）チリカブリダニ

（1）来歴と対象病害虫

チリカブリダニ（図 A-9）は，アルジェリアで最初に発見され，1年後にこれと独立にチリで発見された．現在では地中海地方やチリが原産地と見なされている．日本にはチリ系統が1966年に導入された．ナミハダニ，カンザワハダニなどのハダニを攻撃する捕食性の天敵で，野菜を加害するハダニ類に対して農薬登録されている．

（2）生物的特性

本種はカブリダニ科に属し，ナミハダニやカンザワハダニなどのハダニ類を好んで捕食する．雌成虫は体長約0.5 mm，雄成虫は約0.4 mmで，体色は赤橙色である．雌成虫はハダニの卵から成虫までのすべてのステージを捕食し，1日当たりの捕食量は，ハダニ雌成虫の場合5～6頭，卵や幼虫の場合20頭程度である．幼虫と若虫は，主にハダニの卵や幼若虫を捕食し，捕食量は5頭前後である．発育日数は25℃では6日前後で，ハダニ類の発育速度よりやや早い．寿命は25℃では2～3週間程度である．総産卵数は50～60個で，25℃では1日に4～5個の卵を産卵する．

(3) 放飼方法

製剤はボトル内に増量剤とともに2,000頭のチリカブリダニ成虫を収納してある(商品名スパイデックス,カブリダニPP,チリトップ).放飼はハダニの発生初期(概ね葉当たり0.1頭程度)に行う.到着時にはチリカブリダニがボトルの上部に集まっていることが多いので,放飼の前にボトルをゆっくり回転させて,チリカブリダニが均一になるように混和する.その後,イチゴの葉の上にバーミキュライトを少しずつ振りかけるようにして放飼する.放飼は2,000頭/10aをハウス内の全株を対象に行うが,ハダニ発生株が特定できる場合には重点的に多めの放飼を行う.また,1回目の放飼後2週間目にチリカブリダニの定着が確認できない場合やハダニの密度が急増する傾向が見られる場合には2回目の散布を行う.製剤中の本種の寿命は短いので,入手後ただちに放飼する.

図A-9 チリカブリダニ成虫(雌:0.5 mm, 雄:約0.3 mm)(天野洋氏原図)

(4) 使用上の留意点

チリカブリダニの活動は温湿度に強く影響され,活動に好適な温湿度は15〜30℃,50〜90% RHであると言われている.チリカブリダニの効果的利用には,ハダニに対するチリカブリダニの初期密度比が重要であり,チリカブリダニの初期密度比が高いほど効果は高い.また放飼の初期密度比は,チリカブリダニに対するハダニの密度を30倍以下にするのが望ましいとされている.製剤の価格はどの商品もボトル当たり5,600円である.

5) タイリクヒメハナカメムシ

(1) 来歴と対象病害虫

タイリクヒメハナカメムシ(図A-10)はわが国土着のヒメハナカメムシ類で,関東以西の暖地の雑草やキュウリ,ナス,カボチャなどの野菜類で見られる.2001年に農薬登録され,現在では野菜類のミナミキイロアザミウマとミカンキイロアザミウマを主体とするアザミウマ類を対象に利用できる.よく利用されている作物はナスとピーマンである.

(2) 生物的特性

本種は広食性の天敵で,ミナミキイロアザミウマやミカンキイロアザミウマなどのアザミウマ類,ハダニ類,アブラムシ類,ヨトウムシ類の卵や若齢幼虫を捕食する.成虫,幼虫ともに口吻を害虫の体に突き刺し,体液を吸汁する.アザミウマを餌とした場合の雌成虫の捕食量は,成虫の場合10頭程度,幼虫の場合50頭程度である.卵から成虫までの発育日数は15〜20日(20〜25℃)である.雌成虫は100〜200卵(/雌)を産み,寿命は1カ月程度である.20〜25℃前後の条件では増殖率が高く捕食量も多く,高い防除効果を発揮するが,15℃以下では活動が極端に低下する.休眠性はほとんどないとされるが,冬期には浅い休眠に

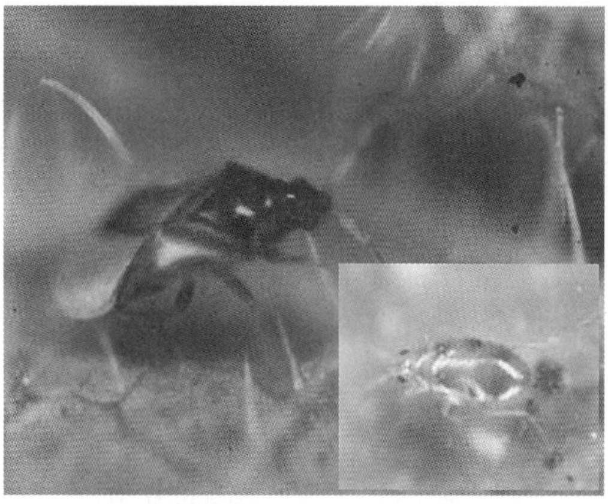

図A-10 タイリクヒメハナカメムシ成虫(体長1.7〜2.1 mm)と幼虫(右下)(柏尾具俊氏原図)

入ると考えられる.

（3） 放飼方法

製剤は成虫をボトルに封入したもので250頭入りと100頭入りがある（商品名タイリク，オリスターA）．定植後約1カ月目を目安とし，アザミウマの発生初期に500～2,000頭/10 aを放飼する．放飼は施設内で製剤容器を開封し，アザミウマの発生株を中心として数カ所の葉上に放飼する．製剤中の寿命は短いので，入手後ただちに放飼する．ハウスナスのミカンキイロアザミウマに対して，株当たり2.2頭のタイリクヒメハナカメムシ成虫を2回放飼した試験においても，放飼区では無放飼区に比べミカンキイロアザミウマの発生が抑えられた結果，有意に低い被害程度となった.

（4） 使用上の留意点

最適な活動温度は20～35℃であり，冬春作では夜温を18℃以上に維持することが望ましい．アザミウマ類の生息密度が高くなってから放飼しても十分な効果が得られないので，発生初期から7～10日間隔で放飼する．また放飼前，放飼後も本種に影響のある薬剤を散布しないか，害虫の発生している株にスポット散布を行う．ボトル当たりの製剤の価格はオリスターAが9,750円，タイリクは11,250円である.

2．パスツーリアペネトランス剤

1） 来歴と対象病害虫

パスツーリアペネトランス剤（商品名『パストリア水和剤』）はネマテック（川崎市）によって開発されたネコブセンチュウの天敵微生物を主成分とする微生物農薬である．製剤は1998年に農薬登録され，適用が拡大されて，現在トマト，キュウリ，メロン，カボチャ，カンショ，イチジクに使用できる．パスツーリア菌は ① 乾燥耐性・耐熱性・耐寒性に優れ，粉剤などへの製剤化が容易で品質を落とすことなく長期間の保存ができる，② 圃場に定着できるため農薬のように1作ごとに施用する必要がない，③ 農薬との併用ができるなど天敵防除資材として優れた特性を持っている他，通常の線虫剤と異なり作物立毛中処理ができる．製剤は粉末1 g当たりに1.0×10^9個の胞子を含んでいる．市販系統はサツマイモネコブセンチュウ，ジャワネコブセンチュウ，アレナリアネコブセンチュウに有効であるが，キタネコブセンチュウには寄生しない.

2） 生物的特性

パスツーリア属菌は二叉分枝により内生胞子を形成するグラム陽性の絶対寄生性の細菌である．パスツーリアペネトランスの内生胞子（以下胞子）は直径1～2 μmの球状粒子で，直径3～4 μmの広いつば（副側胞子繊維）を持ち，円盤の外観をしている．胞子に運動性はない．本菌は17℃以上で発育し，最適生育温度は概ね28℃と35℃の間にある．28℃では35日以内に成熟した胞子が生産される．胞子のネコブセンチュウ2期幼虫への付着数は30℃まで高温になるほど増加し，30℃を超えると減少する．病原力も温度に影響され，30℃では感染した線虫の卵巣発育は完全に抑制されるが，20℃では卵巣が発達し，蔵卵することがある．土壌中の胞子は移動する線虫と遭遇してその体表のクチクラに付着する．体表にパスツーリアを付着させた線虫が植物の根に侵入し養分吸収を始めて

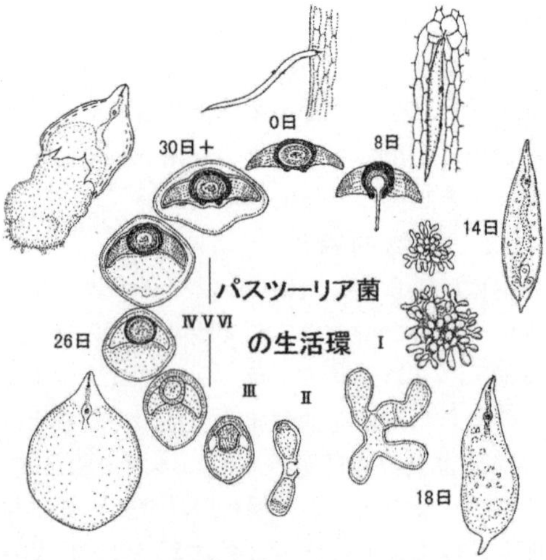

図A-11　線虫天敵細菌パスツーリアペネトランスの生活環

1週間前後に胞子から発芽管が伸び線虫の擬体腔内に侵入する．発芽管の先端で2叉分裂が繰り返され，複雑なステージをたどって最終的には1頭のメスの体内におよそ2百万個の胞子が再生産される(図A-11)．圃場で増殖したパスツーリア胞子は根の残渣中に固まって存在し，パッチ状に土壌中に散在しているが，根の腐敗に伴って次第に土壌中に放出されると考えられる．作を重ねる毎に土壌中の胞子密度は高まり，ほとんどのネコブセンチュウ幼虫が胞子に感染するようになると，線虫の再生産が大きく抑制され，線虫密度は急速に低下し，作物に被害を出さないレベルの低密度になる．しかし，線虫が全滅することはない．パスツーリア菌の線虫抑制機作は，主に上記の雌の蔵卵阻害であるが，胞子の感染量によって産卵の抑制・阻害から致死まで質的な違いが認められる．高密度付着個体(＞15胞子)は根への侵入が阻害され，根に侵入した後も死亡個体が多くなる．したがって，胞子には致死作用もあると見て良い．本菌がいったん定着すると10年以上長期にわたりネコブセンチュウ害が抑制される．

3）処理方法

(1) 圃場均一混和法(全面処理法)

i）処理のプロセス

登録された標準的な処理法である．パスツーリアの処理は初回作付け前にのみ行い，次作以降は追加処理をしない．ネコブセンチュウ高密度圃場では，処理後の初作および次作に無処理と同等かそれ以上の線虫害が発生することが多いため，粒剤型殺線虫剤(ホスチアゼート剤など)との併用が推奨されている．

① 処理の1週間前に施設土壌を灌水チューブで十分に灌水し，除塩する．② 処理の2，3日前までにロータリーで耕耘する．③ 処理量は10 a当たり1 kg (1 g/ m^2) が適当である．粉剤を大量の水に溶かして一度に土壌表面に散布する(10 l/ m^2 処理)．タンクにパストリア水和剤の希釈液を作り，動力噴霧器で圃場表面に散布する方法が一般的である．少量の水に溶かした散布では，胞子が表層の粘土粒子に吸着され下層へ浸透しないため，ジョウロを用いて散布する場合は同時にホースに取り付けたジョウロ口から散水する(図A-12)．④ 処理の2日後，ロー

図A-12 パスツーリア菌の標準処理法(圃場散布)

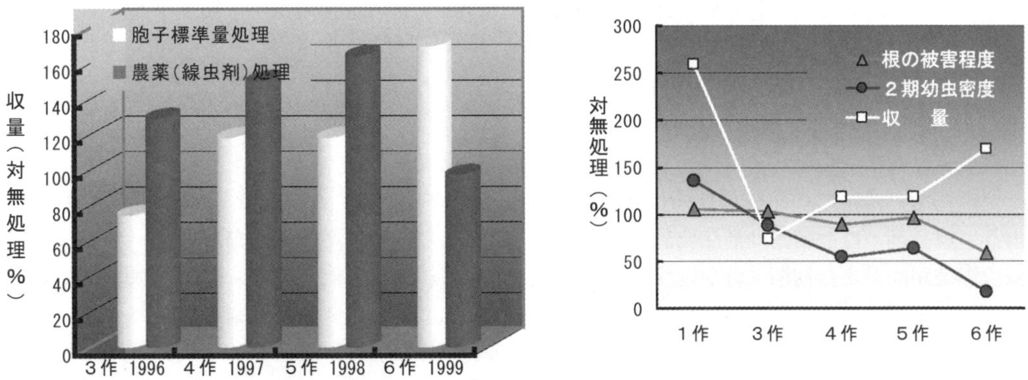

図A-13 露地トマトにおけるパスツーリア菌の収量改善効果ならびに線虫害抑制効果
(圃場均一混和法；中央農業総合研究センター)

タリーで数回深さ20 cmまで耕耘し，胞子を作土層に均一分散させる．⑤ 処理後4～7日後に定植する．胞子の付着率は加湿4日後から高くなるから，苗の定植は胞子圃場処理の4～7日後が適当である．⑥ 栽培終了後は根に大量のパスツーリアの胞子が含まれているため，作物根を回収せず，土壌にすき込み腐敗を促す．休閑中の定期的な灌水は根の腐敗と胞子の分散のために不可欠である．

ii）処理効果の発現

露地トマトの根の被害指数（ネコブ指数）はパスツーリア処理の4作（3年目）以降，無処理より顕著に低下し，対照の殺線虫剤区や無処理区より増収する．概ね5作目までに防除効果が発現し，対象の慣行防除（線虫剤処理）に優る線虫害抑制効果が得られる．また，露地トマト，施設トマト，施設キュウリなどでパスツーリアと粒剤型殺線虫剤との併用を行う体系処理では，パスツーリア単独処理と比べて有意な根こぶの減少，線虫幼虫密度の減少，果実の増収が確認されている（図A-13）．

iii）問題点

胞子密度が高まり，線虫害の防除効果を発現するまでにかなり長期の連作を要し，その間の被害は無視できないほど大きい．特に，線虫密度が高い圃場では，パスツーリアと粒剤型殺線虫剤（ホスチアゼート剤など）の併用でも作物生育の著しい減退を抑制できない．初期の線虫加害は根量の減少と根の腐敗をもたらし線虫が増殖できない結果，パスツーリアもほとんど再生産されない．一方，全面土壌燻蒸処理とパスツーリアを併用した場合も，栽培の中盤までパスツーリアを養う線虫がほぼ皆無なため，パスツーリアは増殖できない．

（2）灌水処理法（部分連続処理）

作物作付け後，灌水チューブを用い液肥と共にパスツーリアを点滴処理する方法である．1.75 g/m^2（1.75 kg/10 a）の処理量で処理した当年に顕著な根こぶの抑制効果が得られる．また，低濃度のパスツーリア懸濁液をジョウロで作物の株元に灌水する方法でも同様の効果が得られる．

（3）植穴処理（部分毎作処理）

i）処理のプロセス

燻蒸剤による植穴部分燻蒸と併用して用いる．少量の処理を毎年繰り返す処理法である．

① 定植予定日の約3週間前に施肥・整地し，マルチ掛けをする．線虫と土壌病原菌に有効なクロルピクリン・D-D燻蒸剤を定植予定位置に2～3 m*l*灌注する．灌注穴はガムテープなどで塞ぐ．② 1週間後，マルチ穴開け器を用い直径9 cm，深さ12 cmの植穴を穿ち，ガス抜きする．③ さらに1週間後，パスツーリア懸濁液を穴当たり0.09 g（90 g/10 a）処理し，灌水して穴を満たす．④ 処理4日～7日後に苗を定植する．⑤ 次作～4作まで同上の処理を繰り返す（図A-14）．

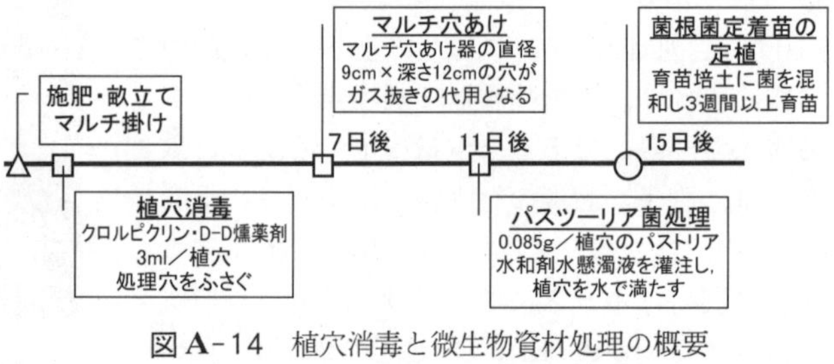

図A-14　植穴消毒と微生物資材処理の概要

ii）植穴燻蒸と植穴処理組み合わせの戦略

植穴燻蒸は線虫や土壌病害の侵入を遅延させる栽植技術であるペーパーポット移植法からヒントを得た処理法である．この単純な技術はパスツーリアを基幹技術とする線虫のIPMでは戦略的な役割を担う．燻蒸剤の拡散範囲は灌注位置から半径15 cmであり，この範囲に線虫がいないため，移植時の線虫感染が回避され初期生育が確保される．植穴燻蒸は線虫など病害の侵入抑制の機能面ではペーパーポット移植法と同等以上の効果が期待できるが，単独では線虫の長期抑制につながらない．植穴燻蒸後にパスツーリアを処理したとき，パスツーリアの単独処理では通常避けがたい初作・次作の作物被害を回避すると同時にパスツーリア胞子増殖を促進することができる．即ち，初期生育の確保により，① 作物は致命的な被害を免れ正常な生育を遂げて生産が確保され，② 同時に根量も確保されて多くの線虫が養われ，したがって，線虫の絶対寄生菌であるパスツーリアの生産量も増加する．さらに，土壌生態系を完全に破壊しないため，菌根菌，トリコデルマ菌，線虫捕捉菌，線虫の卵寄生菌などの有用な微生物が生残する．したがって，植穴燻蒸とパスツーリアの併用を繰り返すと，速やかにパスツーリア菌の密度が高まり，胞子の追加処理が不要になるだけでなく，植穴燻蒸処理も不要になる．

iii）処理効果の発現

植穴燻蒸処理とパスツーリア菌の併用処理では，順調に根の被害が軽減される (図A-15)．抑制栽培 (第2作，4作) でやや慣行の全面燻蒸処理に劣るものの，半促成栽培では慣行防除と同等の高い収量性が確保される (図A-16)．

4）使用上の留意点

パスツーリアは砂土，砂壌土，壌土で使用できるが，砂質土壌では胞子が表層土へよく保持され，水の浸透に伴う菌の土壌中への分散が良い．その結果，胞子の線虫付着率も高い．逆に，重粘土質土壌では本菌の増殖率は低い．菌の増殖適温は28℃前後であるため，春夏作において効果が高く，地温が低い秋冬作には適さない．本菌が増殖するために処理時にある程度の線虫が存在しなければならないため，熱水や燻蒸剤 (クロルピクリン，D-D剤) を全面処理した土壌に処理しても増殖せず，併用効果は期待できない．臭化メチル剤やクロルピクリン剤はパスツーリア菌を死滅させるが，パスツーリア菌はこれら以外の多くの薬剤に対して耐性であり，上記以外のほとんどの殺線虫剤 (ダゾメット，D-D，ホスチアゼート，オキサミルなど) と併用できる．人工培養技術が確立していないため，パストリア水和剤の販売価格は梱包1袋 (500 g) 当たり50,000円と著しく高価である．資材のコストは登録の標準処理法では最低使用量 (1 g/ m^2) でも10 a当たり10万円になる．作用スペクトラムがネコブセンチュウに限定されるため，土壌病害が併発する場合は，この防除が必要である．一方，植穴燻蒸処理と併用した植穴処理法では，パスツーリアの資材費は登録の1/5量以下のコスト (17,000円/10 a) に削減できる．また，燻蒸剤の使用量も登録の1/5量 (6 l/10 a) に削減される (2,000株/10 aの場合)．

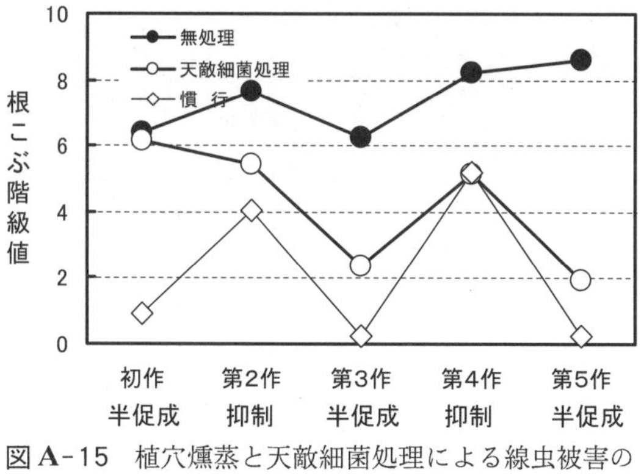

図A-15　植穴燻蒸と天敵細菌処理による線虫被害の減少
① 無処理：防除をしない；② 天敵細菌処理：植穴燻蒸後天敵植穴灌注処理；③ 慣行防除：クロルピクリン・D-D燻蒸剤全面処理

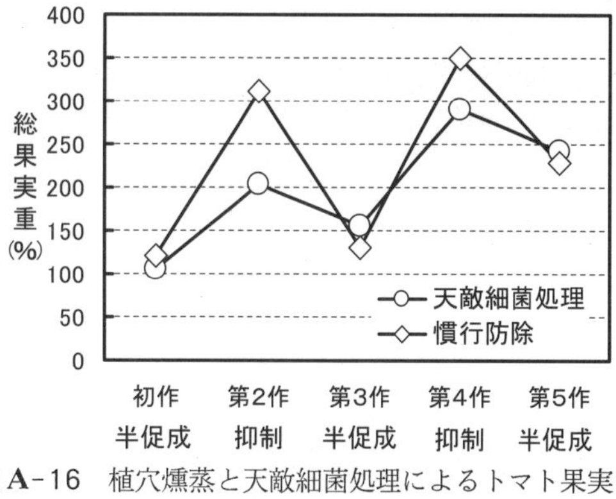

図A-16　植穴燻蒸と天敵細菌処理によるトマト果実の増収
(無防除区の総収量 (g) を100としたとき)
① 天敵細菌処理：植穴燻蒸後天敵植穴処理；② 慣行防除：クロルピクリン・D-D燻蒸剤全面処理

付録B　バンカー法（アブラムシ・コレマンアブラバチ）

1．技術の概要

バンカー法は，害虫の発生を確認する前から施設内に天敵を長期継続的に放飼する方法である．天敵の寄主範囲の中で害虫とはならない寄主昆虫を，それが寄生する植物とともに施設内に導入し，あらかじめそこで天敵を維持・増殖する「天敵の開放型飼育システム」を早期に確立しておくことによって，施設外から侵入してくる害虫に対して迅速かつ継続的に対処できるようにしようというものである（図 B-1）．このバンカー法がうまく機能している場合には，害虫侵入初期の低密度状態で天敵を働かせるため，対象害虫への農薬は無散布か部分散布のみとなる．生産者にとっては，農薬散布作業の軽減のみならず，受粉昆虫や他の天敵の働きを阻害する要因を減少させることができ，生産の安定化につながる．

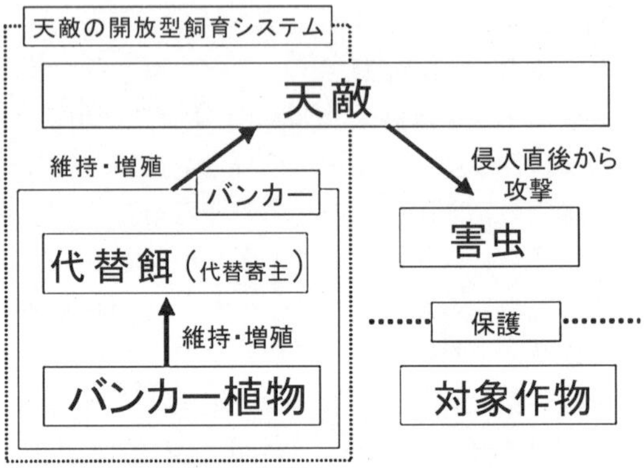

図 **B**-1　バンカー法の模式図

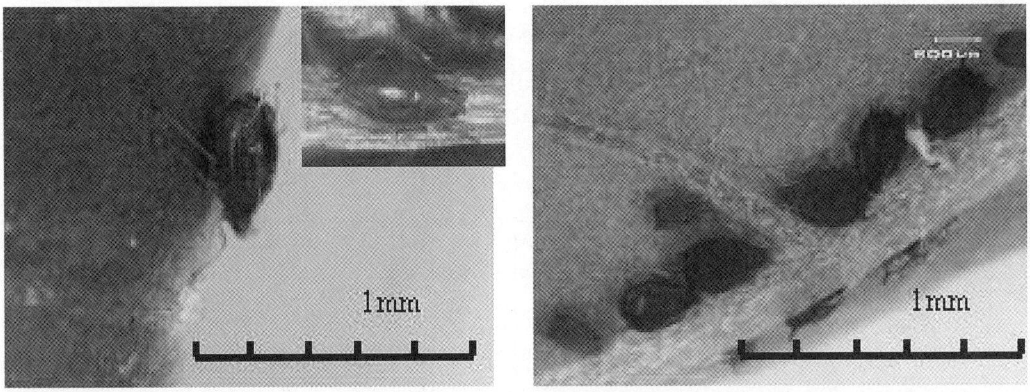

図 **B**-2　コレマンアブラバチを使ったバンカー法の対象害虫
左：モモアカアブラムシ（体長1.8～2.0 mm），右：ワタアブラムシ（体長1.2～1.7 mm）

図 **B**-3　左：コレマンアブラバチ（体長1.7～2.2 mm），右：ムギクビレアブラムシ（体長2.3 mm）

ここでは，代表的な施設野菜であるナスやピーマンで問題となる害虫，モモアカアブラムシとワタアブラムシ (図 B-2) に対して，天敵コレマンアブラバチ (図 B-3 左)，代替寄主ムギクビレアブラムシ (図 B-3 右)，バンカー植物ムギ類を使ったバンカー法 (図 B-4) について解説する．この方法はヨーロッパにおいて1990年代に研究され，現在では実用化されている．日本においては，アザミウマ対策としてタイリクヒメハナカメムシを利用する産地において，この天敵への悪影響を軽減できるアブラムシ対策として導入が始まっている．

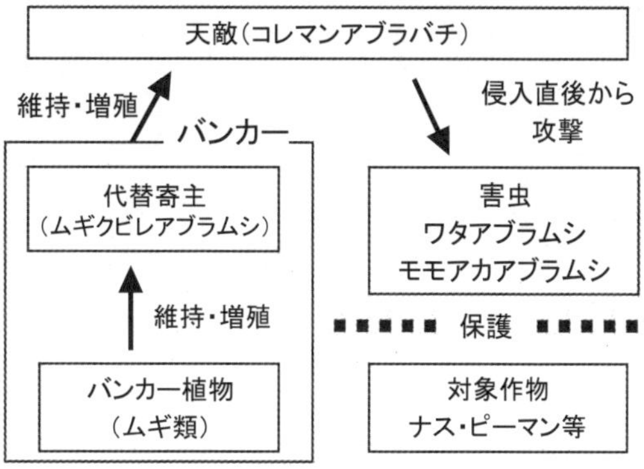

図 B-4 コレマンアブラバチを使ったアブラムシ防除用バンカー法の模式図

2．事前準備

対象とする作目，作型において，例年の害虫の発生消長を調査する．各種害虫への防除計画を立てる中で，アブラムシ以外の害虫への農薬散布とのかね合いから，このバンカー法を組み込めるか検討する．農薬使用量が減少すると，潜在的な害虫が顕在化してくるので，先行的事例に注意して，各種害虫の総合的な防除計画を検討しておくことが大切である．

アブラムシ類への対策としてコレマンアブラバチを使ったバンカー法を実施する時には，害虫が施設内に侵入するよりも前に，バンカー植物，代替寄主，天敵が導入できるように計画する．また，生産施設内でのバンカー植物の持続期間はうまく管理しても3～4カ月が限度である．作期のうちアブラムシ類の被害を受ける可能性が2カ月以上にわたる場合には，バンカー植物を更新していく必要がある．バンカー植物の更新回数および時期もあらかじめ計画して，生産者に指導する．

アブラムシ類の侵入の危険がある期間は，天敵を維持するために，代替寄主ムギクビレアブラムシも維持しなければならない．このムギクビレアブラムシは天敵の寄主となるので，個体数が減少し，2カ月以上経過するとほとんどいなくなってしまう場合が多い．そこで，近所の栽培施設，あるいは生産部会などで話し合い，ムギクビレアブラムシを共同で増殖しておき，必要なときにいつでもバンカーに追加できるようにしておくと効率的である．

3．必要な資材と入手法

① ムギ類の種子

コムギ，オオムギ，エンバクなどのムギ類がバンカー植物として利用できる．マルチ用や緑肥用の市販種子 (「マルチ麦」，「てまいらず」など) でよい．

② ムギクビレアブラムシ

市販品では「アフィバンク」がある．試験研究機関から入手することもできる．ムギクビレアブラムシはイネ科を寄主植物とする．ムギ類でよく増殖する．ナスやトマトなどナス科植物，あるいはキュウリやメロンなどのウリ科植物，イチゴを加害することはない．また，稲作などで問題になることもない．しかし，ムギ類の生産地では害虫である．なお，ムギクビレアブラムシのかわりにトウモロコシアブラムシを使うこともできる．

③ コレマンアブラバチ

「アフィパール」，「アブラバチ AC」，「コレトップ」といったコレマンアブラバチ製剤が市販されている．来歴，生物的特性などは付録 A を参照．

④ その他の資材

ムギ類を植えるためのプランター（直播きの場合には必要ない）

ムギクビレアブラムシを天敵から保護するためのネット（0.6 mm 目合い以下）

ネットを支える支柱あるいは針金

バンカーを覆うためのビニール（農薬使用時）

ムギクビレアブラムシ増殖用のケージ（生産団体等で一つ）

4．具体的な作業手順

① 10 a 当たり4〜6カ所にムギ類の種を蒔く．1カ所当たり直播き1 m またはプランター1個，種子は1カ所当たり5〜10 g，天窓下等に分散して配置する．

② 1〜2週間後（草丈10〜15 cm 程度），ムギクビレアブラムシをバンカー植物に接種する．

③ それから1〜2週間後，バンカー植物上でムギクビレアブラムシが十分増殖（平均10匹/茎以上）したら，コレマンアブラバチを放飼する．基本的に圃場で害虫が発生する前なので，アブラバチは10 a 当たり1〜2ボトルを1回，バンカーの設置数に小分けして放飼する．

④ コレマンアブラバチが増殖し，マミーが増えてくるとムギクビレアブラムシが減るので，1カ月に1回ムギクビレアブラムシ（1カ所当たり1,000〜2,000匹）を追加する．

（バンカーの更新が必要な場合）

⑤ ムギ類の種を蒔く．（プランターまたは直播き，1カ所当たり種子5〜10 g）

⑥ 1〜2週間後，網掛けをしてムギクビレアブラムシを接種する．

⑦ 約2週間後，ムギクビレアブラムシが十分増殖したら，網をはずす．

⑧ ムギ類が硬くなってきたら，再度バンカー植物を更新する（⑤ から ⑦ を繰り返す）．

⑨ 二次寄生蜂の増加が見られたら，コレマンアブラバチから捕食性天敵に切り替え，バンカーに放飼する．バンカーはそのまま維持する．

5．解説および注意事項

1）バンカーの維持管理について

① バンカーの設置場所は，天窓下やハウスの谷の部分で，日当たりのよい場所を選ぶ（図 B-5 左）．毎年害虫が発生し始める場所や害虫の侵入口と考えられる天窓下などに設置すると良い．ただし，暖房機近くなど乾燥する場所は避ける．また，側窓下は二次寄生蜂が侵入し易いので避ける．管理し易いからといって入り口近くにだけ設置するのではなく，圃場内に均等になるよう配置す

図 B-5　ナス生産施設に設置されたバンカーと，バンカー上のマミー（アブラムシにコレマンアブラバチが寄生してできたミイラ）

る.

② バンカー植物へのムギクビレアブラムシの接種は，ムギクビレアブラムシのついた茎を10本程度，バンカー植物上におくだけでも，また，ムギクビレアブラムシのついたムギ類ポットを植え込んでもよい．接種後は，バンカー植物が乾燥しないように，灌水を行う．乾燥してバンカー植物がしおれたり，硬くなったりすると，ムギクビレアブラムシが逃げてしまったり，殖えなくなったりする．灌水時にはムギクビレアブラムシを流してしまわないように，株元の土を湿らすように行う．液肥などで時々施肥するとムギクビレアブラムシの増殖がよくなる．なお，直播きのバンカーの方がプランターのバンカーより水管理が楽である．一方，プランターのバンカーは害虫の発生場所に移動できるところが便利である.

③ コレマンアブラバチの放飼はムギクビレアブラムシが株当たり平均10匹程度に増えたら可能である．ムギクビレアブラムシは株元から増えるので，見逃さないようにする．増えすぎると，バンカー植物が枯れてしまう.

④ 圃場でアブラムシ類がすでに発生している場合には，農薬などで密度を下げてから，コレマンアブラバチを多めに，あるいは複数回放飼する.

⑤ コレマンアブラバチを放飼して約2週間後に，ムギクビレアブラムシが寄生されてマミーとなる(図B-5右)．はじめのうちマミーは株元や葉裏に多いので，注意深く観察する.

⑥ コレマンアブラバチを放飼して2世代(約1カ月)程度経過すると，コレマンアブラバチが増殖してムギクビレアブラムシが減少し始める．1～2カ月に1度はムギクビレアブラムシを追加接種する必要がある．1,000～2,000匹のムギクビレアブラムシがついたムギ類ポットを，ムギクビレアブラムシが少なくなったバンカーに置いてやる．なお，追加用ムギクビレアブラムシの増殖法は⑨に記載.

⑦ バンカー植物はおよそ3カ月で硬くなったりして，ムギクビレアブラムシの増殖が悪くなる．はじめのバンカー植物だけでは作期をカバーできない場合には，バンカー植物を更新していく.

⑧ バンカー植物の更新時にはすでに施設内にコレマンアブラバチが存在するので，ムギクビレアブラムシを増殖するために，バンカー植物に網掛け(0.6 mm目合い以下)をして保護する．天敵のいない場所でムギクビレアブラムシを増やしてから，施設内に持ち込んでも良い．ムギクビレアブラムシが十分増えたら，網掛けを取り除き，コレマンアブラバチが寄生できるようにする.

⑨ ムギクビレアブラムシを適宜追加する必要があるので，生産部会などでムギクビレアブラムシを共同で増殖できるようにしておくと良い．このためにネット被覆をしたケージを用意する．上手に増殖すると，畳1畳分の広さで約100カ所分のバンカー植物に1カ月ごとに追加できる量をまかなえる．手順は以下の通りである.

a) ムギ類を播種する(育苗用ポットに10～20粒)．発芽後はうすい液肥で育苗する.

b) 1～2週間後，草丈が10～15 cmになったらムギクビレアブラムシを接種する．ムギクビレアブラムシ接種後も液肥をうすく混ぜて株元に灌水する．できれば底面給水が良い.

c) ムギクビレアブラムシを接種した時に，次に使う麦を播種する.

d) ムギクビレアブラムシが十分増えたら(ポット当たり1,000～2,000匹，すなわち1茎当たり50～100匹程度)，生産者に配布する.

e) ムギクビレアブラムシが十分増えたポット(前記d)はすべて配布せずに1/6～1/10程度残す.

f) 播種後1～2週間したムギ類(前記c，草丈10～15 cm程度)6～10ポットにつき1ポットの割合でムギクビレアブラムシが十分増えたポット(前記e)を均等に挿入して，次のムギクビレアブラムシを増殖する.

g) このとき次に使うムギ類を播種する.

h) 以降，d〜gを繰り返す．およそ2週間毎（平均20℃程度の気温の時期）に60ポットを播種すると，1カ月で50ポット×2回分のムギクビレアブラムシを増殖できる．

2）バンカー法の成否の判定，および問題点への対策について

① バンカー法がうまくいっている場合には，アブラムシ類の発生にほとんど気づかない．アブラムシ類のコロニーが小さいうちに，コレマンアブラバチの寄生によりコロニーがつぶされてしまう．その結果，マミーが所々にみられるのみである．一方，この結果から生産者はアブラムシ類の侵入が無いように錯覚してしまい，バンカーの管理を中止してしまうことがある．アブラムシ類の侵入の危険がある時期が終了するまではバンカーの管理をきちんと行うように指導する必要がある．

② バンカー法を実施していても，アブラムシのコロニーができ，有翅虫が生じたり，甘露ですす病が出始めたときには，何らかの原因でバンカーがうまく機能していない可能性がある．

その原因としては以下が考えられる．

a) バンカー設置のタイミングが遅れた．（ムギクビレアブラムシの増殖が遅れた場合は→1）の②）

b) 二次寄生蜂が侵入した．→④

c) コロニーを作っているアブラムシ類がジャガイモヒゲナガアブラムシやチューリップヒゲナガアブラムシである．→⑤

d) バンカー設置数の不足．

e) バンカー設置場所が分散されていない．

f) 天窓，側窓に防虫ネットが施してないなど，アブラムシ類の侵入量が多すぎる．

③ 対処策としては，早めに発見して天敵に影響の少ない農薬（ピメトロジン剤など）を発生株とその周辺株に散布する．有翅虫が多く出ている場合には全面散布が必要なこともある．農薬を使用する場合には，バンカーをビニールで覆うようにする．プランターを利用している場合には，一時的に農薬のかからない場所へ移動する．アブラムシ類の密度を低下させた後に，該当する原因を解消，あるいは原因に対する対策を行う．

④ 天敵のアブラバチ類に寄生する二次寄生蜂には8種が存在する．マミーに大きな穴が目立つようになってきたら，付近にいる蜂が，コレマンアブラバチか二次寄生蜂か見分けるようにする（図B-6）．ハウスの窓を開放する時期には特に注意する．コレマンアブラバチが二次寄生蜂に寄生されると，マミーからコレマンアブラバチでなく，二次寄生蜂が羽化してくる．このため，コレ

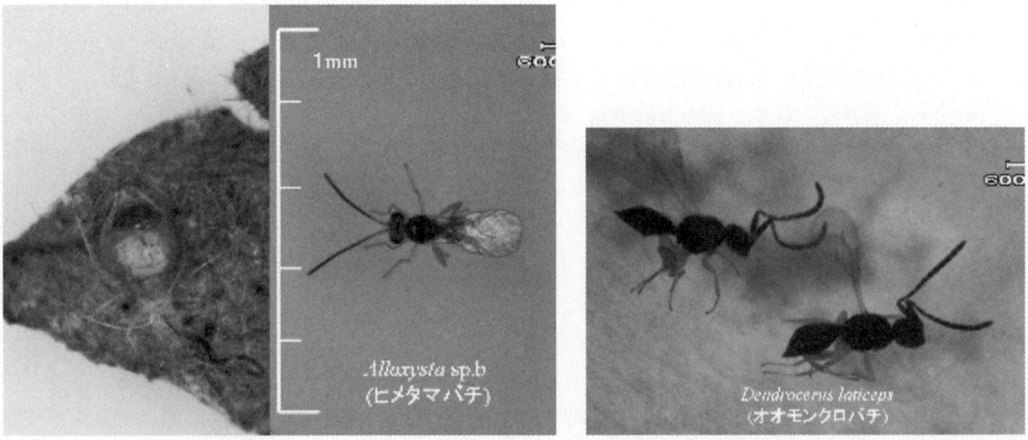

図 **B-6**　コレマンアブラバチに寄生する代表的な二次寄生蜂

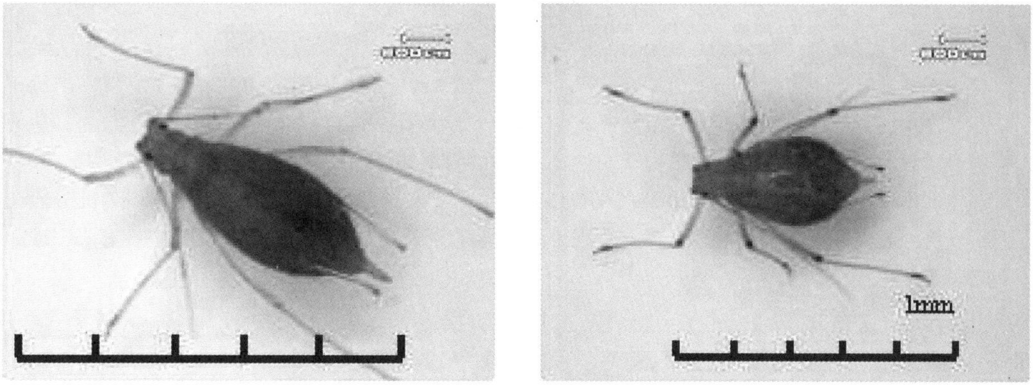

図B-7 左：チューリップヒゲナガアブラムシ(体長3～4 mm)，右：ジャガイモヒゲナガアブラムシ(体長約3 mm)

マンアブラバチの成虫数は減少する．二次寄生蜂が多い場合には，害虫アブラムシのマミーが数多く生じているにもかかわらず，アブラムシの発生が拡大していく．

⑤ ジャガイモヒゲナガアブラムシやチューリップヒゲナガアブラムシ(図B-7)にはコレマンアブラバチが寄生しない．従って，早めに発見して，天敵に影響の少ない農薬（ピメトロジン剤など）の部分散布を行う．また，ショクガタマバエ「アフィデント」，クサカゲロウ「カゲタロウ」，テントウムシ「ナミトップ」などの捕食性天敵を導入する．バンカーはこれらの捕食性天敵にも役立つのでそのまま維持する．

6．技術の限界

① バンカーの管理がうまくいっていても，施設への害虫の侵入が多すぎる場合には，バンカー法による防除効果が得にくい．施設への害虫侵入阻止には防虫ネットの利用が有効である．

② 天敵コレマンアブラバチを利用したバンカー法の最大の問題は二次寄生蜂の発生である．促成栽培ナスなどにおいては，秋期に二次寄生蜂が侵入してしまうと，冬期にバンカーが二次寄生蜂増

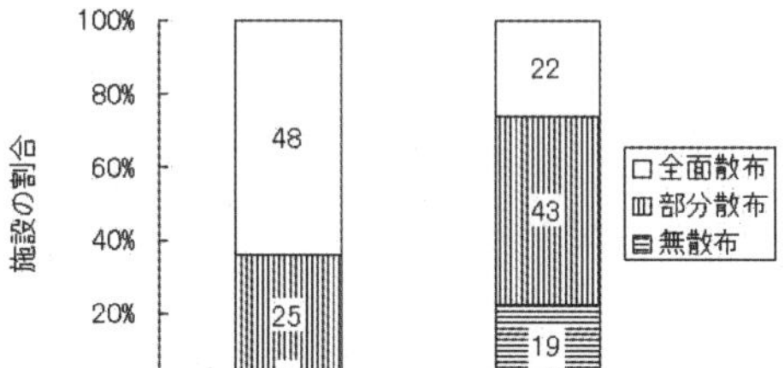

図B-8 バンカー法導入施設での春期のアブラムシ防除薬剤散布状況

バンカー法を導入したナス，ピーマンなどのハウスでの2～6月のアブラムシ防除薬剤について，全面散布を行った施設，部分散布のみで対処できた施設，無散布の施設の割合を示した．グラフ中の数値は施設数を示す．ただし,2001年度作は聞き取り調査．2002年度作はおよそ半数のアンケートでのデータ．無散布・部分散布が成功例と見なせる．

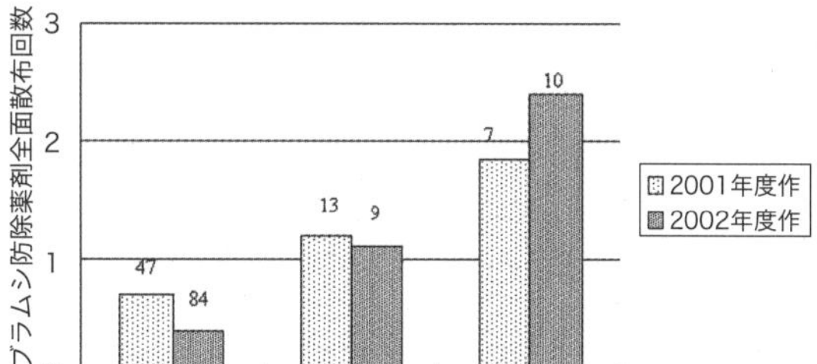

図B-9 春期のアブラムシ防除薬剤全面散布回数

高知県安芸市で減農薬に取り組む栽培施設のうち農薬散布歴の得られたところでの，2～6月のアブラムシ防除剤の全面散布回数の平均値．天敵コレマンアブラバチについて，バンカー法での導入，通常の接種的放飼，および無使用に類別した．グラフ上の数値は施設数を示す．ただし，2001年度作はナス施設のみ，2002年度作はナス，ピーマンなどを含む(バンカー法ではおよそ半数のアンケート回収)．

殖に働いてしまい，アブラムシの侵入時期であり，かつ収穫期にあたる最も重要な春期に，バンカー法が役立たなくなってしまう．

③ ジャガイモヒゲナガアブラムシやチューリップヒゲナガアブラムシにコレマンアブラバチは寄生しない．従って，コレマンアブラバチを使ったバンカー法もこれらの害虫に効果がない．農薬の施用回数が減るので，慣行的に農薬を使っていた時期には問題とならなかったアブラムシ類が顕在化することに注意する．こうした場合には，アブラムシ類を早めに発見し，農薬の部分散布を行うか，捕食性天敵に切り替える．現在，ショクガタマバエをバンカーに放飼する方法を検討している．

7．具体的適用例

高知県安芸市において，県農業技術センターと安芸農業改良普及センターの指導で2001年12月より76カ所，2002年11月より約150カ所の促成栽培施設（ナス，ピーマン，シシトウなど）に，春期のアブラムシ対策として，バンカー法を導入した．受粉昆虫およびタイリクヒメハナカメムシを導入している10 a規模の施設が中心である．導入試験中に判明した問題点は本文中の「解説および注意事項」に示した．この試みで，半数以上の施設でアブラムシ防除が農薬の部分散布までにとどめられるようになった（図B-8）．2～6月のアブラムシ防除薬剤全面散布回数の平均値でも，バンカー法ではコレマンアブラバチの通常の接種的放飼や天敵を利用しない場合よりも少なくなった（図B-9）．平均的には1回の全面散布が削除できる程度であるが，タイリクヒメハナカメムシへの悪影響を大幅に軽減できるという．

付録C　弱毒ウイルスの種類と利用法

1．はじめに

弱毒ウイルスによる作物のウイルス病防除とは，あらかじめ作物の苗に病原性の弱いウイルスを接種しておき，圃場での野生の強毒ウイルスの感染を防ぐ方法である．これは，あるウイルスに感染した植物は同じウイルスあるいは同じ系統のウイルスには再感染しないという，ウイルス相互間の干渉作用を利用したものである．

ウイルス病防除に利用する弱毒ウイルスは，外見上健全な罹病植物から分離して利用する以外に，罹病植物の高温培養，植物での継代培養，亜硝酸処理，紫外線照射などによって人工的に作出されている．近年，ウイルスの遺伝子構造が決定され，弱毒性に関与する遺伝子も明らかになっていることから，塩基置換による弱毒ウイルスの作出も試みられている．

現在までのところ，植物ウイルス病を治療できる実用的な農薬は開発されていない．ウイルス感染阻害剤であるレンテミンが農薬登録されているに過ぎない．これまで抗ウイルス剤の実用化は困難であったため，ウイルス病防除のために生物的防除法としての弱毒ウイルスが開発・利用されてきた．現在までに我が国で開発された主な弱毒ウイルスを表 C-1 に示す．

2．望ましい弱毒ウイルスの条件

① 安全性・経済性：弱毒ウイルスが感染した農作物に被害を出さず，収量・商品価値の低下を最小限に止めること．また，対象農作物以外の植物に感染しないか，感染しても被害を出さないこと．
② 安定性：長期間，弱毒ウイルスがその活性を維持しながら遺伝的に変異しないこと．
③ 干渉作用（防除効果）：生育期間中，弱毒ウイルスによる干渉効果が持続すること．
④ 病原性の相乗作用：弱毒ウイルスと他のウイルスが重複感染した時，症状（病徴）が激化しないこと．
⑤ 作業性（取扱いの容易さ）：弱毒ウイルスの大量増殖・大量接種が容易であること．
⑥ ベクターによる伝搬性：ウイルスのベクター（主にアブラムシなどの昆虫）により伝搬されないように，弱毒ウイルスを非伝搬化することが望ましい．
⑦ 感染性クローンの保存：弱毒ウイルスの遺伝子変異に備えてゲノムをクローニングし，感染性クローン（相補的 DNA）として保存しておくことが望ましい．

3．弱毒ウイルスの利用法と留意点

1）対象作物-対象病害：トマト-トマトモザイクウイルス（*Tomato mosaic virus* = ToMV）によるトマトモザイク病

（1）弱毒ウイルス名：ToMV-L_{11}A および ToMV-$L_{11}A_{237}$

（2）利用法と留意点

a）ToMV-L_{11}A：ToMV によるトマトモザイク病（図 C-1）の生物防除を目的に熱処理法により選抜された．L_{11}A は ToMV-抵抗性遺伝子を持たない品種に使用する．ただし，福島県と千葉県で L_{11}A を継代接種した一部変異分離株は抵抗性遺伝子 *Tm-1* を有する品種に対しても有効である．

b）ToMV-$L_{11}A_{237}$：L_{11}A を継代接種して選抜された．抵抗性遺伝子 *Tm-1* を有する品種に対して有効である．ただし，抵抗性遺伝子 *Tm-2* および $Tm\text{-}2^a$ を有する品種に本弱毒ウイルスを接種すると，えそ症状等の生育阻害を起こすため，これらの品種には使用できない．

表 C-1　弱毒ウイルスの種類と配布・入手先

対象作物名	対象病害虫名	弱毒ウイルス名	配布・入手先（配布の可否を問い合わせる）
トマト	モザイク病	トマトモザイクウイルス（ToMV-L11A） 旧名：タバコモザイクウイルス－トマト系（TMV-L）	独立行政法人農業生物資源研究所
	モザイク病	トマトモザイクウイルス（ToMV）-L11A237	独立行政法人農業生物資源研究所
	モザイク病	キュウリモザイクウイルス（CMV）-SR	MAFF260015*
	モザイク病	キュウリモザイクウイルス（CMV）-SRO	MAFF260016*
	モザイク病	キュウリモザイクウイルス（CMV）-SRK	MAFF260017*
	条斑症状（えそ症状）	キュウリモザイクウイルス（CMV）-55-1（サテライト RNA を含む）	MAFF104088*
	条斑症状（えそ症状）	キュウリモザイクウイルス（CMV）-KO3（サテライト RNA を含む）	日本デルモンテ株式会社：注文に応じて弱毒ウイルスを苗に予防接種した後，配送（有料）
ピーマン	モザイク病	トウガラシマイルドモットルウイルス（PMMoV）-Pa18 旧名：タバコモザイクウイルス－トウガラシ系（TMV-P）	MAFF104086*
	モザイク病	トウガラシマイルドモットルウイルス（PMMoV）-C1421	千葉県経済連
	モザイク病	トウガラシマイルドモットルウイルス（PMMoV）-TPO-2-19	大分県農業技術センター
カラーピーマン	モザイク病	キュウリモザイクウイルス（CMV）-PV1	日本デルモンテ株式会社
メロン	緑斑モザイク病	スイカ緑斑モザイクウイルス（CGMMV）-SH33b	静岡県温室農業協同組合
ユウガオ	緑斑モザイク病	スイカ緑斑モザイクウイルス（CGMMV）-No. 24	栃木県農業試験場
カボチャ	モザイク病	ズッキーニ黄斑モザイクウイルス（ZYMV）-2S142a6	沖縄県農業試験場
キュウリ	モザイク病	キュウリモザイクウイルス（CMV）-CM95	京都府農業資源研究センター
	モザイク病	カボチャモザイクウイルス（WMV）-WI-9	MAFF104055*
	モザイク病	ズッキーニ黄斑モザイクウイルス（ZYMV）-ZY95	京都微研：農薬登録（2003.5.7）
ダイズ	モザイク病	ダイズモザイクウイルス（SMV）-Aa15-M2	京都府農業資源研究センター
ヤマノイモ	モザイク病	ヤマノイモモザイクウイルス（JYMV）-自然感染無発病株選抜系統	山口県農業試験場
中晩生カンキツ類	ステムピッティング病	カンキツトリステザウイルス（CTV）-M-16A	(社) 果樹種苗協会で弱毒ウイルスを接種した苗を配布（有料）
サツマイモ	帯状粗皮病	サツマイモ斑紋モザイクウイルス（SPFMV- severe strain）-10-O	大分県農業技術センター
リンドウ	ウイルス病	インゲンマメ黄斑モザイクウイルス（BYMV）-B-33	埼玉県農業総合研究センター

* MAFF 番号：独立行政法人農業生物資源研究所・微生物遺伝資源登録番号（http://www.gene.affrc.go.jp/micro/）を示し，申請すれば配布可（有料）．ただし，配布不可の場合があるため，同所・ジーンバンク遺伝資源管理課（TEL 029-838-7467，FAX 029-838-7408）に問い合わせる．

図 **C**-1 トマトモザイクウイルス（ToMV）感染によるトマトのモザイク症状

図 **C**-2 弱毒ウイルス液の噴霧機による大量トマト苗接種

c) 接種源の保存：弱毒ウイルス接種感染葉を－70℃以下に保存すれば，長期間維持・保存できる．凍結・融解を繰り返すとウイルス活性が低下するため，必要量を区分けして保存する．

d) 接種法：弱毒ウイルス感染葉の磨砕粗汁液を50～100倍希釈して，トマト種子播種後1～2本葉展開期の幼苗に汁液接種する．大規模育苗トマトの場合，噴霧機または塗装用スプレーガンで圧力（約5 kg/cm^3）をかけて噴霧接種する（図 C-2）．

e) 接種後の育苗管理：接種苗は20～30℃で栽培し，1週間は苗に触れないように注意する．接種約2週間以上経過後，定植する．

f) 防除効果：定植1カ月経過後にモザイク症状が現れなければ，防除効果が高いと判定される．弱毒ウイルス接種苗は無病徴であるが，弱毒ウイルスの影響により，健全株と比較して若干の果実収量の減収がみられる場合がある．

g) 弱毒ウイルス $L_{11}A$ と $L_{11}A_{237}$ は強毒 ToMV には防除効果があるが，他のトバモウイルスには効果がない．

2) 対象作物－対象病害：キュウリ－キュウリモザイクウイルス（*Cucumber mosaic virus* = CMV）によるトマトモザイク病

(1) 弱毒ウイルス名：CMV-SR, -SRO, -SRK, -55-1 および -KO3
（55-1 と KO3 は CMV が持つ弱毒サテライト RNA を利用して作出）

図 **C**-3 キュウリモザイクウイルス（CMV）感染によるトマトのえそ・条斑症状

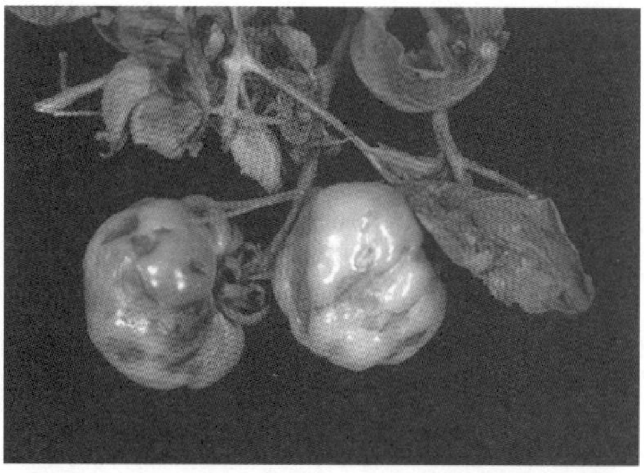

図 **C**-4 キュウリモザイクウイルス（CMV）感染によるトマト果実のえそ症状

(2) 利用法と留意点

a) CMV-SR, SRO, SRKは，サテライトRNAを持たない強毒CMVに対して防除効果がある.

b) 55-1とKO3は強毒サテライトRNAによるトマト条斑症状（図C-3, 4, 5）の防除に使用する.

c) KO3：使用を希望するトマト品種を開発元の日本デルモンテ株式会社に送付して，弱毒ウイルスの接種と育苗管理を委託する（有料）.

d) 防除効果：弱毒ウイルスSR, SROまたはSRKを接種したトマト苗は，モザイク病の発病が遅延する.

図C-5　前列：キュウリモザイクウイルス（CMV）強毒株感染により枯死したトマト2株
後列：定植前にCMV弱毒株を事前接種した無症状のトマト果実

e) SRはホウレンソウに感染すると萎縮症状を生じるため，アブラムシ伝搬による周辺圃場への拡散に注意する.

f) KO3を接種すると果実のビタミンC濃度が高くなり，糖度が若干高くなる.

g) これらの弱毒ウイルスはCMVによって引き起こされるトマトモザイク病に対してのみ有効である.

3) 対象作物-対象病害：ピーマン-トウガラシマイルドモットルウイルス（*Pepper mild mottle virus* = PMMoV）によるピーマンモザイク病

(1) 弱毒ウイルス名：PMMoV-Pa18, -C1421, -TPO-2-19

(2) 利用法と留意点

a) PMMoVによるモザイク病被害が発生しているピーマン圃場で使用する（図C-6, 7, 8）. 抵抗性遺伝子L^3を有する品種はえそ症状を生じるため，使用しない. 抵抗性遺伝子L^3を打ち破る強毒PMMoV系統に対する弱毒ウイルスは中央農業総合研究センターで開発中である.

b) 接種源の保存・接種法・接種後の育苗管理は，ToMVの弱毒ウイルス$L_{11}A$に準ずる.

c) 防除効果：弱毒ウイルス接種苗は軽いモザイク病を生じることがあり，健全株と比較して果実の収量は数%低下する場合がある.

図C-6　トウガラシマイルドモットルウイルス（PMMoV）感染によるピーマンのモザイク症状

図C-7　トウガラシマイルドモットルウイルス（PMMoV）感染によるピーマン果実の黄色モザイク症状

4）対象作物－対象病害：カラーピーマン－キュウリモザイクウイルス（*Cucumber mosaic virus* = CMV）によるカラーピーマンモザイク病

（1）弱毒ウイルス名：CMV－PV1（CMVが持つ弱毒サテライトRNAを利用して作出）

（2）利用法と留意点：PV1（日本デルモンテ株式会社が開発）の使用希望がある場合，希望するトマト品種を会社に送付して，弱毒ウイルスの接種および接種後の育苗管理を委託する（有料）．

図C－8　右列：トウガラシマイルドモットルウイルス（PMMoV）強毒株感染によりモザイク症状を生じ，株の萎縮したピーマン
左列：定植前にPMMoV弱毒株を事前接種した無症状のピーマン株

5）対象作物－対象病害：メロン－スイカ緑斑モザイクウイルス（*Cucumber green mottle mosaic virus* = CGMMV）によるメロンモザイク病

（1）弱毒ウイルス名：CGMMV－SH33b

（2）利用法と留意点：強毒CGMMV－スイカ系統を熱処理，亜硝酸処理，紫外線処理して選抜された．実用的なCGMMV抵抗性メロン品種は育成されていないため，弱毒ウイルスによる予防接種は有効な防除手段の一つである．

6）対象作物－対象病害：ユウガオ－スイカ緑斑モザイクウイルス（*Cucumber green mottle mosaic virus* = CGMMV）によるユウガオ緑斑モザイク病

（1）弱毒ウイルス名：CGMMV－No. 24

（2）利用法と留意点：栃木県のユウガオから分離した強毒CGMMV－スイカ系統を熱処理，亜硝酸処理，紫外線処理して選抜された．No. 24の予防接種により初期生育が若干遅延する場合があるが，収量には影響ない．ユウガオ産地ではCGMMV耐病性品種「ゆう太」の作付けが推奨されており，本弱毒ウイルスの利用は試験的に実施された．

7）対象作物－対象病害：カボチャ－ズッキーニ黄斑モザイクウイルス（*Zucchini yellow mosaic virus* = ZYMV）によるカボチャモザイク病

（1）弱毒ウイルス名：ZYMV－2S142a6

（2）使用法と留意点：沖縄県のカボチャの自然感染無発病株から分離選抜された．カボチャで強毒ZYMVの防除用弱毒ウイルスとして試験的に利用された．

8）対象作物－対象病害：キュウリ－キュウリモザイクウイルス（*Cucumber mosaic virus* = CMV），カボチャモザイクウイルス（*Watermelon mosaic virus* = WMV），およびズッキーニ黄斑モザイクウイルス（*Zucchini yellow mosaic virus* = ZYMV）によるキュウリモザイク病

（1）弱毒ウイルス名：CMV－CM95，WMV－WI－9，ZYMV－ZY95

（2）利用法と留意点：キュウリモザイク病はアブラムシ伝搬性のCMV，WMV，ZYMVの複数の病原ウイルスによって引き起こされることから，これらを同時防除するために複合弱毒ウイルスが選抜された．

（3）農薬登録：ZYMV－ZY95は農薬名称「キュービオZY」，農薬の種類「ズッキーニ黄斑モザイク

ウイルス弱毒株水溶剤」として登録された（2003年5月7日）．

9）対象作物－対象病害：ダイズ－ダイズモザイクウイルス（*Soybean mosaic virus* = SMV）によるダイズモザイク病
（1）弱毒ウイルス名：SMV－Aa15－M2
（2）利用法と留意点：Aa15－M2は京都府でSMV－A系統から高温・低温処理によって選抜され，黒ダイズ用品種に利用されている．Aa15－M2接種により軽いモザイク症状を生じる場合があるが，莢の茶しみ症状の発生を防ぐことができる．

10）対象作物－対象病害：ヤマノイモ－ヤマノイモモザイクウイルス（*Japanese yam mosaic virus* = JYMV）によるヤマノイモモザイク病
（1）弱毒ウイルス名：JYMV－自然感染無発病株選抜系統
（2）利用法と留意点：山口県の自然感染無発病ヤマノイモから弱毒ウイルス系統を選抜した．山口県は本弱毒ウイルス感染イモ「山口1号」を品種登録する予定である．

11）対象作物－対象病害：中晩生カンキツ類－カンキツトリステザウイルス（*Citrus tristeza virus* = CTV）によるカンキツステムピッテイング病
（1）弱毒ウイルス名：CTV－M－16A
（2）利用法と留意点：M－16Aは旧果樹試験場（農林水産省，現特定独立行政法人農業・生物系特定産業技術研究機構・果樹研究所）で選抜された．強毒CTVの被害が大きい中晩生カンキツ類に対して使用する．社団法人日本果樹種苗協会で弱毒ウイルス接種苗木を配布している（有料）．

12）対象作物－対象病害：サツマイモ－サツマイモ斑紋モザイクウイルス－強毒系統（*Sweet potato feathery mottle virus*－severe strain = SPFMV－severe strain）によるサツマイモ帯状粗皮病
（1）弱毒ウイルス名：SPFMV－10－O
（2）使用法と留意点：大分県で自然感染無発病サツマイモから選抜した．

13）対象作物－対象病害：リンドウ－インゲンマメ黄斑モザイクウイルス（*Bean yellow mosaic virus* = BYMV）によるリンドウウイルス病
（1）弱毒ウイルス名：BYMV－B－33
（2）利用法と留意点：埼玉県の自然感染無発病リンドウから選抜した．

付録D　性フェロモン

1．フェロモンの特性

フェロモンとは生物の組織で生産され，体外に分泌・放出されて，同じ種類の他の個体に作用する物質の総称である．したがって，体内に分泌されてその個体に作用するホルモンとは区別される．フェロモンは多くの動物で知られているが，昆虫で特に研究が進んでいる．フェロモンの作用として，他の個体に特定の行動を起こさせる解発効果や，他の個体の生理機能に影響する起動効果が知られている．前者には性フェロモン（性行動），集合フェロモン（集合行動），警報フェロモン（逃避・防衛・攻撃行動），道しるべフェロモン（餌場への経路付け・動員），密度調節フェロモン（産卵抑制）などが，また後者には階級分化フェロモンなどがある．

性フェロモンはさまざまな昆虫やダニ類に見られ，子孫を残すために欠くことのできない性行動に関与する．性フェロモンの作用にはいくつかのタイプがあるが，異性を遠距離から誘引する機能がとりわけ重要である．多くの場合，雌が雄に対して腹部末端のフェロモン腺から性フェロモンを放出して求愛行動をとり，これに反応した雄が雌に接近する．

性フェロモンのほとんどは複数の成分から成っており，昆虫の種が異なれば成分が異なり，あるいは成分が類似している場合でも各成分の混合比が異なる．このようにして，性フェロモンは種ごとに極めて高い特異性を有している．それぞれの種が他種と異なる性フェロモンを有することは，同種の雌雄の出会いを確実なものとし，効率的に子孫を残すうえで適応的である．

農薬として使用される場合の性フェロモンの特性としては，この種特異性の高さのほかに，天敵などに影響が少ないこと，感度が高く微量で効果が得られること，抵抗性が発達しにくいこと，人畜毒性がほとんどないこと，分解が早く環境中に残留しないことなどがある．

2．性フェロモンの利用

多くの害虫種で性フェロモンの化学構造が明らかになり，それに基づき合成性フェロモンが人工的に作製されている．また，性フェロモンは一般に揮発性であり，しかも紫外線などにより分解しやすいため，合成性フェロモンの蒸散量を制御し，分解を防止するための担体（ディスペンサー）も開発されている．合成性フェロモンはこの担体内に含浸あるいは封入されている．

合成性フェロモン剤の保管場所と使用期間には注意が必要である．保管する場合は密封して冷蔵庫などの冷暗所に置く．ただし，冷凍庫での保管は担体が凍り，表面構造に変化をきたして蒸散速度に影響する場合があるので避ける．また，担体から放出される性フェロモンの量は時間とともに徐々に減少し，やがて誘引力を失う．誘引力がほぼ一定である期間（有効期間として示される）を過ぎた場合は，誘引力が残っていても新しいものと交換する．使用済みの担体は密封して廃棄したり，焼却処分する．

性フェロモン剤は「発生予察」，「交信攪乱」，「大量誘殺」を目的として利用される．以下に要点を記す．

3．発生予察

害虫の現在の発生状況を把握する目的で，性フェロモントラップが用いられる．性フェロモントラップには，強力な誘引性，対象害虫のみを捕獲，電源などの大がかりな装置が不要，安価，取り扱いが容易，などの特徴がある．

性フェロモントラップは誘引剤（性フェロモン）とトラップ（捕獲器）から構成される．誘引剤とし

表 D-1　社団法人日本植物防疫協会発生予察用調査資材斡旋品目一覧表
（取扱品目・価格は平成16年10月1日現在，消費税別・送料込み）

品目（対象害虫名）			社名	販売価格	1箱内容（1個当たり有効期間）・備考
水稲・野菜関係	ニカメイガ		サンケイ化学	8,085円	性フェロモン12個（1カ月）
	アワノメイガ		サンケイ化学	8,085円	性フェロモン12個（1カ月）
	ハスモンヨトウ		住化武田農薬 サンケイ化学	12,390円 10,500円	性フェロモン　8個（1カ月）
	シロイチモジヨトウ		サンケイ化学	8,085円	性フェロモン12個（1カ月）
	ヨトウガ		サンケイ化学	10,500円	性フェロモン12個（1カ月）
	オオタバコガ		サンケイ化学	10,500円	性フェロモン12個（1カ月）
	タバコガ		サンケイ化学	10,500円	性フェロモン12個（1カ月）
	カブラヤガ		サンケイ化学	8,085円	性フェロモン12個（1カ月）
	タマナヤガ		サンケイ化学	10,500円	性フェロモン12個（1カ月）
	コブノメイガ		サンケイ化学	10,500円	性フェロモン12個（1カ月）
	コナガ		住化武田農薬 アース・バイオ サンケイ化学	8,085円 8,085円 8,085円	性フェロモン12個（1カ月） 性フェロモン12個（1カ月） 性フェロモン12個（1カ月）
	ネギコガ		アース・バイオ	13,545円	性フェロモン12個（1カ月）
茶・果樹関係	チャノコカクモンハマキ		住化武田農薬 アース・バイオ	8,085円 8,085円	性フェロモン12個（1カ月） 性フェロモン12個（1カ月）
	チャハマキ		住化武田農薬 アース・バイオ	8,085円 8,085円	性フェロモン12個（1カ月） 性フェロモン12個（1カ月）
	チャノホソガ		サンケイ化学	8,085円	性フェロモン12個（1カ月）
	モモシンクイガ		住化武田農薬 アース・バイオ	10,815円 8,085円	性フェロモン12個（2カ月） 性フェロモン12個（1カ月）
	ナシヒメシンクイ		アース・バイオ	8,085円	性フェロモン　9個（1カ月）・ICトラップセット
	リンゴコカクモンハマキ		住化武田農薬 アース・バイオ	8,085円 8,085円	性フェロモン12個（1カ月） 性フェロモン12個（1カ月）
	リンゴモンハマキ		アース・バイオ	8,085円	性フェロモン12個（1カ月）
	コスカシバ		アース・バイオ	8,085円	性フェロモン12個（1カ月）
	モモハモグリガ		サンケイ化学	8,085円	性フェロモン12個（1カ月）
	キンモンホソガ		サンケイ化学	8,085円	性フェロモン12個（1カ月）
	チャバネアオカメムシ		サンケイ化学	21,000円	性フェロモン10本
芝関係・その他	シバツトガ		サンケイ化学	10,500円	性フェロモン12個（1カ月）
	スジキリヨトウ		サンケイ化学	10,500円	性フェロモン12個（1カ月）
	マメコガネ	セット 取替用 	日東電工 日東電工 サンケイ化学	5,775円 3,465円 5,040円	性フェロモン　1枚（6カ月）芳香剤2個（3カ月）・コガネトラップ1台 性フェロモン　1枚（6カ月）芳香剤2個（3カ月） 誘引剤30 ml（1カ月/10 ml）・空カップ3個（黄色）
	ヒメコガネ	セット 取替用 	日東電工 日東電工 サンケイ化学	4,935円 2,625円 8,085円	性フェロモン　1枚（6カ月）・コガネトラップ1台 性フェロモン　1枚（6カ月） 性フェロモン12個（1カ月）
	アリモドキゾウムシ		サンケイ化学	8,085円	性フェロモン12個（1カ月）
	シロテンハナムグリ アシナガコガネ ヒラタアオコガネ		サンケイ化学	5,040円	誘引剤30 ml（1カ月/10 ml）・空カップ3個（黄色）
	カミキリ・ゾウムシ キクイムシ・ハバチ等の 針葉樹寄生性昆虫		サンケイ化学	3,990円	誘引剤4個（3週間）・エタノール4個（適用：黒色トラップ）
	スギノアカネトラカミキリ		サンケイ化学	9,240円	誘引剤50 g×4個（適用：黄色トラップ）
	タバコシバンムシ		JTアグリス	7,980円	性フェロモン10個（5週間）食誘剤10個・トラップ10枚
	ジンサンシバンムシ		JTアグリス	10,290円	性フェロモン10個（5週間）・壁掛トラップ10枚
	ノシメマダラメイガ スジマダラメイガ スジコナマダラメイガ チャマダラメイガ		JTアグリス	9,660円	性フェロモン10個（7週間）・壁掛トラップ10枚

て性フェロモンをしみこませたゴムキャップやプラスチックカプセルなどが市販されている（表D-1）．また，トラップは捕獲方法から粘着式トラップ，水盤式トラップ，捕獲式トラップに大別される．

粘着式トラップは粘着面に虫を付着させて捕獲するものである．2方向開口型の武田式粘着トラップやSEトラップ，全方向開口型のウイングトラップなどがある．粘着面への捕獲数が多くなったりゴミが付着すると捕獲効率が低下するので，適宜に粘着板を交換する必要がある．

水盤式トラップは水盤の水に落ちた虫を捕獲するものである．コガネコール用誘引器などが市販されている．水盤中の水には中性洗剤などを加えて，虫の脱出を防止する．高温乾燥時には水が蒸発して減少し，捕獲効率が低下したり虫が腐敗するため，水の補充と交換が必要である．なお，虫の腐敗を防ぐために，逆性石鹸液を用いたり，ソルビン酸などの防腐剤を加用することも有効である．

捕獲式トラップは，侵入口を通って捕獲室に入った虫が容易に外へ脱出できないような構造になっている．ニトルアートラップ，フェロディンSL用トラップ，ファネルトラップなどがある．

性フェロモントラップの捕獲効率はトラップの設置場所によって大きく変わる．一般に，風通しがよく，周囲の開けた場所に設置することが望ましい．また，フェロモンを設置する高さも捕獲効率に影響するので，水田，畑，茶園などでは作物の生育面上部に近接して，果樹園や芝地では地上1.5 m前後に設置することが多い．

4．交信攪乱

合成性フェロモンを圃場全体に放出・滞留させて，雌雄間の性フェロモンによる交信を攪乱する方法である．この結果，雄成虫による雌の発見が困難となり，交尾が阻害され，次世代の発生・増殖が抑制される．

交信攪乱が起こるメカニズムとして，① 雄成虫のフェロモン受容細胞や中枢神経が連続的な刺激を受けることにより麻痺する，② 雄成虫が合成性フェロモンに正常に反応することにより時間とエネルギーを消費する，③ 合成性フェロモンの濃度が高いために雌成虫の性フェロモンがマスクされる，④ 複数の成分を利用する害虫種の場合，合成性フェロモンにより一部の成分のみ大量に使うと，成分の構成比が歪められて正常な反応ができなくなる，などが考えられている．

交信攪乱用の合成性フェロモンはポリエチレンチューブやプラスティック積層テープの担体に含浸・封入され，交信攪乱剤として市販されている（表D-2）．ポリエチレンチューブにアルミ線を張り合わせた製剤もある．また，数種の害虫の性フェロモンを同時に封入した複合交信攪乱剤も実用化されている．

交信攪乱剤を有効に利用するためには，① 対象害虫の発生初期から発生終期まで処理する，② 交信攪乱効果は発生密度に逆依存するので，低密度時から処理する，③ 交信攪乱剤の設置場所と量に注意して，フェロモン濃度を高く，むらなく維持する（たとえば園の周縁部や傾斜園の上部には多めに設置する），④ 既交尾雌の外部からの侵入被害を軽減するため，できるだけ広域の圃場を選定したり，防虫ネットや防風樹などの侵入防止手段を併用する，などが重要である．

交信攪乱効果を評価するために，交信攪乱剤を設置した圃場内に発生予察用の性フェロモントラップを置く．交信攪乱が起こっていれば，トラップへの誘殺は生じない．

5．大量誘殺

大量誘殺法は，性フェロモントラップにより個体群中の大部分の雄個体を誘殺すると，雌の交尾機会が減り，次世代以降の密度が減少するという考えに基づく．現在，大量誘殺用の性フェロモン製剤が，ハスモンヨトウ，オキナワカンシャクシコメツキ，サキシマカンシャクシコメツキ，アリモドキゾウムシ，アメリカシロヒトリの5種に対して実用化されている（表D-3）．

大量誘殺の誘引源である合成性フェロモンは，野外の雌成虫と競合しながら雄成虫を誘引している．

表 **D-2**　交尾阻害を目的とする性フェロモン剤（農薬）

（平成17年4月1日現在）

種類名	商品名	作物名	適用害虫名	使用時期	10 a当たり使用量	使用方法
ピーチフルア剤	シンクイコン	ナシ リンゴ モモ	モモシンクイガ雄成虫	成虫発生初期～終期まで（5月～11月）	100～150本	枝に巻き付け固定する
チェリトルア剤	スカシバコン	果樹類 サクラ	コスカシバ雄成虫	成虫発生期	50～150本	枝などに巻き付け固定する
		カキ	ヒメコスカシバ雄成虫			
ダイアモルア剤	コナガコン	設定なし	コナガ オオタバコガ	加害作物栽培の全期間	露地　100～110 m（100 m リール）	株上に沿い，作物上に支柱などを用いて固定する
					露地　200本（20 cm チューブ）	適当な長さの支柱などに取り付け，圃場に配置する
			コナガ		ハウス　100～400 m（100 m リール）	ハウス内の天井に近い位置に固定する
ビートアーミルア剤	ヨトウコン-S	設定なし	シロイチモジヨトウ	シロイチモジヨトウの発生初期～終期	露地　100～500本（20 cm チューブ） ハウス　100～140 m（20 cm チューブの場合は500～700本）	作物上に支柱などを用いて固定する
ブルウェルア・ロウカルア剤	コンフューザー-G	芝	シバツトガ スジキリヨトウ	成虫発生前～終期	20～40 m（20 cm チューブに換算して100～200本）	対象地帯の樹木などに巻き付け固定する
ダイアモルア剤	信越コナガコン	設定なし	コナガ	コナガの加害作物栽培の全期間	露地　100～110 m	株上に沿い，作物上に支柱などを用いて固定する
					ハウス　100～400 m	ハウス内の天井に近い位置に固定する
アリマルア・オリフルア・テトラデセニルアセテート・ピーチフルア剤	コンフューザー-A	リンゴ	ミダレカクモンハマキ リンゴコカクモンハマキ リンゴモンハマキ キンモンホソガ モモシンクイガ ナシヒメシンクイ	成虫発生前～終期	150～240枚（または本）	対象地帯の樹木などに吊り下げるか，または巻き付ける
リトルア剤	ヨトウコン-H	設定なし	ハスモンヨトウ	成虫発生初期～終期まで	露地 施設　20～200 m（20 cm チューブの場合100～1000本）	作物上に支柱などを用いて固定する（露地） 施設内上部に固定する，または枝などに巻き付ける（施設）
オリフルア・テトラデセニルアセテート・ピーチフルア・ピリマルア剤	コンフューザーP	モモ，ナシ等のバラ科果樹	ハマキムシ類 モモハモグリガ モモシンクイガ ナシヒメシンクイ	成虫発生前～終期	300～360本（100 g/500本製剤）または150～180本（200 g/500本製剤）	対象地帯の樹木などに巻き付け固定する
トートリルア剤	ハマキコン-N	果樹	チャノコカクモンハマキ チャハマキ ミダレカクモンハマキ リンゴコカクモンハマキ リンゴモンハマキ	成虫発生初期～終期	100～150本（54 g/150本製剤）	本剤を枝にかける
		茶	チャノコカクモンハマキ チャハマキ		150～250本（90 g/250本製剤）	
アルミゲルア・ダイアモルア剤	コナガコン-プラス	設定なし	コナガ オオタバコガ	対象作物の栽培全期間	100～120本（22 g/100本製剤）	作物の生育に支障のない高さに支持棒などを立て支持棒にディスペンサーを巻き付け固定し圃場に配置する

表 D-2 交尾阻害を目的とする性フェロモン剤（農薬）（続き）

種類名	商品名	作物名	適用害虫名	使用時期	10 a 当たり使用量	使用方法
オリフルア・トートリルア・ピーチフルア剤	コンフューザー R	果樹	ミダレカクモンハマキ リンゴコカクモンハマキ リンゴモンハマキ モモシンクイガ ナシヒメシンクイ	成虫発生初期～終期	100～120本 (36 g/100本製剤)	ディスペンサーを対象作物の枝に巻き付け，または挟み込み設置する
オリフルア・トートリルア・ピーチフルア剤	コンフューザー N	果樹	チャノコカクモンハマキ チャハマキ リンゴコカクモンハマキ リンゴモンハマキ モモシンクイガ ナシヒメシンクイ	成虫発生初期～終期	150～200本 (52 g/200本製剤)	ディスペンサーを対象作物の枝に巻き付け，または挟み込み設置する
アルミゲルア・ウワバルア・ダイアモルア・ビートアーミルア・リトルア剤	コンフューザー V	野菜類	タマナキンウワバ コナガ オオタバコガ ヨトウガ ハスモンヨトウ シロイチモジヨトウ	対象作物の栽培全期間	100本 (41 g/100本製剤)	作物の生育に支障のない高さに支持棒などを立て，支持棒にディスペンサーを巻き付け固定し圃場に配置する
オリフルア・トートリルア・ピーチフルア・ピリマルア剤	コンフューザー MM	モモ	リンゴコカクモンハマキ モモハモグリガ ナシヒメシンクイ	成虫発生初期～終期	100～120本 (55 g/100本製剤)	ディスペンサーを対象作物の枝に挟み込み，または巻き付け設置する

そのため，一般に，合成性フェロモンの誘引力が雌に比べて非常に強い場合や，雌の発生前に雄が出現している場合にのみ，大量誘殺の防除効果が期待できる．性フェロモントラップの設置にあたっては，① 誘殺効率の高い場所にトラップを置く，② フェロモンの有効範囲が重ならないようにしながら十分な数のトラップを使用する，③ 既交尾雌の飛び込みが問題とならない程度の処理面積とする，④ 害虫の発生密度が低い時期から設置する，などが重要である．

表 D-3　大量誘殺を目的とする性フェロモン剤（農薬）
（平成17年4月1日現在）

種類名	商品名	作物名	適用害虫名	使用時期	使用量	使用方法
リトルア剤	フェロディンSL	アブラナ科野菜 ナス科野菜 イチゴ ニンジン レンコン ネギ類 レタス マメ類 イモ類 マメ科牧草等 タバコ	ハスモンヨトウ雄成虫	成虫発生初期～発生終期まで	2～4個/ha	本剤をトラップ1台当たり1個を取付けて配置する．取付けた薬剤は1.5～2カ月間隔で更新する
オキメラノルア剤	サンケイオキメラノコール 一農オキメラノコール	サトウキビ	オキナワカンシャクシコメツキ成虫	成虫発生初期～発生終期		本剤1個を取り付けたトラップを1～1.5 ha当たり1個設置する
MEP・スウィートビルア油剤	アリモドキコール	カンショ	アリモドキゾウムシ		30～50 g/ha	本剤を6×6×0.9 cmのテックス板に1枚当たり10 g吸収させて，発生地域に1 ha当たり3～5枚定点配置する
					80 g/ha	本剤を4.5×4.5×0.9 cmのテックス板に1枚当たり10g吸収させて，航空機により発生地域（森林，畑地など）に1 ha当たり8枚投下する
サキメラノルア剤	サキメラノコール	サトウキビ	サキシマカンシャクシコメツキ成虫	成虫発生初期～発生終期		本剤1個を取り付けたトラップを1～1.5 ha当たり1個設置する
フォールウェブルア剤	ニトルアー〈アメシロ〉	樹木類（木本植物）	アメリカシロヒトリ	成虫発生初期～発生後期	直線使用（街路樹など）40 m当たり1個以上 面使用（公園など）10 a当たり3個以上	本剤をトラップ1台あたり1個貼付け，地上1～6 mの高さに設置する
MEP・スウィートビルア粒剤	アリモドキコール粒剤	カンショ	アリモドキゾウムシ		約10,000粒/ha	本剤を発生地域に1 m^2当たり1粒定点配置する

付録E　熱水土壌消毒とその利用法

1．はじめに

熱水土壌消毒は，土壌に熱水（通常80～95℃）を注入して地温を上げ，熱により有害微生物を駆除するという方法で，世界に先駆けてわが国で開発実用化された．現在国内メーカー11社が，本消毒に利用可能なシステムを市販しており，農家でも容易に利用できる．透水性の確保された平坦な圃場での防除効果は安定しており，有効範囲も各種土壌病害，線虫，土壌害虫，雑草と広範囲におよび，暖地では一年中，寒冷地でも厳寒期を除いてはいつでも実施できるうえに，作物の生育促進効果も有し，化学合成農薬に依存しない今後の土壌病害対策技術として注目されている．

2．熱水土壌消毒の原理

熱水土壌消毒では，注入された熱水の土壌深部への移行とともに地温が急上昇する（図E-1）．最高到達温度は土壌表面に近いほど高く深部ほど低くなるが，いったん到達した地温は土壌深部ほど長時間維持される．土壌浅部では高温に接触することによる殺菌効果も認められるが，熱水土壌消毒による殺菌効果は，比較的低温に長時間接触することによる緩効的殺菌が主体である．熱水土壌消毒の効果は，対象病害により異なるが，一般的には，地温が55℃以上に達した地下部において認められる．

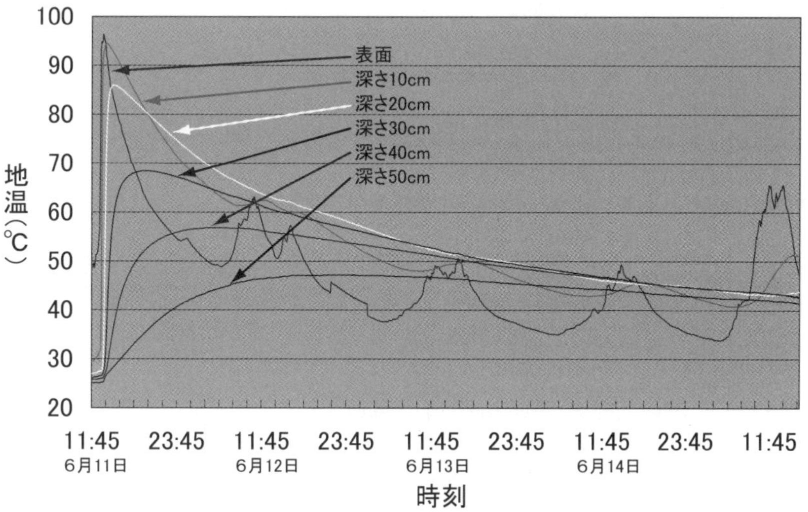

図E-1　熱水土壌消毒に伴う地温の変化（2003年茨城県旭村，熱水注入量：200 l/ m^2）

3．熱水土壌消毒の効果

熱水土壌消毒は，多くの土壌病害や線虫に対し有効である（表E-1，図E-2）．このほか，土壌害虫，雑草（図E-3）など，広い範囲に効果を示す．総体的に，糸状菌による病害や雑草に対する効果は安定している．細菌病に対する効果は，土壌条件の影響が大きく不安定である．土壌伝染性ウイルス病に対する効果は，ほとんど期待できない．ただし，メロンえそ斑点病のように，土壌中に生息する糸状菌が媒介するウイルス病では，効果が認められた試験事例もあり，評価が定まっていない．線虫に対する効果も高いが，その持続期間は糸状菌病の場合より短い傾向にある．

熱水土壌消毒の効果は，土壌条件と密接な関係がある．特に透水性との関係は明瞭で，透水性に優

表 E-1　熱水土壌消毒により良好な防除効果が得られた試験例

対象作物	対象病害虫（病原菌・線虫名）	文　献
1. 熱水土壌消毒により良好な防除効果が得られた試験例		
ホウレンソウ	萎凋病（*Fusarium oxysporum* f. sp. *spinaciae*）	國安（1993）
ダイコン	萎黄病（*Fusarium oxysporum* f. sp. *raphani*）	國安・竹原（1993）
	根腐線虫病（*Pratylenchus penetrans*）	百田・國安（1992）
		森谷ら（1994）
ハクサイ	根こぶ病（*Plasmodiophora brassicae*）	森谷ら（1994）
チンゲンサイ	根こぶ病（*Plasmodiophora brassicae*）	岩本・高木（2001）
パセリー	根こぶ線虫病（*Meloidogyne incognita*）	西（2005）
イチゴ	根腐線虫病（*Pratylenchus vulnus*）	江口ら（2001）
トマト	青枯病（*Ralstonia solanacearum*）	竹内・福田（1993）
	萎凋病（*Fusarium oxysporum* f. sp. *lycopersici*）	國安・竹内（1986）
	褐色根腐病（*Pyrenochaeta lycopersici*）	竹内・福田（1993）
	根腐萎凋病（*Fusarium oxysporum* f. sp. *radicis-lycopersici*）	國安・竹内（1986）
	根こぶ線虫病（*Meloidogyne incognita*）	竹内・福田（1993）
スイカ	黒点根腐病（*Monosporascus cannonballus*）	酒井ら（1998）
メロン	黒点根腐病（*Monosporascus cannonballus*）	中山（1999）
	つる割病（*Fusarium oxysporum* f. sp. *melonis*）	西（2000）
	根こぶ線虫病（*Meloidogyne incognita*）	西（2000）
パセリー	根こぶ線虫病（*Meloidogyne incognita*）	西（2005）
ダイズ	黒根腐病（*Calonectria ilicicola*）	西ら（1990,1999）
	シスト線虫病（*Heterodera glycines*）	百田ら（1991）
コムギ	立枯病（*Gaeumannomyces graminis* var. *tritici*）	西ら（1992）
	から黒穂病（*Urocystis agropyri*）	萩原ら（1996）
サツマイモ	立枯病（*Streptomyces ipomoeae*）	西（2005）
ガーベラ	根腐病（*Phytophthora cryptogea*）	植松ら（2000）
2. 熱水土壌消毒により土壌中の病害虫密度が顕著に減少した試験例1)		
ダイズ	白絹病（*Sclerotium rolfsii*）	西ら（1991）
ゴボウ	白絹病（*Sclerotium rolfsii*）	西（2005）
メロン	菌核病（*Sclerotinia sclerotiorum*）	西（2005）
キュウリ	緑斑モザイク病（*Kyuri green mottle mosaic virus*）2)	中山（1999）
	苗立枯病3)	北・植草（1999）
	ホモプシス根腐病（*Phomopsis* sp.）	北・植草（1999）
トマト	モザイク病（*Tomato mosaic virus*）2)	中山（1999）
	半身萎凋病（*Verticillium dahliae*）	北・植草（1999）
3. 前作より発病が大きく軽減あるいは慣行土壌消毒法と同程度の防除効果と認められた例1)		
ホウレンソウ	株腐病（*Rhizoctonia solani*）	西（2005）
	立枯病3)	西（2005）
ナス	青枯病（*Ralstonia solanacearum*）	野島ら（2002）
トマト	半身萎凋病（*Verticillium dahliae*）	西（2005）
セルリー	萎黄病（*Fusarium oxysporum*）	西（2005）
	根こぶ線虫病（*Meloidogyne incognita*）	山田（未発表）
ピーマン	疫病（*Phytophthora capsici*）	西（2005）
	黒点根腐病（*Colletotrichum coccodes*）	西（2005）
スイカ	つる割病（*Fusarium oxysporum* f. sp. *niveum*）	西（2005）
	根こぶ線虫病（*Meloidogyne incognita*）	西（2005）
	急性萎凋症	西（2005）
メロン	毛根病（*Agrobacterium rhizogenes*）	西（2005）
キュウリ	つる枯病（*Didymella bryoniae*）	西（2005）
	つる割病（*Fusarium oxysporum* f. sp. *cucumerinum*）	高井ら（2003）
	ホモプシス根腐病（*Phomopsis* sp.）	勝部ら（未発表）
	根こぶ線虫病3)	高井ら（2003）
シソ	根こぶ線虫病3)	西（2005）
ネギ	萎凋病（*Fusarium oxysporum* f. sp. *cepae*）	西（2005）
	黒穂病（*Urocystis cepulae*）	西（2005）
キク	立枯病（*Rhizoctonia solani*）	西（2005）
ガーベラ	根こぶ線虫病（*Meloidogyne incognita*）	山田（未発表）
トルコギキョウ	青枯病（*Ralstonia solanacearum*）	西（2005）
	青かび根腐病（*Penicillium* sp.）	冨田ら（2002）
	根腐病3)	冨田ら（2002）
	ネコブセンチュウ3)	冨田ら（2002）
カーネーション	萎凋細菌病（*Burkholderia andropogonis*）	福岡（2001）
	萎凋病（*Fusarium oxysporum* f. sp. *dianthi*）	福岡（2001）
スイートピー	腰折病（*Rhizoctonia solani*）	西（2005）

文献：初出文献を中心に紹介した

1)：1にあげたものは除く　2)：不活化は土壌浅部でのみ認められた　3)：病原菌は複数種あり，どの種が対象となっていたかは不明

図 **E**-2 メロンつる割病に対する熱水土壌消毒の効果（熊本県西合志町，2000年7月）

図 **E**-3 熱水土壌消毒の雑草抑制効果（熊本県西合志町，1999年7月）

れた圃場では，対象病害の種類によらず，高い効果が期待できる．ただし砂地のように，保水性が極端に低い土壌では効果がやや低くなる．透水性の劣る圃場や滞水する圃場では効果がやや低くなり，細菌病などでは防除効果が認められない場合もある．

熱水土壌消毒の効果は，圃場の均平度にも左右される．傾斜している圃場では防除効果が低くなることが知られている．それでも斜度が6～7％程度以下であれば平坦地に近い防除効果を得られるが，斜度が大きい場合には，熱水の注入方法に特別の工夫が必要となる．

4．熱水土壌消毒の手順

1）作業の前に

熱水土壌消毒の最大のポイントは，熱水をいかに効率よくまんべんなく土壌に浸透させるかである．その意味でも日常的な「土づくり」によって，透水性と保水性に優れ，均平性の高い圃場に仕上げておくことが，熱水土壌消毒の効果を十分に発揮させる前提条件である．

熱水土壌消毒の実施時期は，積雪寒冷地などを除けば，通年実施可能である．ただし，地温が高いほど効率がよく，九州地域の例では，冬期に夏期と同様の地温を得るためには，熱水注入量を30～50％増加させる必要があった．

熱水土壌消毒は，施肥や耕起などの定植準備作業の前に実施する．しかし，作畦後に畦部分のみに実施し，そのまま定植することも可能である．土壌水分が低下すればすぐに定植準備作業に入れる．消毒作業終了後，定植までの期間が多少長くなっても，特に問題はない．

2）作業前の準備

熱水土壌消毒を実施する圃場は，できるだけ深く耕起し，地表面を均平にする．透水性の特に優れた圃場の場合には，前作の畦をそのまま利用して，不耕起状態で実施することも可能である．

圃場の土壌水分が低いほど高い消毒効果が得られるので，あらかじめ圃場を乾燥させておくようにする．地温は少しでも高いほうが有利で，あらかじめハウス密閉処理などで太陽熱を取り込んでおくとよい．

熱水の注入システムには，大別して牽引式とチューブ式がある．牽引式は作業性がよく耐久性もあり，均平な大規模圃場で有利である．チューブ式は，透水性のやや劣った圃場や傾斜のある圃場で有利となる．作畦後に消毒や追加給水を行う場合には，チューブ式を用いる．圃場の限られた部分のみ消毒する場合には，チューブ式が有利な場合が多い．

透水性がやや劣る圃場で熱水土壌消毒を実施する場合には，圃場の周囲に漏水防止用の遮へい板や土手を設置し，熱水が圃場外に流出しないように配慮する必要がある．

図 E-4　牽引式の熱水土壌消毒の実施手順
（牽引式の熱水土壌消毒では，熱水注入装置の搬入→牽引用ウインチの設置→ウインチと熱水注入装置の連結→熱水調製用ボイラーの準備→被覆シートの設置→熱水注入の順で作業を行う）

図 E-5　チューブ式の熱水土壌消毒の実施手順
（チューブ式の熱水土壌消毒では，チューブの設置→被覆シートの設置→熱水調製用ボイラーの準備→熱水注入の順で作業を行う）

3）作業の手順

図E-4に牽引式の，図E-5にチューブ式の作業手順を示す．

① 最初に熱水土壌消毒システムを搬入する．システムは，熱水調製用のボイラーと熱水注入装置，それに付属する送水・送湯ホース，電源コードなどで構成されている．現在市販されている熱水土壌消毒システムは，表E-2に示すとおりである．

② 熱水調製用ボイラーに水，燃料，電気などを供給できるようにする．水は，農業用水，井戸水，河川水，湖沼水，水道水などほとんどの種類が使用可能であるが，特に濁りがひどいものや藻類の繁殖が著しいものは避ける．フィルターを通すことにより，少々のゴミや濁り，藻類は除去可能である．熱水土壌消毒を効率的に行うためには，ボイラーの熱水調製能力（現在市販されているボイラーは，50～120 l/分程度）を上回る安定した給水量の確保が望ましい．給水量が不安定だったりボイラーの熱水調製能力以下の場合には，安定的に供給できる給水量に熱水注入速度を合わせる必要が生じ，熱水注入に要する時間が長くなる．燃料はA重油，灯油，LPガスなど，電源は100 V単相または200 V三相で，それぞれ使用するシステムに合わせて準備する．電力会社からの電源が確保されていない圃場では，必要な電力に見合う発電機を利用すればよい．

③ 熱水注入装置を圃場にセットする．牽引式の熱水注入装置を使用する場合は，圃場の一端に散湯装置を，他端にウインチを設置して，両者をワイヤーで連結する．ウインチは作業中に動き出さないよう，きちんと固定しておく．チューブ式の熱水注入装置の場合には，まず耐熱性の灌水チューブを圃場に敷き詰める．チューブの設置間隔は通常30～50 cmであるが，チューブの種類や圃場の透水性などを考慮して調整する．以上の作業が完了した後，ボイラーと注入装置を送湯ホースで連結する．

④ 圃場全体を被覆シートで覆う．通常は農業用ビニールフィルムを使用する．ポリエチレンフィルムは，使用する熱水土壌消毒システムによっては利用できないことがある．被覆フィルムは新品である必要はなく，中古品や使用済みの天井フィルムなどを活用してもよい．長さや幅が足りない場合には，何枚かのフィルムを継ぎ足して使えばよい．フィルムに大きな穴がある場合には，別のフィルムでその部分を覆えば，防除効果に影響しない．熱水注入用の灌水チューブと被覆シートを一体化したシステムを使用する場合には，被覆フィルムで覆う作業は不要となる．

⑤ 熱水の注入を開始する．ボイラーに点火し，所定温度に到達するのを待って注入装置に熱水を導く．熱水の温度は通常80～95℃であるが，地温が低いときや耐熱性のある病害虫を対象とする場合には，より高温の熱水を使用するほうがよい．システムによって使用できる限界温度が異なるので，使用システムにあった温度域の熱水を使用するようにする．

熱水の注入量は，深さ20 cmまでの土層を消毒したい場合には100 l/m^2，30 cmまで消毒したい場合には150 l/m^2，40 cmまで消毒したい場合には200 l/m^2を基準とし，対象病害虫の密度や分布域，耐熱性などとともに，実施時期，土壌の透水性などを考慮して決定する．たとえば，メロン黒点根腐病菌は耐熱性が高いので，つる割病を対象とする場合よりも50 l/m^2ほど注入量を増やす必要がある．九州地域の平野部で冬期に実施する場合には，夏期の処理条件より熱水注入量を30～50％増やす必要がある．

熱水の注入量を決定したならば，1回の処理面積とボイラーからの熱水の吐出量を勘案して，牽引式の場合には散湯装置の移動速度を，チューブ式の場合には注入時間を調整し，所定区画に所定量の熱水を注入できるようにする．たとえば，牽引式で幅6 mの区画を処理する場合には，ボイラーからの熱水吐出量が100 l/分，熱水注入量が200 l/m^2であるならば，散湯装置を1時間に5 m移動させるよう，ウインチの巻き取り速度を調整する．長さ50 mの区画を一回の処理幅を2 mとしてチューブ式で連続的に処理する場合には，ボイラーからの熱水吐出量が100 l/分，熱水注入量が200 l/m^2であるならば，200分ごとに処理区画を移すことになる．

熱水の注入作業はほぼ自動制御で実施できるが，時々見回り，被覆シートの巻き込みの有無，散湯

表 E-2　市販されている熱水土壌消毒システム（2005年4月末現在）

企業名	システムの内容
神奈川肥料株式会社	熱水土壌消毒装置　Ⅰ型　300,000 kcal/hr Ⅱ型　400,000 kcal/hr Ⅲ型　500,000 kcal/hr ウインチ　KCR-100　牽引距離50 m以下 KCR-160　牽引距離75 m以下 KCR-200　牽引距離100 m以下 散湯器　A型　散布幅5.4 mまで B型　散布幅8.5 mまで
株式会社三興	三興式土壌消毒装置（ねっけつくん）　Ⅰ型　300,000 kcal/hr Ⅱ型　400,000 kcal/hr Ⅲ型　500,000 kcal/hr 牽引ウインチ 走行散布装置
株式会社丸文製作所	熱水土壌消毒機　BW-25　250,000 kcal/hr BW-30　300,000 kcal/hr 散水アタッチメント（散水ホース，ヘッダー等）
株式会社ヤマザキ	すき型熱湯土壌消毒装置 重油・灯油ボイラー　450,000 kcal/hr 瞬間沸騰式ボイラー　400,000 kcal/hr 熱湯散布機 ウインチ
九州オリンピア工業株式会社	熱水消毒機　NDS-400 消毒用ボイラー　400,000 kcal/hr 熱水散布装置 ウインチ
斎藤工業	熱水土壌消毒機
サンクールシステム株式会社	熱水土壌消毒機　400,000 kcal/hrタイプ 250,000 kcal/hrタイプ 散布装置 牽引ウインチ
竹沢産業株式会社	熱水土壌消毒装置　Ⅰ型　300,000 kcal/hr Ⅱ型　400,000 kcal/hr Ⅲ型　500,000 kcal/hr 散布装置　牽引式 チューブ式
土壌熱水研	熱水土壌消毒機　熱水用ボイラー 400,000～650,000 kcal/hr チューブ式散布装置 ウォータークラッシャー
ネポン株式会社	熱水土壌消毒装置　ネポンファームフレッシャー フレッシャーシート シート巻き取り台車
明伸興産株式会社	熱水土壌消毒装置（きくんだ～K） 散水装置　ホース式（ホース，ヘッダー等） 牽引式（散水台車，ウインチ等）

企業名は50音順
送湯ホース等，細かな付属品は省略

装置の走行状態などのチェックと必要な修正を行う．

全区画の消毒が完了したら，システムの内部の圧力，温度が下がるのを待って，使用した熱水土壌消毒システムや器具の片付けを行う．

4）作業中の留意点

熱水の注入作業自体はほぼ無人運転で実施可能である．ただし，給水能力が不安定な場合には，ボイラーへの給水量とボイラーからの吐出量のバランスに配慮する必要がある．牽引式では散湯装置の走行状態や被覆シートの巻き込みに，チューブ式ではチューブの破裂に注意が必要である．熱水土壌消毒に要する作業時間は，システムにより大きく異なるが，概ね平均的なハウス1棟（6 m × 50 m）の消毒の準備作業と後片付けにそれぞれ30分程度（作業員2名の組み作業），熱水の注入に7～21時間程度（熱水注入量が150 l/m^2 の場合）である．

熱水土壌消毒の作業で最も注意を要する点は，火傷である．高温の液体を取り扱っていることに留意し，ボイラーやホース等の連結部の金属部分には素手で触れてはならない．ホース等の連結部の付け替え作業などは，内部の圧力と温度が下がるまで少し時間を置いてから実施するのがよい．また，熱水が注入された区画とその周辺には，不用意に立ち入ってはならない．

5）作業後の管理

熱水の注入作業終了後も，最低2日間程度はそのままの被覆状態に置き，残熱効果を十分に活用する．定植などの準備作業は，土壌水分が耕起などの作業に支障のないレベルまで下がればいつでも可能である．定植までの間に，良質の堆肥などを投入して，土壌の養生と微生物層の回復を図れば，防除効果はより安定する．ただこの場合，病原菌が混在した堆肥などを持ち込まないように十分注意する必要がある．定植した苗の活着は良好で，初期成育も旺盛となる傾向があるので，基肥と追肥のバランスに留意する．熱水土壌消毒後に播種または定植された作物では，多数の細根が形成され，根毛がよく発達する傾向にある．基肥の化成肥料を30～50％減らしても，慣行栽培と生育に差のない例も出ている．収量の増加，果実の大型化なども観察されている．

5．熱水土壌消毒の効果的実施のために

熱水土壌消毒を効果的に実施するためには，日常の圃場管理を含めて，次のような点に留意する．

① 透水性に優れた均平な圃場に保つ．土壌の透水性は土壌の種類によって大きく影響されるが，稲わらや籾殻などの粗大有機物や堆肥などを用いた日常の圃場管理次第でかなり改善できる．圃場が傾斜していると，熱水が土壌表面を伝って流れ出したり，潅水チューブからの吐出量が不均一になり，熱水の浸透が場所により不均一となるため，圃場全体の防除効果が低下する．透水性を高めるために，熱水土壌消毒の実施直前にできる作業は，深耕と有機物の投与，圃場の乾燥である．深耕は透水性だけでなく，熱水の注入可能量にも影響する．

② 適切なエネルギー量を投入する．通常，熱水注入量を増加させたり，高温の熱水を利用することにより防除効果が安定することが多い．しかし限度を越えたエネルギーの投入は，防除コスト高につながるほか，消毒後の土壌の微生物層の貧弱化をまねき，再汚染に対する緩衝機能を失わせる結果となる恐れがある．

③ 適切な実施時期を選択する．熱水土壌消毒は，地温が高い盛夏期に実施することが最も効率的で，安定した効果が得られる．

④ 条件の不利な低温期（冬季）に熱水土壌消毒を実施する場合には，熱水注入量の増強やハウス密閉処理を行い，地温の確保，残熱効果の活用に心がける．

⑤ 処理時の被覆シート設置により，投入されたエネルギーを効率よく活用する．被覆シートの設置を怠ると，十分な防除効果は期待できない（図 E-6）．被覆シートの種類によって保温性は異なり，保温効果の高いシートを用いたほうがより高い防除効果を得られるが，重量がかさみ，また日常の保管

場所の確保など，コストがかかる．一方，使い古しのビニールフィルムは多少保温性に劣るが，熱水注入量の増加や熱水の温度を高くすることで利用できる．

⑥ 土壌還元消毒の併用により，効果をより高めることができる．熱水土壌消毒では，消毒に有効な温度に達した層の下部に，熱水土壌消毒単独では効果があがらないが土壌還元消毒には有効な地温に到達した層がある．この原理を利用してあらかじめ土壌の深い部分にまでふすまなどの未熟有機物をすき込んでおいてから熱水土壌消毒を実施すると，防除効果はより高くまた安定する．

図 E-6　熱水土壌消毒実施時の被覆の有無と雑草抑制効果（熊本県西合志町，2001年9月）

6．熱水土壌消毒の多様な適用例

一般的な熱水土壌消毒では，播種または定植前に圃場全体を処理するが，そのほかにも作畦後の処理，部分的な処理，追加給水，不耕起栽培との組み合わせによる熱水の少量処理など，さまざまな使い方が可能である．作畦後の処理では，熱水の注入速度と土質のバランスをとることにより畦の形状を維持したままでの処理が可能で，防除効果はより安定し，熊本県での実証試験では熱水総量を30％削減できた．前作の畦を維持したまま熱水土壌消毒を行い，その畦を利用して次作の作付けに移行する方式も，静岡県で成功した事例がある．部分的な処理では，作物が生育しているすぐそばでも実施可能なことが示され，熊本県にはホウレンソウが生育している列から30 cm 離れた地点までの消毒を実施している農家が存在する．この場合，作物が生育している場所に直接熱水が流れ込まないような措置（土手，溝，遮蔽板の設置など）を取る必要がある．追加給水とは，熱水を一定量注入した後に通常の水の注入に切り替える方式で，200 l/m^2 の熱水を注入した場合と，150 l/m^2 の熱水を注入後50 l/m^2 の常温水を注入した場合の防除効果がほぼ同じであったという事例が示されている．通常，熱水の注入量を減らすと土壌深部の効果が不十分となるが，不耕起栽培を取り入れて深部の未消毒土壌を表層土と混和させることなく栽培することで，熱水注入量を50％削減しホウレンソウ萎凋病の発生を抑制したまま年内の栽培を継続できた事例もある．実施時期も，暖地ではほぼ通年，寒冷地でも早春から晩秋まで長い期間のうちのいずれの時期でも実施可能である．鹿児島県のメロン農家（サツマイモネコブセンチュウ），熊本県のピーマン農家（黒点根腐病），静岡県のトマト農家（青枯病と黒点根腐病）では，1～2月の厳寒期に実施しても熱水土壌消毒の効果は十分であった．熱水土壌消毒は，それ自体で高い防除効果を示すが，土壌還元消毒や地中加温と組み合わせると，消毒効果をより安定させることができる．

傾斜地圃場での熱水土壌消毒は，熱水の浸透が均一にならない場合が多い．傾斜のある圃場を牽引式で処理すると，熱水は表面を流れ去り，低い部分に集中したり圃場外へと流れ去ることが多い．チューブ式の場合は，熱水が時間をかけて注入されるため，土壌に浸透する量も多くなるが，チューブからの熱水吐出量が場所によって異なるため，浸透が均一でなくなる．チューブの長さを短くして繰り返し処理したり，チューブを等高線に沿って配置して処理するなどの工夫をすれば，防除効果は増進するが，反面作業の手間が増えることになる．チューブの種類によっては場所による吐出量の違いが少ないものもあるが，傾斜度が大きくなった場合でも，坂上部と坂下部に均一に散布できるようなチューブはない．現状では，傾斜度が6～7％程度以下であればチューブ式を採用し注入方法を工夫することでほぼ実用的な防除効果が得られるが，傾斜度がそれ以上の圃場で熱水浸透の均一性を確保することは困難といわざるを得ない．

透水性が劣る重粘土地帯では，熱水が下層へ浸透せず，防除効果が上がらない事例が多い．また注入した熱水がそのまま滞水し，後の作業に支障をきたす場合もある．病原菌の種類によっては，停滞水の中を未消毒の下層から消毒済の上層へと移動すると考えられる場合もあり，安定した防除効果が得られないことが多い．このような圃場での熱水土壌消毒にはリスクが伴うが，日頃からの土作りと深耕の組み合わせで成功した事例もあり，今後の検討課題となっている．

付録F　マルチライン(多系品種)によるイネいもち病防除

1．はじめに

いもち病に対するイネ品種の抵抗性は，いもち病菌のレース（品種によって病原性が異なる病原菌の系統）によってその抵抗性が異なる質的な真性抵抗性と，そうでない量的な圃場抵抗性に分けられる．一般に真性抵抗性は1個の主働遺伝子，圃場抵抗性は作用力の小さい複数の微働遺伝子によって支配されている．

いもち病防除に用いられるマルチライン（多系品種）は，新しい真性抵抗性を導入したイネ品種の抵抗性が，その品種の抵抗性を打破するいもち病菌の新レースの出現により普及後数年で無効となることへの対抗策として考案されたもので，本病に対し真性抵抗性のみが異なり，その他の形質が類似する幾つかの系統（これらは同質遺伝子系統，アイソジェニックラインと呼ばれている）を混合したものから成る．なお，マルチラインを構成する同質遺伝子系統はいもち病抵抗性以外の諸形質は親品種と同じなので，マルチライン自体は1品種として取り扱われている．

2．マルチラインの育成

マルチラインのために用いられる同質遺伝子系統の多くは，異なる真性抵抗性遺伝子を導入後，代表的な栽培イネ品種を反復親に5～11回戻し交雑を行うことで育成されている（表F-1）．

現在まで15品種・系統から同質遺伝子系統が育成あるいは育成されつつある．これらのうち「ササニシキ」から育成されたマルチライン「ササニシキBL」は，1995年に我が国で初めて普及に移された．本マルチラインの栽培面積は1997年に宮城県で5,445 haに及んだが，2002年には633 haに減少した．なお，本マルチラインでは現在4同質遺伝子系統が混植され，穂いもちに対し1回薬剤防除するだけで栽培されている．

表F-1　現在育成中と育成済みの同質遺伝子系統

反復親	反復親品種の真性抵抗性遺伝子型	同質遺伝子系統に導入された遺伝子	育成場所	普及年
北海241号		*Piz, b, ta-2, z-t, t*	北海道農試	*
まいひめ	*Pia*	*Pii, k-h, k-m, z, ta, ta-2, z-t, b*	青森農試藤坂支場	
トヨニシキ	*Pia*	*Pii, k, ta, ta-2, z-t*	東北農試	*
あきたこまち	*Pia, i*	*Pik, k-m, z, z-t, ta, ta-2, b, t*	秋田県農試	
ササニシキ	*Pia*	*Pik-s, i, k, k-m, z, z-t, ta, ta-2, b*	宮城県古川農試	1995
ひとめぼれ	*Pii*	*Pik, k-m, z, z-t, b, ta, ta-2*	宮城県古川農試	
まなむすめ	*Pii*	*Pik, k-m, z-t, b, a*	宮城県古川農試	
日本晴	*Pik-s/a*	*Pii, k, z, z-t, ta-2, b*	農研センター	*
キヌヒカリ	*Pii*	*Piz, z-t, ta-2, b*	北陸研究センター	
コシヒカリ	*Pik-s*	*Piz-t, ta-2, b, k-p, k-m, z*	富山県農技センター	2003
コシヒカリ	*Pik-s*	*Pia, i, ta-2, z, k, k-m, z-t, b*	新潟県農総研	2005
ハナエチゼン	*Piz*	*Pik, z-t, ta, ta-2, b*	福井県農試	
越南157号	*Pia*	*Pii, z, z-t, ta-2*	福井県農試	
ミネアサヒ	*Pia, i*	*Pik, k-m, z, z-t, b, ta, ta-2*	愛知農総試山間	
中部64号	*Pii*	*Pik, k-m, z, z-t, b, ta, ta-2*	愛知農総試山間	
ヒノヒカリ	*Pia, i*	*Pik-m, ta, ta-2*	宮崎県農試	

*育成済み

新潟県で育成された「コシヒカリ新潟BL」は，平成14年から同県内で試験的に栽培され，平成17年から県下全域に栽培されている．一方，「コシヒカリ富山BL」は *Piz-t*, *Pik-p* および *Pib* 系統から成り，平成15年から富山県で特別栽培米として栽培されている．

3．発病抑制機構

マルチラインによるいもち病の発病抑制機構として，① 感受性系統の減少，② 抵抗性系統によるバリアー（障壁）効果および ③ 誘導抵抗性などがあげられる．

抵抗性系統の混植による感受性系統の減少は病原菌の増殖の場を減らし，病気の発生の進展を抑制する．進藤・堀野（1989）の試験結果（図F-1）は，いもち病でも感受性系統の減少による発病抑制が働らいていることを示唆している．

一方，抵抗性系統は罹病性系統の病斑から離脱した病原菌分生子の罹病性系統への付着を妨げることで，発病を抑制する．抵抗性と罹病性系統の混植区では，葉いもちの水平および垂直方向への病勢進展が抑制されるが，この抑制は抵抗性系統のバリアー効果によるものと推測される．特に葉いもちの垂直方向への病勢進展抑制は，穂いもち伝染源となる上位葉での病斑の形成を抑制するので，穂いもちの発生抑制につながる（図F-2）．

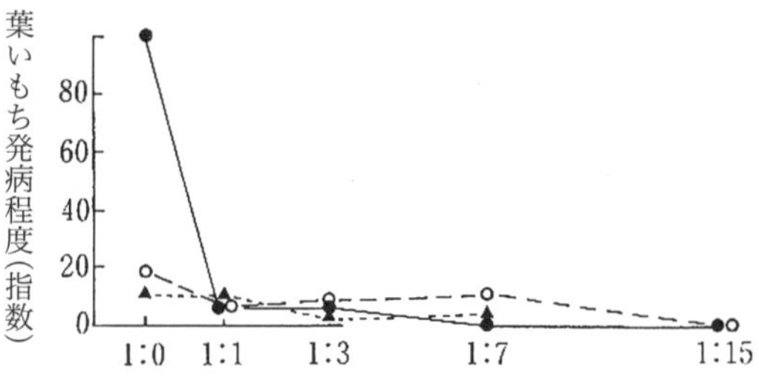

図F-1　感受性のトヨニシキ *Pia* 系統と抵抗性の同 *Piz-t* 系統の混植によるトヨニシキ *Pia* 系統の葉いもち発病抑制効果と年次変化（進藤・堀野 1989）

注）発病程度（指数）は1987年トヨニシキ *Pia* 系統単植区の発病程度を100とした場合の各発病程度の百分比

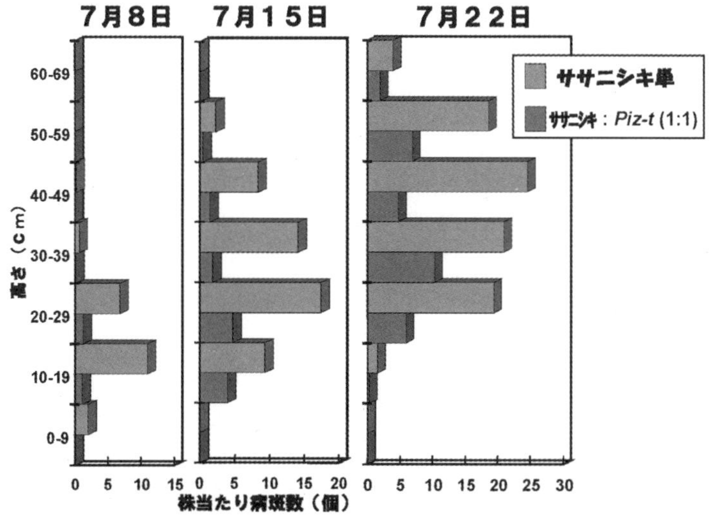

図F-2　抵抗性系統混植による葉いもちの垂直方向への病勢進展の抑制

非親和性菌によって誘導される抵抗性（誘導抵抗性）による発病抑制はその発現部位が限られる．また，誘導抵抗性が発現するにはマルチラインにおいてある一定程度以上の非親和性菌による発病が必要で，この誘導抵抗性による発病抑制は限られる．このため，マルチラインのいもち病発病抑制に関与する割合は，感受性系統の減少および抵抗性系統によるバリアー効果と比べると低いと考えられる．

4．発病抑制効果

いもち病の多発条件下でのササニシキマルチラインを用いた試験では，抵抗性系統を75％程度混合することで薬剤散布並のいもち病発病抑制効果が得られた（表 F-2，図 F-3）．しかし，この発病抑制には混植における抵抗性系統そのものによる発病抑制効果が含まれている．そこで，この抵抗性系統そのものの発病抑制効果を除くため，マルチラインや品種混植を構成する同質遺伝子系統や各品種の単植区の発病値にそれぞれの系統・品種の構成比をかけ，これらを合計した値を基準として混植の発病抑制を検討した．その結果，マルチラインの葉いもちと穂いもちの発生は，両方ともマルチラインを構成する系統の比率から推定される発生程度に比べて低く（表 F-3），マルチラインによる発病抑制効果が認められる．マルチラインで穂いもちにおける発病抑制効果が葉いもちに比べて低いのは，抵抗性系統・品種によるバリアー効果の低さ，非親和性菌による発病，発病による枯れ下がり，胞子の飛散様相などに依ると推測される．

種々の条件下でのマルチラインによるいもち病の発病抑制効果を評価するため，マルチラインにおける葉いもちの発生推移を予測する計算機モデル BLASTMUL が開発されている．本モデルを用いれば各種条件におけるマルチラインによるいもち病の発病抑制効果を予測できる．

表 F-2　ササニシキとその同質遺伝子系統の混植区および殺菌剤の施用区における葉いもちの発生程度 a)

いもち病の種類	試験年	ササニシキ：*Piz-t* 系統		全混 b)	ササニシキ単植	
		1：1	1：3		殺菌剤処理 c)	無処理
葉いもち	1994			0.6	0.5	4.2
	1995 − 1	1.2 d)	0.5	0.6	1.7	11.1
	1995 − 2	1.5		0.8	0.5	6.9
	1996 − 1	0.5	0.2	0.3	0.1	1.9
	1996 − 2	1.3		0.7	0.3	6.2
穂いもち	1994			15.2	8.6	51.3
	1995 − 1	34.2	15.5	29.1	16.2	84.2
	1995 − 2	17.7		12.5	4.0	49.0
	1996 − 1	27.2	12.9	17.1	13.0	69.3
	1996 − 2	24.6		25.6	20.5	81.0

a) 比病勢進展曲線下面積：病勢進展曲線下面積を調査日数で割った値．
b) ササニシキとその9種の同質遺伝子系統の等比混植区．
c) 葉いもち防除のためオリゼメート粒剤を3 kg/10 a 初発前に水面施用後，ビームゾル1000倍液を穂いもち防除のため穂ばらみ期と穂ぞろい期に150 *l*/10 a 散布．
d) 下線を付けた区の比病勢進展曲線下面積値はササニシキ単植区の殺菌剤散布区の同値と統計的に有意な差がない．

表F-3 構成系統の単植区の発病値を基準として推定した品種混植およびマルチラインにおけるいもち病の発病抑制と増収

文献	混植構成品種・系統数	構成の種類 a)	混植方法 b)	抑制率（%）c)		増収率 d) (%)
				葉いもち	穂いもち	
進藤（1997）	3	Cv	Intra	85	86	16.5
	3	Cv	Intra	72	65	2.8
東海林ら（1982）	2	Cv	Intra	75	53	
	3	Cv	Intra	40	52	
	3	Cv	Intra	75	34	
	3	Cv	Intra	90	53	
	3	Cv	Extra	20	14	
	3	Cv	Extra	81	15	
	3	Cv	Extra	93	19	
横尾・斉藤（1982）	2	Cv	Extra		13	3.3
	2	Cv	Extra		25	15.5
中島ら（1989）	2	NIL	Intra	89	77	
伊勢（1990）	2	NIL	Intra		15	12.4
小泉・藤（1994）	2	NIL	Intra	39	15	20.6
	2	NIL	Intra	50	19	3.4
	2	NIL	Intra	48	18	9.3
	2	NIL	Intra	55	24	18.6
	2	NIL	Intra	67	3	11.1
	2	NIL	Intra	2	51	4.5
小泉ら（1996）	2	NIL	Intra	15	15	20.6
	2	NIL	Intra	38	36	10.7
	2	NIL	Intra	11	23	2.9
	10	NIL	Intra	59	46	13.5
	2	NIL	Intra	63	39	18.5
	2	NIL	Intra	76	24	14.4
	2	NIL	Intra	28	4	9.3
	4	NIL	Intra	28	6	7.1
小泉・谷（1997）	2	NIL	Intra	35	21	28.1
	2	NIL	Intra	51	3	11.4
	2	NIL	Intra	40	9	13.2
	2	NIL	Intra	30	21	15.5
	4	NIL	Intra	33	44	6.3
	10	NIL	Intra	63	16	14.1
林・谷（1998）	2	NIL	Intra	89	48	23.5
	2	NIL	Intra	58	68	10.4
	2	NIL	Intra	94	39	2.3
	2	NIL	Intra	93	27	4.2
	4	NIL	Intra		37	2.0
	10	NIL	Intra	97	47	8.8
林・谷（1999）	2	NIL	Intra	50	6	6.7
	2	NIL	Intra	50	39	2.9
	10	NIL	Intra	75	53	0.2
平均	2			48	24	9.7
	3			60	39	9.7
	4			31	0	5.1
	10			74	41	9.2
全体平均				52	26	9.2

a) Cv：イネ品種，NIL：同質遺伝子系統
b) Intra：株内混植，Extra：株外混植
c) 発病抑制率＝〔(各系統の単植区の発病値から推定した発病値－調査値)/各系統の単植区の発病値から推定した発病値〕× 100
d) 増収率＝〔調査収量－各系統の単植区の収量から推定した収量/各系統の単植区の収量から推定した収量〕× 100

5．マルチラインの効果の持続性

マルチラインにおけるいもち病の発病抑制は，マルチラインを構成する抵抗性系統の真性抵抗性に因るところが大きい．このため，抵抗性系統を侵害するいもち病菌のレースの分布率が高まらなければ，マルチラインの効果は持続できる．しかし，この効果の持続性を評価する適当な方法は今のところない．

いもち病防除を目的としたマルチラインを構成する同質遺伝子系統の数は，現在3～4個である．コムギの品種混植においては，混植を構成する品種の数が多くなるほどさび病に対する発病抑制が高くなる傾向があることが報告されている．また，いもち病でも同様なことが認められている（表F-3）．しかし，マルチラインを構成する同質遺伝子系統の数をどれくらいにすればよいか，また，各系統の比率や，どのように混植すれば持続性が高くなるのかはまだ明らかでない．わが国でマルチラインのために利用できる遺伝子の数は限られていることから，同質遺伝子系統の圃場抵抗性程度を高めるとともに他の真性抵抗性の遺伝資源の利用を今後も進める必要がある．

ササニシキ単植の慣行防除区（奥）と無防除区（手前）

ササニシキと *Piz-t* 系統（奥）およびササニシキと *Pii* 系統（手前）の等量混植区

ササニシキと９種の同質遺伝子系統（奥）および *Pik, Pik-m, Piz, Piz-t* 系統（手前）の等量混植区

図F-3　いもち病多発条件下におけるマルチラインの穂いもち発病状況

6．いもち病菌のレース分布

「ササニシキBL」では，普及4年後で同マルチラインから分離されたいもち病菌レースすべてに抵抗性を示す構成系統はなくなっている（表F-4）．しかし，本マルチラインでは構成系統を侵害できるレースの分布率が低いこともあり，これまでいもち病による著しい被害は報告されていない．一方，本マルチラインを用いた小区画の試験で，2系統から成るマルチラインでは，栽培2年目でそれら両方を侵害できるいもち病菌のレースが優占したが，ササニシキと9系統を等量混植したマルチラインではササニシキの単植区で優占したレースと同一のレースが優占し，構成系統を広く侵害するレースが優占することはなかった．

実際の大規模なマルチラインの栽培圃場におけるいもち病菌レース分布の動向は今後の検討課題である．マルチラインのいもち病抵抗性を維持し，効果的にいもち病を防除するためには，簡易ないもち病菌レース分布調査法を確立し，マルチライン構成系統を侵害するレースの出現様式とその出現部位並びにそれらの増殖過程の解明が重要である．

表 F-4 宮城県農家圃場のマルチライン「ササニシキBL」a) の穂いもち病斑から分離されたイネいもち病菌のレース

年	調査地点数	レース										
		007	037b)	047	407	003 007	007 013	007 037	033 037	037 047	003 007 037	007 037 077
1995	20	4c)	7			2	1	4	2			
1996	23	7	4			1		6		1	3	1
1997	3	2	1									
1998	23	18	1	1	1	1		1				

a) ササニシキ BL の構成，*Pik* 系統：*Pik-m* 系統：*Piz* 系統＝4：3：3 (1995)；*Pik* 系統：*Pik-m* 系統：*Piz* 系統＝3：3：4 (1996)；*Pik* 系統：*Pik-m* 系統：*Piz* 系統：*Piz-t* 系統＝1：1：4：4 (1997, 1998).
b) 下線を付けたレースは「ササニシキ BL」構成系統の一部に対して病原性がある.
c) 各レースが分離された地点数を示す.
大場ら (1999)，辻ら (1999) より作表.

7．種子配布

マルチラインの種子生産・供給は，種子伝染による構成系統侵害菌の増殖と混合比の変化を防ぐため，毎年全量更新の体制をとっている．また，種子は原種→種子混合→採種圃の行程を経て農家へ普及されるため，一般品種と比べると種子配布が煩雑であり，混合率を決めてから農家に普及するまで2年を必要とする．このことがマルチラインの普及を妨げる要因にもなっており，より効率的な種子配布体制や方法を考えなければならない．

付録G　イネの種子消毒

1．温湯消毒

温湯消毒法は古くからある技術であるが，温度制御の困難さから，失敗することが多く，あまり使われなかった．しかし，最近，無農薬指向の高まりから農薬を使用しない消毒法として見直され，専用の装置が市販され利用し易くなった．ばか苗病，いもち病，もみ枯細菌病，苗立枯細菌病，イネシンガレセンチュウなどの種子伝染性病害全般に効果があるが，褐条病には効果が十分ではない．高い発病抑制効果を期待できる処理条件は病害の種類によって異なる．これまでの試験例から，58～63℃の湯温で5～20分間処理することにより，イネ種子の発芽率を保ちながら高い発病抑制効果が得られている．専用の温湯浸漬処理装置を使用する場合には，58℃・20分間ないし60℃・10分間処理で各種病害に対する防除効果が安定している．

1）技術の概要

① 種子の準備

イネ種子は前年度産の発芽勢の良い乾もみを使用する．湿もみを使うと発芽率が著しく低下するので，このような種子はあらかじめ十分に乾燥させておく必要がある．また品種によっては温湯処理で発芽率が悪くなるものがあり，特にモチ米，陸稲は影響を受けやすい．このため，温湯消毒を安全に確実に行うには，使用する品種の温度反応について指導機関や処理装置メーカーに問い合わせ，使用する種子の予備試験処理を行って発芽率への影響を確認する．塩水選を行う場合には，塩水選（1時間以内）→温湯消毒の順に行う．

② 設備

正確な温度調節のためには，専用の温湯浸漬処理装置（例「湯芽工房」：タイガーカワシマ製 図G-1）の使用が望ましい．タンク，浴槽などで実施を用いた場合には上下の温度むらが生じたり，入湯口が高温になりやすいため，よく攪拌して均一な温度管理に気を配る．寒冷地では外気による湯温の低下に注意し，湯量を多くする．また，断熱効果の高い容器を使う，暖房により室温を上げる，定温に達したらすぐにふたをする，などの対策を講じる．

③ 作業の手順

以下，温湯浸漬処理装置「湯芽工房」の200 *l* タイプを使用する場合の具体的な手順を示す．装置に付属するマニュアルを必ず熟読してから作業に取りかかる．種子を網袋に詰める．湯量に対して種子

図G-1　温湯殺菌装置付催芽機「湯芽工房」

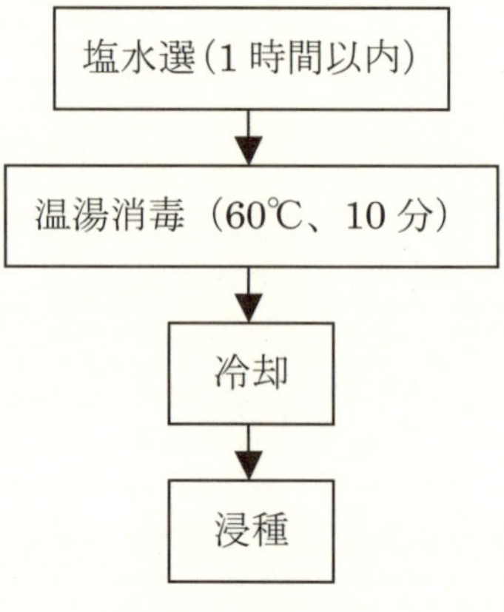

図G-2　温湯消毒を行う際の操作手順

の量が多すぎると，浸漬直後の湯温が低下するため，湯量200 l に対し種子量8 kgを目安とする．種子を60℃の温湯に10分間浸漬する．その際，温湯の中で5回程度上下に揺さぶり，袋の中心部にまで素早く温湯が達するように努める．湯温が低いかもしくは処理時間が短い場合には処理むらができ，逆に発病を助長することがある．また，湯温が高すぎたり，処理時間が長すぎた場合には発芽率の低下を引き起こす．高温の湯を扱うので，火傷には注意する．所定の処理時間に達したならば，直ちに種子を温湯から引き上げる．処理後の内部の種子は冷めにくく，発芽障害を起こす恐れがあるので，直ちに冷水で冷却する．温湯消毒は化学農薬と同等の効果があり，最初の設備代を除けば，費用も電気代もしくは燃料の灯油代のみで安価に行える（図G-2）．

2．微生物による種子消毒

近年，微生物を有効成分とした微生物農薬が開発され，利用できるようになった．トリコデルマ・アトロビリデ水和剤（商品名：エコホープ）の有効成分はトリコデルマ属の糸状菌で，同菌胞子を懸濁した液体の製剤である．ばか苗病，もみ枯細菌病，苗立枯細菌病に効果がある．環境負荷が少なく，新JAS法に対応した有機農産物生産資材として利用できる．

1）技術の概要

（1）エコホープ

①製剤の準備

エコホープは入手後できるだけ早く使用するのが好ましいが，10℃以下で，3カ月間の保存が可能である．保存中に沈殿を生じるが，トリコデルマ菌の胞子なので問題ない．使用直前によく振って混合し，薬液調製後24時間以内に使用する．また開封後は全て使い切るようにする．

②作業の手順

発芽率の低下した種子は発芽不良や生育障害を起こしやすいので使用を避ける．浸種前から催芽前に200倍液に24時間浸漬する．水温は10℃から30℃で，浴比は1：1以上で行う．処理後の種子は水洗や過度の風乾をせず，速やかに浸漬もしくは催芽処理に移る．催芽時には25℃から32℃になるように播種は薄まきをせずに，培土は水はけの良いものを使用する．育苗中も過剰な灌水はしない．出芽後に種子周辺や培土表面に緑色の菌そうを生じることがあるが，これは有効成分のトリコデルマ菌であり，苗の生育などに問題ない．エコホープは糸状菌が有効成分であるため，ベノミル剤，チオファネートメチル剤，EBI剤などの糸状菌病害に有効な薬剤との併用は避ける．使用後の廃液は専用の廃液処理剤などを用いて，適正に処分する．使用法などの詳細はエコホープの技術資料を参考にすると良い．

付録H　ケイ酸資材の育苗箱施用

1．はじめに

近年，新たなケイ酸質肥料としてシリカゲル（二酸化ケイ素ゲル）の肥料登録が行われ，育苗箱への施用技術が開発された．現在，このシリカゲル肥料は「イネルギー」の商品名で販売されている．「イネルギー」は，ケイ酸ナトリウムに硫酸などの無機酸を加えて反応させ，得られた白色のゲル状ケイ酸を水洗し，不純物を除去した後加熱乾燥して製品化したほぼ純粋な二酸化ケイ素である．肥料としての保証成分量は，可溶性ケイ酸を80％以上含むことになっているが，実際には99％以上と他の成分をほとんど含まない高成分のケイ酸質肥料である．ケイ酸の示す多面的な作用には未解明の部分も残されているが，苗質や発根力の向上に加えイネ体の病虫害抵抗性を増強する作用が明らかにされ，環境保全型農業の推進に欠かせない資材として注目されている（図 H-1）．

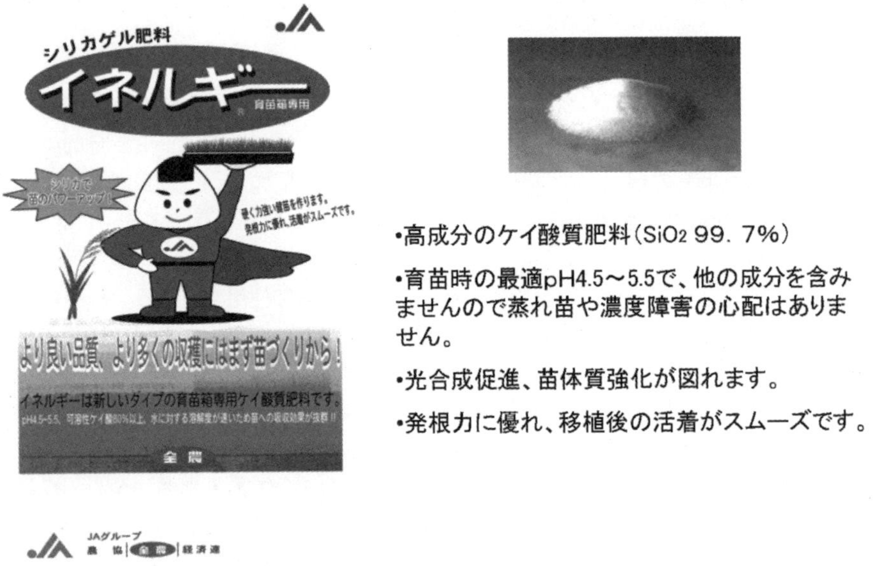

http://www.fuji-silysia.co.jp/agre/inerugi.htm

図 H-1　シリカゲル肥料「イネルギー」の包装とその内容

2．技術の概要

①資材の準備

「イネルギー」は5 kg袋が包装単位となっており，これが10 a分の標準使用量（育苗箱20～25枚，箱当たり200～250 g）となる．育苗枚数に応じた「イネルギー」を購入するとともに，清潔な育苗用資材と培土を準備する．

② 作業の手順と留意点

育苗培土を調製する際に，規定量の「イネルギー」を培土と十分に混合して用いる．ケイ酸以外の肥料成分を含まないことから，必要に応じて他の肥料を併用する．

いもち病の発生軽減のためには，苗のケイ酸含有率3％程度からいもち病の病斑数が少なくなり含有率5％以上であれば効果が安定するとされる．異なる種類の育苗培土を用いた場合，品種のいもち病真性抵抗性遺伝子型および圃場抵抗性の強弱が異なっても，苗のケイ酸含有率の目標値を移植時点で5％以上とすれば，いもち病の発生程度を大きく抑制することが可能であり，箱当たり250 gを施用すれば十分に目標値に達する．本田初期害虫の被害軽減効果をねらった場合には，箱当たり250 gの施用によりニカメイガ第一世代幼虫とイネミズゾウムシによる被害を軽減できることが明らかにされている．健苗育成を目標とした場合には，箱当たり100～250 gの範囲内では，施用量が多いほど効果が高いことが明らかとなっている．コスト面からさらに施用量の低減化についての検討が必要であるが，病害虫の被害抑制のためには，当面箱当たり250 gを標準使用量とする．

本資材の使用上のポイントは，主成分であるケイ酸を育苗期間中に根から効率よく吸収させることにある．このため「イネルギー」を覆土として使用した場合には根からの吸収が劣り，効果が十分に発揮されない．効果ムラを生じないように培土と十分に混和して用いる．育苗期間中のかん水は通常よりやや多めに行い，ケイ酸の溶出を助ける．

シリカゲル施用による育苗箱内でのいもち病発生（図 H-2）軽減効果（特に二次伝染抑制）は大きいが，保菌程度の高い種子を用いた場合には，立枯症状等の発生が避けられないことから，健全種子の選択に留意する．さらに，高播種密度条件や覆土が薄く不均一で種子が露出しやすい条件は，いもち病菌の種子伝染を助長することから，播種作業をていねいに行うことが大切である．塩水選や種子消毒等の基本防除技術の実施を怠ってはならない．

図 H-2　育苗箱内に発生したいもち病

保管に当たっては，直射日光と高温を避け，乾燥した場所に保管する．使用に当たっては，本資材が肥料として登録されていることを十分に理解し，包装袋裏面の使用方法や技術資料を熟読して肥料以外の用途には使用しない．「イネルギー」の10 a当たりのコストは，約2,000～2,500円である．

「イネルギー」の後継商品として「スーパーイネルギー」が2004年にメーカーより発売された．製品の基本的な成分や使用方法に変更はないが，製造工程の改良などにより，シリカゲル肥料としての保証成分量が可溶性ケイ酸90％以上に変更になっている．さらに，包装単位が1袋当たり15kgとなり，より大口の需要に対応できるようになっている．使用に当たっては，取扱説明書を熟読し，普及指導機関の指導を受けるようにする．なお，関連商品として，育苗培土に予めシリカゲル肥料を配合した商品も販売されており，個人経営のみならず大規模育苗センター単位でシリカゲル肥料を用いた育苗を実施している事例が増えてきている．販売価格は物流コストにより変動するが，概ね「イネルギー」と同等で1袋当たり6,000円程度である．

付録I　DRC診断の手法

1．はじめに

根こぶ病の発病は，圃場ごとの土壌条件，作物の種類や品種，病原菌の病原力に影響されるため，圃場の病原菌密度を測定しただけでは発病程度の予測や防除効果の推定は困難である．そのため，土壌中の病原菌密度と発病度の関係を示すDose Response Curve（DRC）を求めて診断を行う．

2．技術の概要

①根こぶ病菌休眠胞子懸濁液の調製

ア）罹病根の採取

対象とする圃場から複数の根こぶ病罹病根を採取する．その際に，白くて硬い根こぶは発病しにくい傾向があるので，黒くて腐敗気味の根こぶを分別して使用すると良い．この罹病根は冷凍保存（－80℃を推奨）可能で，必要に応じて室温で解凍する（約1～2時間）．下記のような手法を用いれば，根こぶ1握り（こぶし大）で，$1 \times 10^{8 \sim 9}$ 個休眠胞子/ m*l* の菌液が50 m*l* 程度得られる．

イ）休眠胞子懸濁液の調製

根こぶ病菌休眠胞子は，罹病根の内部に含まれているため，根を磨砕して植物組織と休眠胞子とを分別する必要がある．そのために，まず罹病根を包丁で細断して磨砕器に入れ，蒸留水を200 m*l* 程度加えて粉砕する（図I-1）．これらを，大型ロート（直径10 cm）にガーゼ4枚をのせてろ過・搾汁し，トールビーカー（500 m*l*）で受けて植物組織の断片を取り除く（図I-2）．次に，ろ液を50 m*l* 遠沈管数本に分注し，冷却（4℃）しつつ2,500回転で5分間遠心分離する（図I-3）．上澄みを捨て，ガラス棒等を用いて，沈殿したペレットを少量の蒸留水に懸濁する．遠沈管2～3本分を1本にまとめて，再び蒸留水40 m*l* 程度を加え，撹拌して遠心にかける．この洗浄，遠心，懸濁を本数を少なくしながら，上清が薄茶色になるまで3～5回繰り返し，最終的に1本にまとめて約50 m*l* の懸濁液とし，冷蔵保存

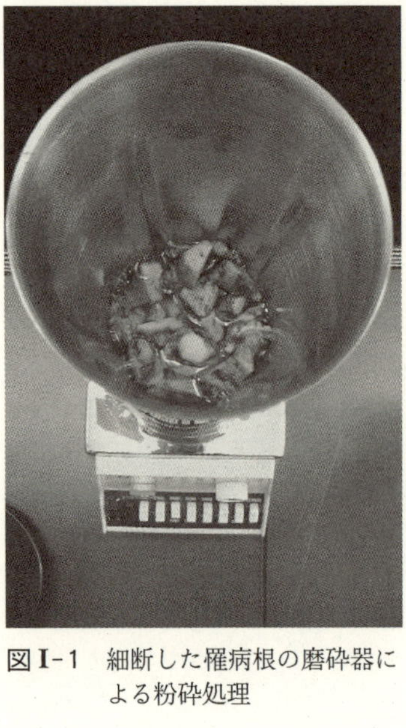

図I-1　細断した罹病根の磨砕器による粉砕処理

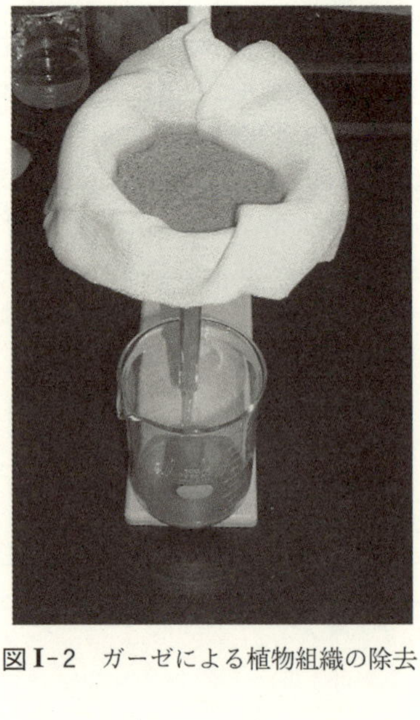

図I-2　ガーゼによる植物組織の除去

(4℃) する．懸濁液の調製は極力使用直近に行い，冷蔵保存した場合でも速やかに使用する（2週間以内に使用することが望ましい）．

ウ）胞子密度の測定

上記の操作によってかなり高濃度の胞子懸濁液が作成できるので，その一部を取りトーマ血球計算盤を用いて休眠胞子密度を測定し，滅菌蒸留水で所定の濃度に調整する．

② 汚染土壌の調製

土壌診断を実施する圃場から土壌を採取して5 mmのふるいを通し，DRC診断のための汚染土壌を調製する．まず，① で調製した休眠胞子懸濁液を10倍希釈し，採取した土壌に噴霧接種する．その際，0～10^6個/g土壌となる各汚染段階の土壌ができるように休眠胞子濃度と接種量を調整しなければならないが，接種量の目安として土壌1 kg当たり懸濁液25 m*l*とする．

図Ⅰ-3　遠心分離による休眠胞子の濃縮

具体的には，10^X個休眠胞子/g土壌を調製する場合，接種する懸濁液の濃度を$4 \times 10^{X+1}$個休眠胞子/m*l*とする．これをコンテナー（60 × 40 cm程度，高さ10～15 cm程度）に入れた土壌を移植ごてなどで攪拌しながら，該当する根こぶ病菌懸濁液を土壌1 kg当たり25 m*l*を霧吹きで噴霧接種する．その際，接種菌濃度の低い土壌から調製する．

③ 播種および植物の栽培

② で作成した土壌を硬質ポリポット（4号ポット，直径11.5 cm，高さ10 cm，底に寒冷紗を敷く，5反復/濃度）に詰め，接種濃度ごとに別々のバット（33 × 33 cm，高さ10 cm）に入れる．次に1ポットにつき13カ所に2粒ずつピンセットで浅めに，接種菌濃度の低い方から播種する．温室内において25℃に設定した保温マット上に置き栽培する（図Ⅰ-4）．かん水はバットに加え，生育に応じて底面より適宜行う．播種して4～5日が経過後，発芽不良の場合は追播する．播種10日目頃（本葉が展開した頃），1カ所当たりそれぞれ1個体に間引きする．但し，1ポット当たり10個体以上を確保する．追肥は生育に応じて10日目，20日目に底面より液肥でN 10 kg/10 a換算量程度を施用する．栽培期間が長い場合はその後も適宜施肥する．

図Ⅰ-4　温室での栽培状況

④発病調査

播種後35～40日目に，植物体をポットから土壌ごと取り出し，水中で根を傷めないように丁寧に洗浄する．植物体ごとに表Ⅰ-1の基準に従って発病程度を調査する．ここで，肥大とは健全根の太さの3倍程度以上のふくらみがある場合を指す．

⑤ DRC診断

横軸に土壌中の病原菌密度（接種休眠胞子密度），縦軸に発病度をとり，得られた結果をプロットし，DRC（病原菌密度-発病度曲線）を作成する．次に，作付け予定の圃場の根こぶ病菌密度を下記の方法で測定し，作成したDRCに当てはめた発病度から被害を推定する（図Ⅰ-5）．

⑥ 土壌中の休眠胞子密度の測定

ア）土壌試料のサンプリング

圃場の広さや傾斜などの微地形に応じて土壌試料を採取する．目安としては5～10 m間隔，あるいは10～20 m間隔ごとに1カ所とする．

イ）土壌試料の調製

土壌試料の水分含量が高い場合には，風通しの良い日陰で数日風乾し，水分含量を調整する．これらの土壌を2 mmのふるいを通し，石やごみは捨てる．

ウ）土壌からの休眠胞子の回収

500 m*l*の三角フラスコに土壌試料を20gとり，0.2％カルゴン（ヘキサメタリン酸ナトリウム）液を400 m*l*加え，封をして振とう機で1分間強振する．これに1 N水酸化ナトリウム液を滴下してpH 10にし，超音波洗浄機（180 W）で5分間超音波処理する．pHを再度測定し，水酸化ナトリウム液で9以上に再調整後，再度振とう機で1分間強振する．この懸濁液40 m*l*をメスシリンダーにとり，ロートにセットした38 μmのふるいに通して，メスシリンダーやふるい上を蒸留水60 m*l*で洗い流し，100 m*l*の三角フラスコで受けたものを被検液とする．

表Ⅰ-1　発病調査における発病程度の判断基準

発病程度		発病状況
区分	細区分	
0		根こぶなし
1		側根のみに根こぶあり
2	2S	主根の50％未満に根こぶあり
	2L	主根の50％未満に肥大した根こぶ＊あり
3	3S	主根の50％以上に根こぶあり
	3L	主根の50％以上に肥大した根こぶあり

＊：「肥大した根こぶ」とは，健全根の太さの3倍程度以上のふくらみがある場合を指す．

発病度＝ $(1 \times n_1 + 2 \times n_2 + 3 \times n_3) / (3 \times N) \times 100$

n_1：発病程度の区分が1の個体数

N：全個体数

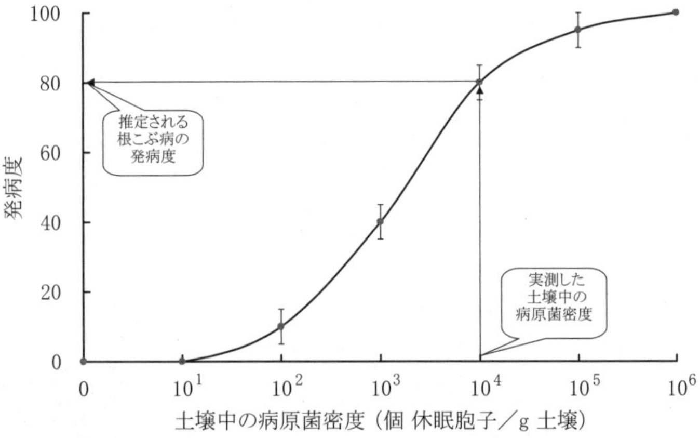

図Ⅰ-5　DRCによる発病の推定（例）

エ）休眠胞子の計数

カルコフルオール・ホワイトM2R 0.02 gを，100 m*l*蒸留水に溶かしてろ紙でろ過したものを蛍光染色液とする．なお，これを適量ずつ分注して冷凍すれば，長期間保存できる．使用する際には，温水につけて解凍し，結晶の粒子が入らないように上清を用いる．

次に，被検液0.5 m*l*を1 m*l*程度のマイクロテストチューブにとり，蛍光染色液0.5 m*l*を加え，タッチミキサーで良く混合する．フックス・ローゼンタール血球計算盤に1滴滴下し，カバーグラスを密着させて，プレパラートを作成する．これを，蛍光顕微鏡で通常400倍で青く発色した休眠胞子数を形や大きさを踏まえて識別し，計測する．

なお，以上の診断法の詳細については，東北農業研究センター発行の「アブラナ科野菜根こぶ病総合防除マニュアル」（2003年）に記載されている．

本書は、中央農業総合研究センターでとりまとめた「総合農業研究叢書第55号ＩＰＭマニュアル」を（独）農業・生物系特定産業技術研究機構指令16機構Ｃ第121801号により、改題して当（株）養賢堂から出版したものです。

2005年 9月20日 第1版発行

2005
総合農業研究叢書
第55号
ＩＰＭマニュアル
―総合的病害虫管理技術―

検印省略

定価 7140円
（本体 6800円
税 5％）

編者 梅川 學
宮井 俊一
矢野 栄二
高橋 賢司

発行者 株式会社 養賢堂
代表者 及川 清

印刷者 株式会社 丸井工文社
責任者 今井晋太郎

発行所 株式会社 養賢堂
〒113-0033 東京都文京区本郷5丁目30番15号
TEL 東京(03)3814-0911 [振替00120]
FAX 東京(03)3812-2615 [7-25700]
URL http://www.yokendo.com/

ISBN4-8425-0375-0 C3061

PRINTED IN JAPAN
製本所 株式会社丸井工文社